网络空间安全系列规划教材
工业和信息产业科技与教育专著出版资金资助出版

网络空间安全导论

沈昌祥　左晓栋　编著

U0259339

電子工業出版社
Publishing House of Electronics Industry
北京·BEIJING

内 容 简 介

本书较为系统地介绍了网络安全知识体系的主要方面，同时注重反映我国的治网主张和我国在网络安全领域的原创性技术。全书共 10 章，第 1 章从信息革命的背景切入，介绍了我国的网络强国战略；第 2 章侧重于介绍网络安全基础概念；第 3 章、第 4 章、第 5 章分别介绍了密码技术与应用、信息系统安全和可信计算技术，包括 SM2、SM3、SM4 密码算法和可信计算 3.0 等我国网络安全领域的重大原创性成果；第 6 章介绍了网络安全等级保护；第 7 章、第 8 章、第 9 章分别介绍了网络安全工程和管理、网络安全事件处置和灾难恢复，以及云计算、物联网、工控系统等面临的新安全威胁的应对；最后一章（第 10 章）介绍了网络安全法规和标准的相关概念及有关工作进展。

本书兼顾网络安全专业基础学习和其他专业学生选修网络安全课程的需要，建议作为大学本科第二学年的专业基础课教材，也可作为大学本科第二或第三学年的选修教材，初学者可以通过本书在较短的时间内掌握网络安全技术和管理的基本内容。

未经许可，不得以任何方式复制或抄袭本书之部分或全部内容。
版权所有，侵权必究。

图书在版编目（CIP）数据

网络空间安全导论/沈昌祥，左晓栋编著．—北京：电子工业出版社，2018.4
ISBN 978-7-121-33243-2

Ⅰ．①网…　Ⅱ．①沈…　②左…　Ⅲ．①网络安全-高等学校-教材　Ⅳ．①TN915.08

中国版本图书馆 CIP 数据核字（2017）第 307987 号

策划编辑：章海涛　戴晨辰
责任编辑：戴晨辰
印　　刷：涿州市般润文化传播有限公司
装　　订：涿州市般润文化传播有限公司
出版发行：电子工业出版社
　　　　　北京市海淀区万寿路 173 信箱　邮编 100036
开　　本：787×1 092　1/16　印张：18.5　字数：474 千字
版　　次：2018 年 4 月第 1 版
印　　次：2024 年 7 月第 11 次印刷
定　　价：69.90 元

凡所购买电子工业出版社图书有缺损问题，请向购买书店调换。若书店售缺，请与本社发行部联系，联系及邮购电话：(010)88254888，88258888。

质量投诉请发邮件至 zlts@phei.com.cn，盗版侵权举报请发邮件至 dbqq@phei.com.cn。

本书咨询联系方式：dcc@phei.com.cn。

前　　言

党的二十大报告指出，我国发展进入战略机遇和风险挑战并存、不确定难预料因素增多的时期，各种“黑天鹅”、“灰犀牛”事件随时可能发生。为此，要求强化网络、数据等安全保障体系建设。面对前所未有的世界之变、时代之变、历史之变，网络安全人才培养需要新模式，率先在教材上下功夫，全力培养复合型人才，培养学生的战略思维、历史思维、辩证思维、系统思维、创新思维、法治思维、底线思维。

鉴于这件事的重要性，中央对网络安全教材的编写已有明确要求。2016 年 6 月，经中央网络安全和信息化领导小组同意，中央网信办、教育部等 6 部委联合印发了《关于加强网络安全学科建设和人才培养的意见》（中网办发文〔2016〕4 号）。文件对网络安全教材提出具体要求：网络安全教材要体现党和国家意志，体现网络强国战略思想，体现中国特色治网主张，适应我国网络空间发展需要。

为贯彻落实中央关于加强网络安全人才培养特别是教材体系建设的精神，我们决定对 2009 年出版的《信息安全导论》（ISBN 978-7-121-09921-2）进行修订，并更名为《网络空间安全导论》。此次修订主要集中在以下方面。

一是充分贯彻习近平总书记“网络强国”战略思想，充分反映中国对网络空间治理的主张、政策和工作部署。技术是中立的，但网络空间博弈不仅仅是技术博弈，还是理念博弈，话语权博弈。我国培养的人才，首先应该了解我国政府的理念，知晓和支持我们的“网络主权”主张，而不是被灌输西方的价值观。否则，我们就会输在起点上。

二是根据新形势、新情况的发展，对一些陈旧材料进行了更新。技术发展日新月异，网络威胁层出不穷，攻防对垒风云变幻，即使是入门级的基础教材，也要保持一定的更新频率。在网络领域，一本知识固化的书，难以激发创造力。我们希望，每一位读者在跨进网络安全的知识殿堂时，都能够有世界眼光、发展理念。唯有如此，才可培养学生的创新思维，这才是进步的动力。

三是增加了对国内自主网络安全重要技术成果的介绍，这也是本书的特色。国家强调自主创新，这些自主创新的成果理应在教材中得到反映，不能让学生被西方的技术体系牵着鼻子走。例如，本书介绍了可信计算 3.0，这是我国网络安全领域的重大原创性成果。本书还介绍了我国的 SM2、SM3、SM4 密码算法，但学习这些算法需要一定的数学基础，非专业学生可能会感觉有困难，教师可以根据具体情况选择授课重点。

四是调整了对读者范围的定位，适当降低了难度，缩减了课时。根据很多学校的反馈，第 1 版的内容偏多，不利于课时安排。此外，部分内容较深，且与后续一些专业课内容有所重叠。为此，我们不再将本书定位为仅是网络安全本科学生的专业基础课教材，而是兼顾网络安全专业基础学习和其他专业学生选修网络安全课程的需要。当然，写专业的书不难，写通俗的书难；把事情讲复杂不难，讲简单却难；写一个知识点不难，写清楚各知识点之间的逻辑关系，使读者形成整体框架却难。但我们努力做到通俗、简单、全面，目的是希望通过这本书尽可能地发挥为读者指路的作用，培养读者对网络安全学习的兴趣。

建议本书作为大学本科第二学年的专业基础课教材，也可作为大学本科第二或第三学年的选修教材。全书共包括 10 章。第 1 章从信息革命的背景切入，介绍了我国的网络强国战略；第 2 章侧重于介绍网络安全基础概念，包括网络安全基本属性、网络安全概念的演变、网络安全风险管理、网络安全体系结构等；第 3 章集中介绍密码技术与应用，包括密码的基本概念、常用的密码算法，以及密码的有关应用；第 4 章从安全操作系统、通信网络安全等角度介绍了影响信息系统安全的重要方面；第 5 章介绍了可信计算技术，重点是我国的可信计算技术规范，以及可信计算平台体系结构；第 6 章介绍了网络安全等级保护，重点提出了分等级的信息系统安全设计要求，这些设计要求为读者揭示了安全的信息系统的主要技术特征，体现了高等级信息系统安全体系结构研究的新进展；第 7 章介绍了网络安全工程和管理的基础理论和有关要求，并对网络安全风险评估做了说明；第 8 章介绍了网络安全事件分类与分级标准、应急处理关键过程、信息系统灾难恢复等知识；第 9 章介绍了云计算、物联网、工控系统安全等面临的威胁和应对措施；最后一章（第 10 章）分别介绍了网络安全法规和标准的相关概念及有关工作进展。本书免费提供配套教学资源，读者可登录华信教育资源网（www.hxedu.com.cn）注册后下载。

历史上，人们对于“信息安全”、“网络安全”、“网络空间安全”等概念有不同的解读。中央网络安全和信息化领导小组（已改为中央网络安全和信息化委员会）成立后，相关概念统一到了“网络安全”或“网络空间安全”上。本书也对此进行了相应调整，但在个别地方还保留了“信息安全”，如某些组织的固定名字、已发布标准中的相关名称等。

本书是很多人辛勤劳动的成果，参加本版修订的还有刘毅、孙瑜、赵勇、崔占华、张弛等同志。另外还要感谢张建标、胡俊、张兴、周艺华、杨宇光、蔡永泉等同志对本书的贡献。电子工业出版社刘宪兰编辑、章海涛编辑、戴晨辰编辑为本书的编辑出版耗费了大量心血。在此一并深表谢意！

本书第 1 版在使用中收到了很多专家、高校教师、学生反馈的意见和建议，这些意见和建议对本书再版修订帮助甚大，也在此对他们表示谢意！同时，希望有更多读者对本书提出意见和建议，这将有利于我们在今后继续更新、完善本书。

中国工程院院士　沈昌祥

目　　录

第1章 绪　　论

本章要点

- 信息技术革命带来国家发展机遇
- 网络空间安全威胁
- 网络强国战略
- 网络空间国际博弈

1.1 没有网络安全就没有国家安全

人类社会经历了农业革命、工业革命，正在经历信息革命。农业革命增强了人类生存能力，使人类从采食捕猎走向栽种畜养，从野蛮时代走向文明社会；工业革命拓展了人类体力，以机器取代了人力，以大规模工厂化生产取代了个体工场手工生产；而信息革命则增强了人类脑力，带来生产力又一次质的飞跃，对国际政治、经济、文化、社会、生态、军事等领域发展产生了深刻影响。

当前，以信息技术为代表的新一轮科技革命方兴未艾，互联网日益成为创新驱动发展的先导力量。信息技术与生物技术、新能源技术、新材料技术等交叉融合，正在引发以绿色、智能、泛在为特征的群体性技术突破。信息、资本、技术、人才在全球范围内加速流动，互联网推动产业变革，促进工业经济向信息经济转型，国际分工新体系正在形成。信息化代表新的生产力、新的发展方向，推动人类认识世界、改造世界的能力空前提升，正在深刻改变着人们的生产生活方式，带来生产力质的飞跃，引发生产关系重大变革，成为重塑国际经济、政治、文化、社会、生态、军事发展新格局的主导力量。全球信息化进入全面渗透、跨界融合、加速创新、引领发展的新阶段。

1.1.1 网络空间成为人类生活新空间

网络空间（Cyberspace）的概念是伴随着互联网的成长而逐步产生、发展和演变的。这一概念的起源也有多种说法。

一种说法是，科幻小说家 William Gibson 于 1982 年发表短篇小说 *Burning Chrome*，此书中首次使用了 Cyberspace 一词。1984 年，他发表科幻小说 *Neuromancer*（国内译为《神经漫游者》），Cyberspace 一词得到进一步推广。在 William Gibson 的笔下，Cyberspace 是一个由“矩阵”（Matrix）构成的交感幻觉空间，人们可以通过在神经中植入电极把自己的意识接入这个空间并进行互动。William Gibson 进一步想象，Cyberspace 内不仅仅只有人类，还会有人工智能存在。

20 世纪 90 年代正值互联网产业蓬勃发展初期。那时，人们的众多新兴理念都可以借助 Cyberspace 的概念得到恰到好处的表达。1990 年 6 月 8 日，John Perry Barlow 在创建电子前哨基金会（EFF）的宣言《罪与罚》中描述道：“通过数以百万计的通信线路，人们相互连线在一起，形成一张跨越了广阔空间并充满着电子、微波、磁场和光脉冲的网络——也就是科幻小说家 William Gibson 笔下的 Cyberspace”。从此以后，Cyberspace 才被人们赋予了更多的计算机网络或互联网的含义，并逐渐广为人知。对此，有观点认为，“相比万维网、信息高速公路，Cyberspace 更准确地描述了互联网真正的样子——一个全新的地域”。

在这段时期，Cyberspace 是崇尚自由、充满理想的第一代互联网人与工程师们喜欢用的概念，其更多地反映了技术专家对人类社会虚拟乌托邦的理想。但随着互联网的进一步普及，计算机病毒开始出现和扩散，原有意义上以奉行网络自由主义精神、显示高超技能的黑客们越来越多地与网络犯罪联系在一起，Cyberspace 的“技术自由”色彩开始变淡。与此同时，很多国家开始注意到 Cyberspace 这个人造空间对社会发展和国家利益的影响。1998 年，美国政府在《崛起的数字经济》文件中声称：如果说以前美国是一个在汽车轮子上的国家，那么今天，美国已经是一个网络上的国家。不仅美国，各国政府在逐渐意识到网络空间具有的价值和重要性后，都开始急于把 Cyberspace 纳入其管控范围。

于是，官方的 Cyberspace 定义开始出现。美国在 2003 年《保护网络空间的国家战略》中界定了 Cyberspace 的含义："一个由信息基础设施组成的相互依赖的网络"，进而提出，"保障网络空间的正常运转对我们的经济、安全、生活都至关重要。"2009 年 5 月，美国《网络空间政策评估》引述了 2008 年 1 月的第 54 号国家安全总统令，将 Cyberspace 定义为"信息技术基础设施相互依存的网络，包括互联网、电信网、计算机系统以及重要工业中的处理器和控制器。常见的用法还指信息及人与人交互构成的虚拟环境。"

中国对 Cyberspace 的认识已经走过了 20 多年的时间。1991 年 9 月号的《科学美国人》的封面上同时出现了 Network 和 Cyberspace 两个词。我国著名科学家钱学森先生看到这期杂志后，敏锐地注意到了其背后可能蕴含的重要意义。他立即要求对 Cyberspace 进行准确翻译，并向中科院负责同志写信，希望安排人专门跟踪研究 Cyberspace 及相关问题，密切关注该领域的进展。从此，Cyberspace 被中国的专家学者纳入研究视野。这之后，国内一直习惯于将其译作"网络空间"。对这样的译法，很多专业人士不以为然，认为没有体现本意，与 Network 无法区别。也有很多专家提出了"网际空间"、"赛博空间"、"电磁空间"等译法，但都没有被广泛接受，目前仍然使用"网络空间"这一约定俗成的名称。但其确实已经不是相互连接的网络那么简单。

网络空间不是虚拟空间，而是人类现实活动空间的人为、自然延伸，是人类崭新的存在方式和形态。我国政府的官方文件指出，互联网、通信网、计算机系统、自动化控制系统、数字设备及其承载的应用、服务和数据构成了网络空间，其已经成为与陆地、海洋、天空、太空同等重要的人类活动新领域。

当前，网络空间正全面改变着人们的生产生活方式，深刻影响人类社会历史发展进程。网络技术突破了时空限制，拓展了传播范围，创新了传播手段，引发了传播格局的根本性变革，网络成为人们获取信息、学习交流的新渠道；网络教育、创业、医疗、购物、金融等日益普及，越来越多的人通过网络交流思想、成就事业、实现梦想；信息技术在国民经济各行业广泛应用，推动传统产业改造升级，催生了新技术、新业态、新产业、新模式，促进经济结构调整和发展方式转变，为经济社会发展注入新的动力；网络促进了文化交流和知识普及，释放了文化发展活力，推动了文化的创新创造，丰富了人们的精神文化生活，网络文化已成为文化建设的重要组成部分；电子政务应用走向深入，政府信息公开共享，进一步推动了政府决策科学化、民主化，畅通了公民参与社会治理的渠道，网络成为保障公民知情权、参与权、表达权、监督权的重要途径；信息化与全球化交织发展，促进了信息、资金、技术、人才等要素的全球流动，增进了不同文明的交流融合，网络让世界变成了地球村，国际社会越来越成为你中有我、我中有你的命运共同体。

1.1.2 网络空间安全威胁

没有网络安全就没有国家安全。网络空间安全威胁与政治安全、经济安全、文化安全、社会安全、军事安全等领域相互交融、相互影响，已成为当前面临的最复杂、最现实、最严峻的非传统安全问题之一。2014 年 4 月，中央国家安全委员会第一次会议提出了总体国家安全观的概念。习近平总书记指出，贯彻落实总体国家安全观，必须既重视外部安全，又重视内部安全，对内求发展、求变革、求稳定、建设平安中国，对外求和平、求合作、求共赢、建设和谐世界；既重视国土安全，又重视国民安全，坚持以民为本、以人为本，坚持国家安全一切为了人民、一切依靠人民，真正夯实国家安全的群众基础；既重视传统安全，又重视非传统安全，构建集政治安全、国土安全、军事安全、经济安全、文化安全、社会安全、科技安全、信息安全、生态安全、资源安全、核安全等于一体的国家安全体系。在总体国家安全观中，网络安全是重要组成部分。

1. 网络安全事关政治安全

政治安全是总体国家安全观的根本。互联网已经成为意识形态斗争的主战场，网上渗透与反渗透、破坏与反破坏、颠覆与反颠覆的斗争尖锐复杂。相比传统媒体，网络具有跨时空、跨国界，信息快速传播、多向互动等特性，对现实社会问题和矛盾具有极大的催化放大作用，极易使一些局部问题全局化、简单问题复杂化、国内问题国际化，给国家治理带来挑战。

2011 年初，突尼斯、埃及等国相继爆发被称为“阿拉伯之春”的街头政治运动。以互联网为代表的新兴媒体成为民众组织串联、宣传鼓噪的重要平台。突、埃反对势力利用推特、脸书等网站，频繁发布集会通知、游行示威等信息，大量传播极具刺激性、煽动性的游行画面，不断激发民众强烈的参与意识和反抗意识，使抗议浪潮迅速爆发。新兴媒体发挥的强大组织和煽动作用，直接影响和改变了突、埃民众的思维和行动，产生了连锁反应和“滚雪球”效应，引发抗议力量迅速聚积，最终导致两国剧变，甚至政权更迭。

2. 网络安全事关经济安全

金融、能源、电力、通信、交通等领域的关键信息基础设施是经济社会运行的神经中枢，是网络安全的重中之重，也是可能遭到重点攻击的目标。在当前的攻防形势中，“物理隔离”防线可被跨境入侵，电力调配指令可被恶意篡改，金融交易信息可被窃取，关键信息基础设施存在重大风险隐患。一旦遭受攻击，就可能导致交通中断、金融紊乱、电力瘫痪等问题，具有很大的破坏性和杀伤力。

近年来，针对关键信息基础设施的网络攻击时有发生，对国家安全和经济社会稳定运行带来重大影响。2010 年 7 月，针对西门子工业控制系统的“震网”病毒感染了伊朗核设施，导致伊朗浓缩铀工厂内五分之一的离心机报废，大大延迟了伊朗核进程。2015 年 6 月，波兰航空公司地面操作系统遭受黑客攻击，致使系统瘫痪长达 5 小时，至少 10 个班次的航班被取消，1400 多名乘客滞留，造成航空秩序严重混乱。2016 年 1 月，乌克兰电网遭到黑客网络攻击，导致包括乌克兰首府在内的多个地区停电数小时，引发公众恐慌。

3. 网络安全事关文化安全

随着新兴媒体的快速发展，网络已成为文化的重要载体和传播渠道，网上各种思想文化相互激荡、交锋，优秀传统文化和主流价值面临冲击。与传统的文化传播渠道相比，网络具有极大的开放性和虚拟性。网民可以通过微博、微信、QQ 等网络社交工具随时发布和传播信息。

少数网民、“网络大V”充当网络不良信息的写手和推手，一些虚假信息和谣言通过网络空间迅速传播，一些淫秽色情内容通过网络空间污染社会环境，一些网民的议论和情绪通过网络空间发酵放大，一些局部矛盾和社会问题通过网络空间凸显升级。这些捕风捉影、添油加醋的谣言肆意质疑主流文化传统、污蔑英雄形象、破坏政府公信力，危害极大。网上有害信息侵蚀青少年身心健康，败坏社会风气，误导价值取向，危害文化安全。网上道德失范、诚信缺失现象频发，网络文明程度亟待提高。

4. 网络安全事关社会安全

恐怖主义、分裂主义、极端主义等势力利用网络煽动、策划、组织和实施暴力恐怖活动，发布网络恐怖袭击，直接威胁人民生命财产安全、社会秩序。2014年6月24日，中央网信办发布《恐怖主义的网络推手——“东伊运”恐怖音视频》电视专题片，揭示了暴力恐怖音视频的危害及与暴力恐怖违法犯罪活动之间的联系。据统计，在中国发生的暴力恐怖案件中，涉案人员几乎无一例外地观看、收听过宣扬、煽动暴力恐怖的音视频。

计算机病毒、木马等在网络空间传播蔓延，网络欺诈、黑客攻击、侵犯知识产权、滥用个人信息等不法行为大量存在。一些组织肆意窃取用户信息、交易数据、位置信息及企业商业秘密，严重损害国家、企业和个人利益，影响社会和谐稳定。

5. 网络安全事关国防安全

网络空间已成为国际战略博弈的新领域，围绕网络空间发展权、主导权、控制权的竞争愈演愈烈。少数国家极力谋求网络空间军事霸权，组建网络作战部队、研发网络攻击武器、出台网络作战条例，不断强化网络攻击与威慑能力。

网络空间已成为引领战争转型的主导性空间，是未来战争对抗的首发战场。看不懂网络空间，就意味着看不懂未来战争；输掉网络空间，就意味着输掉未来战争。美国2009年正式成立网络空间司令部，2015年4月发布《国防部网络战略》，首次明确美国在何种情况下可以使用网络武器实施攻击，全面规划网络作战部队的编制结构，提出三年内建成133支网络部队。2015年底，美国白宫发布《网络威慑战略》，提出将采取一切手段，包括实施进攻和防御网络作战、运用海陆空和太空军事力量等应对对美发起的网络攻击。

1.2 网络强国战略

2014年2月27日，习近平总书记主持召开中央网络安全和信息化领导小组第一次会议并发表重要讲话。中央成立网络安全和信息化领导小组，习近平总书记亲自担任组长，再次体现了中国最高层全面深化改革、加强顶层设计的意志，显示出保障网络安全、维护国家利益、推动信息化发展的决心。

中央网络安全和信息化领导小组指出，网络安全和信息化是事关国家安全和国家发展、事关广大人民群众工作生活的重大战略问题，要从国际、国内大势出发，总体布局，统筹各方，创新发展，努力把我国建设成为网络强国。

2018年3月，中央网络安全和信息化领导小组改为中央网络安全和信息化委员会。2018年4月，中央召开全国网络安全和信息化工作会议，习近平总书记在讲话中强调，我们不断推进理论创新和实践创新，不仅走出一条中国特色治网之道，而且提出一系列新思想、新观点、新论断，形成了网络强国战略思想。

1.2.1 网络强国目标

从网民数量、网络基础设施发展速度、信息消费规模等角度看，中国已是名副其实的“网络大国”。但另外一些数据却显示，大不一定强，中国离网络强国目标仍有差距。我们在自主创新方面还相对落后，区域和城乡差异比较明显，特别是人均带宽与国际先进水平差距较大，国内互联网发展瓶颈仍然较为突出。以信息化驱动工业化、城镇化、农业现代化、国家治理体系和治理能力现代化的任务十分繁重。不同地区间的“数字鸿沟”及其带来的社会和经济发展问题都需要尽快解决。同时，中国面临的网络安全方面的任务和挑战日益复杂和多元化，侵犯个人隐私、损害公民合法权益等违法行为时有发生。

为此，中央成立网络安全和信息化领导小组（现改为中央网络安全和信息化委员会），就是要在中央层面设立一个更强有力、更有权威性的机构，以规格高、力度大、立意远来统筹指导中国迈向网络强国的发展战略。习近平总书记指出，没有网络安全就没有国家安全，没有信息化就没有现代化。委员会将着眼国家安全和长远发展，统筹协调涉及经济、政治、文化、社会及军事等各个领域的网络安全和信息化重大问题，研究制定网络安全和信息化发展战略、宏观规划和重大政策，推动国家网络安全和信息化法治建设，不断增强安全保障能力。

建设网络强国的近期目标是：技术强，即要有自己的技术，有过硬的技术；基础强，即要有良好的信息基础设施，形成实力雄厚的信息经济；内容强，即要有丰富全面的信息服务，繁荣发展的网络文化；人才强，即要有高素质的网络安全和信息化人才队伍；国际话语权强，即要积极开展双边、多边的互联网国际交流合作。

建设网络强国的中期目标是：建设网络强国的战略部署与“两个一百年”奋斗目标同步推进，向着网络基础设施基本普及、自主创新能力显著增强、信息经济全面发展、网络安全保障有力的目标不断前进。

建设网络强国的远期目标是：战略清晰，技术先进，产业领先，制网权尽在掌握，网络安全坚不可摧。

1.2.2 树立正确的网络安全观

理念决定行动。做好网络安全工作，首先要树立正确的网络安全观，用马克思主义辩证法审视问题、分析问题、解决问题，趋利避害，为我所用。

1. 网络安全是整体的而不是割裂的

在信息时代，网络安全对国家安全牵一发而动全身，同许多其他方面的安全都有着密切关系。信息化与全球化的快速发展，正在塑造一个“一切皆由网络控制”的未来世界，网络空间的快速成长，催生着“谁控制网络空间谁就能控制一切”的法则。政治、经济、文化、社会、军事等各个领域的安全问题，都将与网络空间安全问题紧密关联。政治领域的“颜色革命”暗流涌动、经济领域的网络攻击日益猖獗、社会领域的网络犯罪频繁发生、军事领域的作战方式加速转型，都是网络空间对传统领域安全问题的催化与变异。要从国家安全的战略高度认识网络空间安全，把网络空间安全作为总体国家安全观的有机组成，不能将其同其他安全割裂开来。

2. 网络安全是动态的而不是静态的

在云计算、大数据、移动互联网等新兴技术广泛应用的“万物互联”时代，过去分散独立的网络变得高度关联、相互依赖，系统边界日渐模糊。同时，网络安全的威胁来源和攻击手段不断变化，网络攻击已从传统的分布式拒绝服务攻击、网络钓鱼攻击、垃圾邮件攻击等向高级持续性攻击，甚至精准网络武器打击等趋势发展。传统静态、单点防护方式难以适用，那种依靠装几个安全设备和安全软件就想永保安全的想法已不合时宜，需要树立动态、综合的安全防护理念，防止简单的分而治之和各自为战，实时感知安全态势，及时升级防护系统，持续提升防护能力，有效防范不断变化的网络安全风险。

3. 网络安全是开放的而不是封闭的

互联网让世界变成了地球村，推动国际社会越来越成为你中有我、我中有你的命运共同体。只有立足开放环境，加强对外交流、合作、互动、博弈，吸收先进技术，网络安全水平才会不断提高，而不是闭门造车、单打独斗，不是排斥学习先进，不是把自己封闭在世界之外。维护国家网络安全必须树立全球视野和开放的心态，抓住和把握新兴技术革命带来的历史性机遇，最大程度利用网络空间发展的潜力。中国开放的大门不能关上，也不会关上。

4. 网络安全是相对的而不是绝对的

网络安全不是绝对的，要立足基本国情保安全，避免不计成本追求绝对安全，那样不仅会背上沉重负担，甚至可能顾此失彼。要清醒地认识到我们面临的威胁，搞清楚哪些是潜在的，哪些是现实的；哪些可能变成真正的攻击，哪些可以通过政治、经济、外交等手段予以化解；哪些需要密切监视，防患于未然，哪些必须全力予以打击；哪些可能造成不可弥补的损失，哪些损失可以容忍，减少不计成本的过度防范。

5. 网络安全是共同的而不是孤立的

网络安全为人民，网络安全靠人民，维护网络安全是全社会共同责任。需要政府、企业、社会组织、广大网民共同参与，共筑网络安全防线。互联网是一点接入、全球联网，网络安全是一点击破、全网突破，一个地方不安全，全国就不安全。无论是中央单位还是地方单位，无论是政府部门还是企事业单位，都要尽职尽责，共同维护国家网络安全。政府部门要做好顶层设计，健全政策法规，完善互联网发展环境；企业要积极发挥维护网络安全的主体作用，引领安全技术创新发展；社会公众要增强网络安全防护意识，掌握必备的安全防护技能。只有各方齐心协力，方方面面齐动手，国家网络安全才能有保障。

1.2.3 正确处理安全和发展的关系

维护网络空间安全是促进国家发展的前提和条件。要坚持科学的发展观和安全观，正确看待和处理安全与发展的关系。安全是发展的前提，发展是安全的保障，安全和发展要同步推进，以安全保发展、以发展促安全，努力建久安之势、成长治之业。

长期以来，对网络安全与信息化发展的关系，存在一些争论。实践中确实看到，一些应用上去了，安全问题随之而来；一些新技术出来了，传统的网络安全技术防线和管理规定就会失效。习近平总书记对这个问题作出了非常深刻的阐述，指出网络安全和信息化是一体之两翼、驱动之双轮。没有网络安全，信息化发展越快，造成的危害可能就越大。而没有信息化发展，经济社会发展将会滞后，网络安全也没有保障，已有的安全甚至会丧失。“以安全保发展、以发展促安全”的要求，充分体现了马克思主义的辩证法，体现了科学的发展观。

网络安全是信息化推进中出现的新问题，只能在发展的过程中用发展的方式加以解决。不发展是最大的不安全。不能简单地通过不上网、不共享、不互联互通来保安全，或者片面强调建专网。这样做的结果只能是造成不必要的重复建设，大量网络资源得不到充分利用，增加信息化的成本，降低信息化效益，失去发展机遇。这种“懒政”思维必须破除。要以改革的精神、开放的理念、创新的机制来科学治理和化解信息化发展中出现的问题与风险，掌握国家网络空间安全战略主动权，维护网络空间安全，促进国家发展。

1.2.4 掌握核心技术“命门”

核心技术是我们最大的“命门”，核心技术受制于人是我们最大的隐患。一个互联网企业即便规模再大、市值再高，如果核心元器件严重依赖外国，供应链的“命门”掌握在别人手里，那就好比在别人的墙基上砌房子，再大再漂亮也可能经不起风雨，甚至会不堪一击。我们要掌握我国互联网发展主动权，保障互联网安全、国家安全，就必须突破核心技术这个难题，争取在某些领域、某些方面实现“弯道超车”。

什么是核心技术，可以从三方面把握：一是基础、通用技术；二是非对称、“杀手锏”技术；三是前沿、颠覆性技术。基础、通用技术是共性技术，如 CPU、操作系统等，对产业发展至关重要，但难度大，且我们基础薄弱，需要长期投入、不懈攻关，最终必须成功；非对称、“杀手锏”技术来源于网络安全“易攻难守”的非对称特点，对这类技术但求“一招制敌”即可，这是在大国博弈中实现战略制衡的有效手段，是网络威慑能力的核心；前沿、颠覆性技术是新兴技术领域，如云计算、大数据、量子计算等，我们基本同国外处在同一条起跑线上，短时间内有望从跟跑到并跑，最终实现领跑。

核心技术要取得突破，就要有决心、恒心、重心。有决心，就是要树立顽强拼搏、刻苦攻关的志气，坚定不移实施创新驱动发展战略，把更多人力、物力、财力投向核心技术研发，集合精锐力量，作出战略性安排；有恒心，就是要制定信息领域核心技术设备发展战略纲要，制定路线图、时间表、任务书，明确近期、中期、远期目标，遵循技术规律，分梯次、分门类、分阶段推进，咬定青山不放松；有重心，就是要立足我国国情，面向世界科技前沿，面向国家重大需求，面向国民经济主战场，紧紧围绕攀登战略制高点，强化重要领域和关键环节任务部署，把方向搞清楚，把重点搞清楚。

在如何突破核心技术的路线问题上，有两种观点值得注意。一种观点认为，要关起门来，另起炉灶，彻底摆脱对外国技术的依赖，靠自主创新谋发展，否则总跟在别人后面跑，永远追不上；另一种观点认为，要开放创新，站在巨人肩膀上发展自己的技术，不然也追不上。

这两种观点都有一定道理，但都过于绝对，没有辩证看待问题。一方面，核心技术是国之重器，最关键、最核心的技术要立足自主创新、自立自强。市场换不来核心技术，有钱也买不来核心技术，必须靠自己研发、自己发展；另一方面，我们强调自主创新，不是关起门来搞研发，一定要坚持开放创新，只有跟高手过招才知道差距，不能夜郎自大。问题是要搞清楚哪些是可以引进但必须安全可控的，哪些是可以引进、消化、吸收、再创新的，哪些是可以同别人合作开发的，哪些是必须依靠自己的力量自主创新的。

1.2.5 聚天下英才而用之

网络空间竞争，归根结底是人才竞争。培养网信人才，要下大功夫、下大本钱，请优秀的老师，编优秀的教材，招优秀的学生，建一流的网络空间安全学院。

互联网领域的人才，不少是怪才、奇才，他们往往不走一般套路，有很多奇思妙想。对待特殊人才要有特殊政策，不能求全责备，不能论资排辈，不能都用一把尺子衡量。

应当采取特殊政策，建立适应网信特点的人事制度、薪酬制度，把优秀人才凝聚到技术部门、研究部门、管理部门中来。应当建立适应网信特点的人才评价机制，以实际能力为衡量标准，不唯学历，不唯论文，不唯资历，突出专业性、创新性、实用性。应当建立灵活的人才激励机制，让作出贡献的人才有成就感、获得感。应当探索网信领域科研成果、知识产权归属、利益分配机制，在人才入股、技术入股及税收方面制定专门政策。在人才流动上要打破体制界限，让人才能够在政府、企业、智库间实现有序顺畅流动。

1.3 网络空间国际竞争与合作

网络的开放性、跨国性决定了网络安全威胁是世界各国面临的共同威胁，没有一个国家可以置身事外、独善其身。各国之间亟待加强双边、多边国际交流合作，共同应对网络安全面临的挑战，共同维护网络空间的公平正义，共同分享全球信息革命的机遇和成果。但同时，网络空间作为新的全球治理领域，规则尚不健全，各国在网络空间开展激烈博弈，纷纷抢夺未来发展制高点。

1.3.1 各国网络安全战略

为抓住信息技术创新应用带来的机遇，应对网络安全威胁，在美国带动下，国际社会掀起了网络安全“战略潮”，目前已有50多个国家发布了网络安全战略，力图从国家层面加强统筹、协调和指导，摸索、总结网络空间的规律，维护国家在网络空间的安全和利益；同时，也为在新一轮的信息实力竞争中掌握主动，结网布局。

1. 强化顶层设计

总体上看，各国推出网络安全战略的主要目的是阐明政府对网络空间的和平与发展、开放与治理、安全与自由，以及包括政府、企业、社会团体和民众在内的各行为主体间关系的态度和立场，从战略视角提出目标，澄清原则，描绘蓝图，为信息化建设和网络空间的发展筑牢基石。

一是宣示立场和决心。这是指导国家开展网络安全工作的核心，也是向世界发布本国治理网络空间及应对网络安全挑战的原则立场和基本态度的宣言书。例如，美国在《网络政策评估报告》中明确指出：“网络安全的风险构成了21世纪最严峻的经济挑战和国家安全挑战”，美国“再也不能容忍目前的状况，必须向世界表明，美国将凭借强有力的领导和对远景的规划，严肃认真地迎接这一挑战”，“必须指明前进的道路……向国内外证明，美国是在认真地对待网络安全相关的问题、政策和活动”。美国在《网络空间国际战略》中则称将依据“我们的核心原则”应对网络发展给国家和国际社会的安全带来的新挑战。英国2009年版《网络安全战略》中写道，“正如19世纪为了国家安全和繁荣我们必须确保海洋的安全、20世纪必须确保空中安全一样，在21世纪，我们还必须确保网络空间的安全”。

二是统一认识。各国在战略中，都表述了本国对网络空间的认识和对网络安全的看法。基于国情和其他种种原因，这些国家内部不同部门、不同群体甚至个人对网络安全的认识有所差异。在国家层面上出台战略，正是为了将政府在网络空间安全方面“兴师动众”的原因公之于众。通过摆事实、讲道理，全面评估国家面临的风险、威胁与问题。2013年5月，美国前总统奥巴马在发布《网络政策评估报告》之际又大谈网络空间对美国的重要意义，指出“美国在21世纪的经济繁荣有赖于网络空间安全”，再三强调网络安全事关美国公民个人隐私，国家的经济竞争力、公共安全和国家安全。这一报告明确把每天所依赖的网络和计算机作为“战略性国家设施”，政府“应与业界共同向民众解释清楚这一挑战的性质，并详细说明国家将通过何种方式来解决面临的问题”。德国在战略一开始就指出，“网络空间涵盖了全球范围内通过互联网链接、超越国土疆界的所有信息设施”，“确保网络安全成为各国、国际社会、企业和社会民众需要共同面临的核心挑战”。日本在战略中也强调，“当今社会正处在一个所有生活都与网络连通的物联网时代，网络安全风险也因此无处不在，网络安全防御与人们日常生活、社会稳定和经济发展息息相关”。借助战略，政府旨在调动各方，努力让各界搁置争议与利益，步调一致，同心合力。

三是明确目标和指导原则。欧盟在2013年2月发表的首份网络安全战略中明确以“一个开放、安全和可信的网络空间”为目标，声称欧盟核心价值不仅适用于现实世界也适用网络空间。欧盟将保护基本权利、言论自由、个人信息及隐私，互联网向所有人开放，倡导民主、高效的多利益攸关方互联网治理模式及政府、私人部门和个人共担网络安全责任作为指导原则。澳大利亚则提出6条原则，即国家主导、责任共担、国内合作、积极参与国际合作、风险管理及保护澳大利亚的价值标准。英国2011年版战略在以“网络空间应由自由、公正、透明及法制的核心价值观所引导”的基础之上，进一步将战略目标具体化为四大子目标，即打击网络犯罪并成为全球开展网上商业活动最安全的地方之一；面对网络攻击更具弹性，能更好地保护网络空间利益；帮助塑造一个开放、稳定和充满活力的网络空间，英国公众能安全使用它并有助于社会的开放；拥有保护所有网络安全目标所需的尖端知识、技能和能力。英国战略称“英国将从一个充满活力的、有弹性的和安全的网络空间中获得巨大的经济和社会利益”。德国的战略则强调“致力于改善网络安全的框架条件”，由此确保和促进德国经济和社会的繁荣，强调各种举措应与“网络化信息设施的重要性和必要性相符，而不是影响网络空间的开发和利用”。法国《信息系统防御与安全战略》提出了四大战略目标，即成为世界级网络保护强国，通过保护主权信息确保决策自由，加强国家关键基础设施网络安全及确保网络空间安全。日本2013年版战略要“塑造全球领先，高延展和有活力的网络空间”，在日本实现一个与“世界上最先进的IT国家”相匹配的安全网络。

2. 突出重点，解决重大战略问题

各国在制定网络安全战略时都意识到，应对网络安全威胁是一个系统工程，千头万绪，纷繁复杂，无法做到面面俱到，难免挂一漏万。故各国的战略都突出主要矛盾，力求抓住要害，正所谓“提纲而众目张，振领而群毛理”。例如，德国战略提出要在十大领域采取措施，英国的两版战略分别确立了八大工作重心，10个方面优先工作及54项具体举措，新西兰列出了三大优先领域，澳大利亚提出了七大优先工作，美国在2009年报告中提出了10个近期计划和14个中期行动计划等。这些优先领域概括起来大体包括6项内容。

一是将国家关键基础设施和政府信息系统的保护列为重中之重。欧盟战略以获取网络恢复力作为五大战略重点之首，欲通过加强立法、开展演练及提高风险感知能力等提升成员国保障关键基础设施水平。德国明确指出“网络安全的当务之急是保护关键信息基础设施”。澳大利亚提出“以最大努力保护包括政府在线系统在内的政府信息通信系统”。英国战略将“继续提高对复杂网络威胁的侦查和分析水平，尤其关注关键国家基础设施及事关国家利益的其他系统”列为十大优先工作之首。美国则强调“确保信息基础设施具有强有力的反应能力、适应能力和恢复能力”。

二是明确国家网络安全事务的牵头责任部门和协调机制。美国在2009年的《网络政策评估报告》中认识到应对网络威胁必须要“由白宫挂帅，充分利用整个国家的力量”，“只有在政府最高层领导下才能完成这一重要而复杂的任务”。根据这些建议，美国政府大幅调整网络安全机制，在白宫新设“网络安全办公室”和“网络安全协调官”（俗称“网络沙皇”），受总统直接领导，负责制定和整合所有政府网络安全政策，“网络沙皇”同时还作为国家安全委员会和国家经济委员会的成员，参与各种经济、反恐及科学和技术政策的制定，与白宫首席技术官、首席信息官共同构成美国科技和信息强国的“三驾马车”。受美国影响，一些国家相继提升主管部门的层级，强化协调能力。德国由信息技术安全局牵头负责新建“国家网络防御中心”，宪法保卫局、民众保护和灾害救助局等为主要成员。新西兰称“最优先的工作是在政府通信安全局内建立一个国家网络安全中心（NCSC）”。

三是建立和完善全国范围的网络事件响应机制和应对预案。美国在评估报告中称应“建立一套明确且具权威性的网络事故响应框架”，统一处理流程。日本表示要“建立和完善应对大规模网络攻击快反机制”并进行演练。澳大利亚称将改善针对政府、关键基础设施和其他“国家利益系统”的复杂网络威胁的侦察、分析、缓解和响应机制，准备制定“网络安全危机管理计划”，即国家层面网络安全事件的应对预案。德国表示要“建立完整的应对网络攻击体系”，“主管部门相互协调、共同参与”。新西兰要“修订网络事件应急计划”。

四是鼓励技术创新，重视研发，确保技术优势，加强专业人才队伍培养。澳大利亚在战略中提出要实施“国家安全科技与创新战略”（NSSIS），把网络安全视为优先发展的12个领域之一。日本称“通过灵活利用一般性人才评价和培育工具，在产学合作的条件下依靠实践培养网络安全方面的高级人才。将建立网络安全人才保障的中长期体制框架纳入视野，在各个领域制定人才培养工程表”。美国强调要“培养高素质网络安全人才”，通过开展一场全国运动，提高各阶层的网络安全意识和网络知识普及率，并为21世纪培养网络人才。

五是突出人人有责，责任分担，政企合作，信息共享的理念。各国战略都提倡“共同承担网络安全责任”，十分重视政府和企业的合作和与社会各方面的信息分享，重视对普通民众的安全意识教育。英国将“提升知识和态势感知，与私企一起建立全国统一的响应体制”列入十大优先工作，并强调“将提高社会对安全的感知、对公民的教育和强化他们自我保卫的能力”。日本则要“推进官民合作”，称“应对大规模网络攻击事件，离不开相关重要基础设施的企业和企业家的合作。因此必须努力实现官民的紧密合作，促进重要基础设施企业和企业家的理解与支持”。美国通过战略创建了多个政—企、政—政、企—企间的“信息共享与分析中心”。

六是积极倡导国际合作。战略同时也是各国以国际合作方式维护网络安全、经略网络空间的宣言和寻求合作伙伴，拉拢盟友的旗帜。一方面，各国对现有的合作方式及渠道正式表态。德国、英国在战略中就对欧盟、北约主导的合作框架提出了自己的看法，如英国网络防御能力建设就以北约的新战略构想为蓝本，积极准备成员国之间的协防。德国表示将“有效参与欧洲及全球网络安全行动”，支持欧盟为保护关键信息基础设施而采取的相应行动，并希望在北约内形成“统一网络安全标准”。美国一改既定立场，力挺欧洲的《网络犯罪公约》，通过增加“覆盖范围”以更好地促进各国在法律和执法层面的协调和合作。另一方面，借助国际合作为网络空间的行为规则设定框架。美、英两国对此最为积极。英国力挺前外交大臣黑格提出的网络空间“七原则”，把在国际上制定网络空间行为的国家准则作为优先工作之一，并主张所有政府必须“发挥相称的作用同时遵守国家和国际法”，具体包括尊重知识产权和言论、结社自由。英国还称将继续与联合国及其他国际机构就“伦敦议程”共同开展工作，提出可被国际社会接受的行为规范。美国更是将自己对网络空间规则的设计通过《网络空间国际战略》公之于众。

1.3.2 维护网络主权

网络空间的产生和发展对国家主权、安全、发展利益提出了新的挑战，必须认真应对。虽然互联网具有高度全球化的特征，但每一个国家在网络空间的主权权益都不应受到侵犯，技术再发展也不能侵犯他国的网络主权。

1. 尊重网络主权正在成为国际社会共识

网络空间国际治理弊端丛生的根源在于主权问题。主权是现代国家的基本属性，没有主权，就没有现代国家。行随事迁，主权的含义因时而变、不断丰富，主权的实践与时俱进、不断创新。网络空间是现代国家的新疆域、全球治理的新领域。《联合国宪章》确立的主权平等原则，其精神也应该适用于网络空间，网络主权因是而生。

网络主权植根于现代法理，是现代国家主权在网络空间的延伸。网络相关法律制定与政策出台、政府管理与行政执法、司法管辖与争议解决、全球治理与国际合作等，都是网络主权的行使方式。

网络空间存在国家主权早有定论。早在十几年前，日内瓦《原则宣言》中就提出“与互联网有关的公共政策问题的决策权是各国的主权。对于与互联网有关的国际公共政策问题，各国拥有权利并负有责任”。北约卓越合作网络防御中心制定的《塔林手册》，也提出主权原则适用于网络空间。这些事例说明，网络主权的理念已在国际社会逐渐得到认可和接受。

2. 网络主权意义重大

一是尊重网络主权是反对网络霸权的必然要求。自 1648 年威斯特伐利亚和会确立国家主权原则以来，坚持主权、反对霸权就是国际体系实践的重要内容。现在，已经不是几个国家凑在一起就能决定世界大事的时代了，世界上的事情越来越需要各国商量着办。当前一些无视他国网络主权的行为，本质上是现实世界霸权主义行径在网络空间的投射与反映，是冷战思维的新变种，已经成为全球互联网治理体系变革的最大障碍。只有尊重网络主权，不搞网络霸权，不干涉他国内政，不从事、纵容或支持危害他国国家安全的网络活动，才能推进全球互联网治理体系朝着更加公正合理的方向变革。

二是尊重网络主权是维护和平安全的重要保证。一个安全稳定繁荣的网络空间，对各国乃至世界都具有重要意义。网络安全是全球性挑战，包括中国在内的很多国家，都是网络恐怖主义、网络监听、网络攻击、网络窃密的受害国。维护网络安全不应有双重标准，不能一个国家安全而其他国家不安全，一部分国家安全而另一部分国家不安全，更不能以牺牲别国安全谋求自身所谓绝对安全。只有尊重网络主权，携手合作、共同应对，反对网络监听、网络攻击、网络空间军备竞赛，才能切实维护网络空间和平安全。

三是尊重网络主权是坚持开放合作的基本前提。“天下兼相爱则治，交相恶则乱”，让各国人民特别是广大发展中国家的人民共享互联网发展成果，是推进全球互联网治理体系变革的根本目的。各国在谋求自身发展的同时，应当积极推进互联网领域开放合作，创造更多利益契合点、合作增长点、共赢新亮点。只有尊重网络主权，摒弃零和博弈、赢者通吃的旧观念，坚持同舟共济，互信互利的新理念，各国才能够在网络空间优势互补、共同发展，才能让更多国家和人民搭乘信息时代的快车、共享互联网发展成果。

四是尊重网络主权是构建良好秩序的坚实基础。“九层之台，起于累土”，网络主权已成为国家主权的重要组成部分，没有网络主权，国家主权就不完整；没有网络主权，国际网络空间秩序将混乱无序，多利益相关方的权益也无从保障；没有网络主权，互联网造福人类的初衷和目的就无法实现，互联网的发展也将失去意义。只有尊重网络主权，各国才能自主制定政策法规，依法开展网络空间治理，构建良好网络秩序。中国是网络主权的坚定倡导者和有力维护者，坚持正确处理网络空间自由与秩序、安全与发展、开放与自主的关系，探索走出了中国特色社会主义治网之道。

3. 构建网络空间命运共同体

网络空间是人类共同的活动空间。尊重网络主权与构建网络空间命运共同体是辩证统一的，网络主权是构建网络空间命运共同体的前提，网络空间命运共同体是网络主权的保障。强调尊重网络主权，不是要割裂全球网络空间，而是强调在主权平等的基础上，各国无论互联网发展快慢、技术强弱，其参与权、发展权、治理权都应当是平等的，都应当得到有效保障。

随着综合实力和国际地位的不断提升，我国正日益走近世界舞台的中心。中国将坚定不移走中国特色社会主义治网之道，把互联网建设好、运用好、治理好。同时，中国愿意与世界各国一道，共同推进全球互联网治理体系变革，在彼此尊重网络主权的基础上，携手构建网络空间命运共同体，让互联网发展成果惠及13亿多中国人民，造福全人类。

1.3.3 网络空间国际规则

网络空间是新的治理领域，治理体系尚未建立。发达国家试图将其在传统治理领域的优势延伸到网络空间，通过控制“游戏规则”，确保既得利益。新兴国家则努力争取网络空间规则的制定权，要求共建网络空间新秩序，为自身谋得生存和发展的空间。

1. 国家行为准则

2014 年 5 月，美国司法部以窃取美国商业秘密为由，起诉我国 5 名解放军军官。在此之前的 2013 年 6 月，美国前中情局雇员斯诺登早已曝光了美国长期监控他国的事实。且美国大规模建设网络战部队，极力提升进攻性网络战能力，这也不是秘闻。美国之所以如此“贼喊捉贼”，是因为其多年来主张一条规则：现实世界中，情报和军事活动是正常的，网络空间自然也不例外，网络情报窃密和网络军事活动都应该是合法的，只有窃取商业秘密才应被禁止。

美国的主张显然是霸权主义的体现。习近平总书记在 2015 年世界互联网大会上指出：在现实空间，战火硝烟仍未散去，恐怖主义阴霾难除，违法犯罪时有发生。网络空间，不应成为各国角力的战场，更不能成为违法犯罪的温床。各国应该共同努力，防范和反对利用网络空间进行的恐怖、淫秽、贩毒、洗钱、赌博等犯罪活动。不论是商业窃密，还是对政府网络发起黑客攻击，都应该根据相关法律和国际公约予以坚决打击。维护网络安全不应有双重标准，不能一个国家安全而其他国家不安全，一部分国家安全而另一部分国家不安全，更不能以牺牲别国安全谋求自身所谓绝对安全。习近平总书记建议，各国应该携手努力，共同遏制信息技术滥用，反对网络监听和网络攻击，反对网络空间军备竞赛。中国愿同各国一道，加强对话交流，有效管控分歧，推动制定各方普遍接受的网络空间国际规则，制定网络空间国际反恐公约，健全打击网络犯罪司法协助机制，共同维护网络空间和平安全。

中美的上述分歧深刻反映出了网络空间国家行为准则的重要性。这是维护国际公平正义的重要工具，因此也成为各国网络空间博弈的焦点。目前，各国关于网络空间行为准则的观点主要分为三派：一是“继承派”，主张沿用现有国际法和规则，如《联合国宪章》、《战争与武装冲突法》及 2001 年开始执行的欧盟《网络犯罪公约》，认为现在的问题是如何提升执法能力和水平，而不是修改法律本身；二是“另起炉灶派”，认为网络空间太过特殊，原有规则无法适用，很多概念、理念均已过时；三是“改良派”，认同现有《联合国宪章》、国际法等的基本原则，但称鉴于技术和社会发生了巨大的变化，建议对原有国际法律体系进行适度调整和完善。

从 2004 年起，围绕国际安全视角下信息和电信领域发展问题，联合国政府专家组（简称 GGE）开始争论，各国在利用信息和通信技术（ICT）时，是否应适用国际法。2013 年 6 月，政府专家组指出：国际法，特别是《联合国宪章》是适用的，而且是维护和平与稳定以及促进开放的、安全的、和平和无障碍的信息和通信技术环境所必要的。很多专家认为，这是一个突破性的成果，因为这次的 GGE 进程终于解决了国际社会一直争论的国际法在网络空间“是否适用”的重大问题。这一拦路虎被踢开后，政府专家组的工作重点立刻转向了去解决“如何把国际法适用于国家的信息和通信技术应用”问题。

在这个时期，中国联合上合组织成员国积极行动，先后于 2011 年和 2015 年两次向联合国提交了《信息安全国际行为准则》草案，成为网络空间国际规则制定进程中的重要事件，引起了国际社会广泛关注。

2015 年 6 月，美、中、英等 20 国代表组成的联合国信息安全问题政府专家组再次开会，取得重大突破性进展，共同发布报告，约定各国均“鼓励和平利用信息和通信技术”，共同打击黑客活动，不对关键基础设施实施网络攻击，且不随意相互指责网络攻击等。

2015年的GGE报告列出了关于新规范和原则的11项建议，为更好了解这些建议的功能，一般将其分为两大类：一是具有限制性特征的规范；二是最佳做法和积极义务。

限制性规范包括：

① 国家不应该故意让其领土被用于利用信息和通信技术实施国际不法行为；

② 国家不应该进行或故意支持故意破坏关键基础设施的信息和通信技术活动；

③ 各国应采取措施确保供应链安全，并应努力防止恶意信息和通信技术扩散；

④ 国家不应该实施或故意支持损害另一个国家应急响应小组（CERT/CSIRT）信息系统的活动，也不应该使用自己的队伍从事恶意国际活动；

⑤ 国家应尊重联合国在互联网人权和隐私权方面做出的决议。

最佳做法和积极义务包括：

① 各国应进行合作，以提高使用信息和通信技术的稳定性、安全性，并防止有害的做法；

② 各国应考虑在发生信息和通信技术事故的情况下的所有相关信息；

③ 各国应考虑如何更好地合作交流信息、相互协作，并起诉使用信息和通信技术的恐怖主义和犯罪行为；

④ 各国应采取适当措施，以保护关键基础设施；

⑤ 其他国家的关键基础设施受到恶意信息和通信技术行为影响而提出适当援助请求时，各国应做出响应；

⑥ 各国应鼓励负责任的信息技术漏洞报告，并采取补救措施。

总体而言，当前以中美为代表的主要网络大国在制定网络空间行为准则的必要性方面已经达成共识，框架已具备雏形，但是对于准则的详细内涵仍存在分歧。实质是，目前网络空间如果签署任何形式的国际规则文件，都会或多或少对美国的网络优势产生限制和影响。因此，美国将网络空间行为准则视为必争之地，强力干涉和介入。按照目前的发展态势，各国由于不同网络空间发展水平，迥异的网络空间治理理念和不同的利益关注点，达成一个所谓《网络空间全球公约》的可能性暂时不存在，未来的路还很长。

2. 互联网治理

一般而言，互联网和网络设备本身是严格遵从网络协议、技术规则和各自机器语言的。人类要与网络整合及相互连通，首先涉及的是语言的转换问题。但是，互联网本身由计算机终端和路由器交换机等互联设备构成，为了保障设备联网，人们设计了TCP/IP网络协议的语言。这种语言中，采用了十进制数形式的网络IP地址标记各个机器，这对人类是可读的，但是对由大量数字组成的网络地址，我们人类仍然缺乏耐心和记忆能力。

于是，网络IP地址的互联网语言和人类语言之间还需要翻译的字典。这个翻译字典库就是域名解析服务器。域名服务器将域名和IP地址相互映射的一个分布式数据库，这个域名服务器呈现树状结构。DNS域名服务器体系中具有13台根服务器，根服务器就是树状结构的13个根节点（其中1个主根节点位于整个的顶端），具有特殊重要性，是人—网联结的核心网络资源。

显然，根域名服务器是互联网基础资源，决定着互联网的平稳稳定运行。互联网起源于美国，美国也因此一直掌握着根域名服务器、域名系统、IP地址等这些互联网关键资源的管理权。全世界的13台根域名服务器中，1台主根域名服务器放置在美国，其余12台均为辅根域名服务器，其中美国 9 台，欧洲 2 台（位于英国和瑞典），亚洲 1 台（位于日本）。所有根服务器均由美国政府授权的互联网名称与数字地址分配机构（ICANN）统一管理，负责全球互联网根域名服务器、域名系统和 IP 地址等的管理。美国政府对其管理拥有很大发言权。凭借在域名管理上的特权，美国还可以对其他国家的网络使用情况进行监控，更可以随时停止对某国域名的解析，即事实上使这个国家从互联网上“消失”。所有这些都使得其他国家存在安全性方面的担忧，尤其是一些与美国的文化理念和意识形态方面存在差异的发展中国家。大家逐渐意识到，由一个国家控制互联网的关键资源是不符合各国利益的。由此产生了对互联网治理问题的讨论。

根据联合国互联网治理工作组的报告，互联网治理涵盖四个方面：一是与基础设施和互联网重要资源管理有关的问题，包括域名系统和 IP 地址管理、根服务器系统管理、技术标准、互联等问题；二是与互联网使用有关的问题，包括垃圾邮件、网络安全和网络犯罪；三是与互联网有关但影响范围远远超过互联网本身的问题，包括知识产权问题和互联网电子贸易等；四是互联网治理的发展方面相关问题，特别是发展中国家的能力建设。但无论在信息社会世界首脑会议、联合国互联网治理工作组、互联网治理论坛等多个场合，互联网关键资源管理体制都始终是重要议题。

在各国的强烈呼吁下，美国也不得不启动了 ICANN 改革。2009 年，ICANN 曾宣布将与美国商务部签署新的协议，同意 ICANN 成为一家独立机构，不受任何第三方控制。2014 年，美国再次宣布放弃对 ICANN 的管理权，但是不会把这一权力移交给联合国，而是移交给“全球利益攸关体”。但按照美国的方案，其要确保“私营机构在域名管理中处于领导地位”。实质上看，其并不会真正放弃已在全球互联网事务中确立的优势地位，只是希望引入私营机构等其他利益体，让全球网络监管变得更松散，而这不会对美国以超强技术优势领导网络空间产生实质影响，以此让这些强势企业冲淡其他国家主权政府要求管理互联网的呼声。

总体而言，经过 40 年来的发展历程，全球互联网治理领域形成了以 ICANN 为核心组织的、自下而上、非集中化的治理机制体系。既有互联网治理机制不仅存在制度设计合法性和代表性不足、机制落实能力有限等问题，更体现了发达国家与新兴国家的网络治理制度理念的根本性冲突。西方国家坚持网络空间的“多利益攸关方”模式，反对联合国主导的治理模式。而新兴国家坚持联合国治理模式和国家间组织模式，质疑西方国家鼓吹的“多利益攸关方”模式。

在 2015 年世界互联网大会上，习近平总书记指出，随着世界多极化、经济全球化、文化多样化、社会信息化深入发展，互联网对人类文明进步将发挥更大促进作用。同时，互联网领域发展不平衡、规则不健全、秩序不合理等问题日益凸显。不同国家和地区信息鸿沟不断拉大，现有网络空间治理规则难以反映大多数国家意愿和利益；世界范围内侵害个人隐私、侵犯知识产权、网络犯罪等时有发生，网络监听、网络攻击、网络恐怖主义活动等成为全球公害。面对这些问题和挑战，国际社会应该在相互尊重、相互信任的基础上，加强对话合作，推动互联网全球治理体系变革，共同构建和平、安全、开放、合作的网络空间，建立多边、民主、透明的全球互联网治理体系。

中国在世界互联网大会上发出了全球互联网治理体系变革的强音：应该坚持多边参与、

多方参与，由大家商量着办，发挥政府、国际组织、互联网企业、技术社群、民间机构、公民个人等各个主体作用，不搞单边主义，不搞一方主导或由几方凑在一起说了算。各国应该加强沟通交流，完善网络空间对话协商机制，研究制定全球互联网治理规则，使全球互联网治理体系更加公正合理，更加平衡地反映大多数国家意愿和利益。

当前，国际互联网治理处在重要历史发展期，互联网发展态势、各国理念认识与治理水平已发生巨大变化，ICANN 全球化无疑已经成为不可阻挡的趋势。2016 年 9 月 30 日午夜，美国政府与 ICANN 签署的互联网号码分配局（IANA）合同到期。由于此前代表美国政府的国家电信和信息管理局（NTIA）已经声明不再续签该合同，而共和党保守势力试图在国会和法院阻止移交的努力均以失败告终，美国正式将 ICANN 的管理权移交出去，这被认为是 ICANN 国际化的一个重要节点。但也有声音认为，美国在多大程度上放弃了对互联网的控制权，这还要经过一段时间的观察。但无论如何，这已经是历史性的一步。今后一些年，各方要做的就是应对 ICANN 全球化的具体实现途径，充分协调立场，达成共识。将工作重心从“切断 ICANN 与美政府关系”进一步向“打破美国对核心网络资源的实际垄断”推进，为进一步分享“治理权”争取必要的“筹码”。

1.4 未来展望

2016 年 12 月 27 日，经中央网络安全和信息化领导小组批准，国家互联网信息办公室发布《国家网络空间安全战略》，为今后十年乃至更长时间的网络安全工作作出了全面部署。

1.4.1 战略目标

以总体国家安全观为指导，贯彻落实创新、协调、绿色、开放、共享的发展理念，增强风险意识和危机意识，统筹国内、国际两个大局，统筹发展安全两件大事，积极防御、有效应对，推进网络空间和平、安全、开放、合作、有序，维护国家主权、安全、发展利益，实现建设网络强国的战略目标。

和平：信息技术滥用得到有效遏制，网络空间军备竞赛等威胁国际和平的活动得到有效控制，网络空间冲突得到有效防范。

安全：网络安全风险得到有效控制，国家网络安全保障体系健全完善，核心技术装备安全可控，网络和信息系统运行稳定可靠。网络安全人才满足需求，全社会的网络安全意识、基本防护技能和利用网络的信心大幅提升。

开放：信息技术标准、政策和市场开放、透明，产品流通和信息传播更加顺畅，数字鸿沟日益弥合。不分大小、强弱、贫富，世界各国特别是发展中国家都能分享发展机遇、共享发展成果、公平参与网络空间治理。

合作：世界各国在技术交流、打击网络恐怖和网络犯罪等领域的合作更加密切，多边、民主、透明的国际互联网治理体系健全完善，以合作共赢为核心的网络空间命运共同体逐步形成。

有序：公众在网络空间的知情权、参与权、表达权、监督权等合法权益得到充分保障，网络空间个人隐私获得有效保护，人权受到充分尊重。网络空间的国内和国际法律体系、标准规范逐步建立，网络空间实现依法有效治理，网络环境诚信、文明、健康，信息自由流动与维护国家安全、公共利益实现有机统一。

1.4.2 战略原则

一个安全稳定繁荣的网络空间，对各国乃至世界都具有重大意义。中国愿与各国一道，加强沟通、扩大共识、深化合作，积极推进全球互联网治理体系变革，共同维护网络空间和平安全。

1. 尊重维护网络空间主权

网络空间主权不容侵犯，尊重各国自主选择发展道路、网络管理模式、互联网公共政策和平等参与国际网络空间治理的权利。各国主权范围内的网络事务由各国人民自己做主，各国有权根据本国国情，借鉴国际经验，制定有关网络空间的法律、法规，依法采取必要措施，管理本国信息系统及本国疆域上的网络活动；保护本国信息系统和信息资源免受侵入、干扰、攻击和破坏，保障公民在网络空间的合法权益；防范、阻止和惩治危害国家安全和利益的有害信息在本国网络传播，维护网络空间秩序。任何国家都不搞网络霸权、不搞双重标准，不利用网络干涉他国内政，不从事、纵容或支持危害他国国家安全的网络活动。

2. 和平利用网络空间

和平利用网络空间符合人类的共同利益。各国应遵守《联合国宪章》关于不得使用或威胁使用武力的原则，防止信息技术被用于与维护国际安全与稳定相悖的目的，共同抵制网络空间军备竞赛、防范网络空间冲突。坚持相互尊重、平等相待，求同存异、包容互信，尊重彼此在网络空间的安全利益和重大关切，推动构建和谐网络世界。反对以国家安全为借口，利用技术优势控制他国网络和信息系统、收集和窃取他国数据，更不能以牺牲别国安全谋求自身所谓绝对安全。

3. 依法治理网络空间

全面推进网络空间法治化，坚持依法治网、依法办网、依法上网，让互联网在法治轨道上健康运行。依法构建良好网络秩序，保护网络空间信息依法有序自由流动，保护个人隐私，保护知识产权。任何组织和个人在网络空间享有自由、行使权利的同时，须遵守法律，尊重他人权利，对自己在网络上的言行负责。

4. 统筹网络安全与发展

没有网络安全就没有国家安全，没有信息化就没有现代化。网络安全和信息化是一体之两翼、驱动之双轮。正确处理发展和安全的关系，坚持以安全保发展，以发展促安全。安全是发展的前提，任何以牺牲安全为代价的发展都难以持续。发展是安全的基础，不发展是最大的不安全。没有信息化发展，网络安全也没有保障，已有的安全甚至会丧失。

1.4.3 战略任务

中国的网民数量和网络规模世界第一，维护好中国网络安全，不仅是自身需要，对于维护全球网络安全乃至世界和平都具有重大意义。中国致力于维护国家网络空间主权、安全、发展利益，推动互联网造福人类，推动网络空间和平利用和共同治理。

1. 坚定捍卫网络空间主权

根据宪法和法律、法规管理我国主权范围内的网络活动，保护我国信息设施和信息资源安全，采取包括经济、行政、科技、法律、外交、军事等一切措施，坚定不移地维护我国网络空间主权。坚决反对通过网络颠覆我国国家政权、破坏我国国家主权的一切行为。

2. 坚决维护国家安全

防范、制止和依法惩治任何利用网络进行叛国、分裂国家、煽动叛乱、颠覆或者煽动颠覆人民民主专政政权的行为；防范、制止和依法惩治利用网络进行窃取、泄露国家秘密等危害国家安全的行为；防范、制止和依法惩治境外势力利用网络进行渗透、破坏、颠覆、分裂活动。

3. 保护关键信息基础设施

国家关键信息基础设施是指关系国家安全、国计民生，一旦数据泄露、遭到破坏或者丧失功能可能严重危害国家安全、公共利益的信息设施，包括但不限于提供公共通信、广播电视传输等服务的基础信息网络，能源、金融、交通、教育、科研、水利、工业制造、医疗卫生、社会保障、公用事业等领域和国家机关的重要信息系统，重要互联网应用系统等。要采取一切必要措施保护关键信息基础设施及其重要数据不受攻击破坏。坚持技术和管理并重、保护和震慑并举，着眼识别、防护、检测、预警、响应、处置等环节，建立实施关键信息基础设施保护制度，从管理、技术、人才、资金等方面加大投入，依法综合施策，切实加强关键信息基础设施安全防护。

4. 加强网络文化建设

加强网上思想文化阵地建设，大力培育和践行社会主义核心价值观，实施网络内容建设工程，发展积极向上的网络文化，传播正能量，凝聚强大精神力量，营造良好网络氛围。鼓励拓展新业务、创作新产品，打造体现时代精神的网络文化品牌，不断提高网络文化产业规模水平。实施中华优秀文化网上传播工程，积极推动优秀传统文化和当代文化精品的数字化、网络化制作和传播。发挥互联网传播平台优势，推动中外优秀文化交流互鉴，让各国人民了解中华优秀文化，让中国人民了解各国优秀文化，共同推动网络文化繁荣发展，丰富人们精神世界，促进人类文明进步。

加强网络伦理、网络文明建设，发挥道德教化引导作用，用人类文明优秀成果滋养网络空间、修复网络生态。建设文明诚信的网络环境，倡导文明办网、文明上网，形成安全、文明、有序的信息传播秩序。坚决打击谣言、淫秽、暴力、迷信、邪教等违法有害信息在网络空间传播蔓延。提高青少年网络文明素养，加强对未成年人上网保护，通过政府、社会组织、社区、学校、家庭等方面的共同努力，为青少年健康成长创造良好的网络环境。

5. 打击网络恐怖和违法犯罪

加强网络反恐、反间谍、反窃密能力建设，严厉打击网络恐怖和网络间谍活动。

坚持综合治理、源头控制、依法防范，严厉打击网络诈骗、网络盗窃、贩枪贩毒、侵害公民个人信息、传播淫秽色情、黑客攻击、侵犯知识产权等违法犯罪行为。

6. 完善网络治理体系

坚持依法、公开、透明管网治网，切实做到有法可依、有法必依、执法必严、违法必究。健全网络安全法律、法规体系，制定出台网络安全法、未成年人网络保护条例等法律、法规，明确社会各方面的责任和义务，明确网络安全管理要求。加快对现行法律的修订和解释，使之适用于网络空间。完善网络安全相关制度，建立网络信任体系，提高网络安全管理的科学化、规范化水平。

加快构建法律规范、行政监管、行业自律、技术保障、公众监督、社会教育相结合的网络治理体系，推进网络社会组织管理创新，健全基础管理、内容管理、行业管理及网络违法犯罪防范和打击等工作联动机制。加强网络空间通信秘密、言论自由、商业秘密，以及名誉权、财产权等合法权益的保护。

鼓励社会组织等参与网络治理，发展网络公益事业，加强新型网络社会组织建设。鼓励网民举报网络违法行为和不良信息。

7. 夯实网络安全基础

坚持创新驱动发展，积极创造有利于技术创新的政策环境，统筹资源和力量，以企业为主体，产学研用相结合，协同攻关、以点带面、整体推进，尽快在核心技术上取得突破。重视软件安全，加快安全可信产品推广应用。发展网络基础设施，丰富网络空间信息内容。实施"互联网+"行动，大力发展网络经济。实施国家大数据战略，建立大数据安全管理制度，支持大数据、云计算等新一代信息技术创新和应用。优化市场环境，鼓励网络安全企业做大做强，为保障国家网络安全夯实产业基础。

建立完善国家网络安全技术支撑体系。加强网络安全基础理论和重大问题研究。加强网络安全标准化和认证认可工作，更多地利用标准规范网络空间行为。做好等级保护、风险评估、漏洞发现等基础性工作，完善网络安全监测预警和网络安全重大事件应急处置机制。

实施网络安全人才工程，加强网络安全学科专业建设，打造一流网络安全学院和创新园区，形成有利于人才培养和创新创业的生态环境。办好网络安全宣传周活动，大力开展全民网络安全宣传教育。推动网络安全教育进教材、进学校、进课堂，提高网络媒介素养，增强全社会网络安全意识和防护技能，提高广大网民对网络违法有害信息、网络欺诈等违法犯罪活动的辨识和抵御能力。

8. 提升网络空间防护能力

网络空间是国家主权的新疆域。建设与我国国际地位相称、与网络强国相适应的网络空间防护力量，大力发展网络安全防御手段，及时发现和抵御网络入侵，铸造维护国家网络安全的坚强后盾。

9. 强化网络空间国际合作

在相互尊重、相互信任的基础上，加强国际网络空间对话合作，推动互联网全球治理体系变革。深化同各国的双边、多边网络安全对话交流和信息沟通，有效管控分歧，积极参与全球和区域组织网络安全合作，推动互联网地址、根域名服务器等基础资源管理国际化。

支持联合国发挥主导作用，推动制定各方普遍接受的网络空间国际规则、网络空间国际反恐公约，健全打击网络犯罪司法协助机制，深化在政策法律、技术创新、标准规范、应急响应、关键信息基础设施保护等领域的国际合作。

加强对发展中国家和落后地区互联网技术普及和基础设施建设的支持援助，努力弥合数字鸿沟。推动"一带一路"建设，提高国际通信互联互通水平，畅通信息丝绸之路。搭建世界互联网大会等全球互联网共享共治平台，共同推动互联网健康发展。通过积极有效的国际合作，建立多边、民主、透明的国际互联网治理体系，共同构建和平、安全、开放、合作、有序的网络空间。

本章小结

本章在信息革命的背景下阐述网络空间安全的重大意义，围绕网络强国建设，介绍了我国维护网络安全的主要立场、主张和战略举措。本章的主要内容如下。

（1）信息技术革命与网络空间

以信息技术为代表的新一轮科技革命方兴未艾，互联网日益成为创新驱动发展的先导力量。全球信息化进入全面渗透、跨界融合、加速创新、引领发展的新阶段。没有信息化就没有现代化，谁在信息化上占据制高点，谁就能够掌握先机、赢得优势、赢得安全、赢得未来。

互联网、通信网、计算机系统、自动化控制系统、数字设备及其承载的应用、服务和数据构成了网络空间，其已经成为与陆地、海洋、天空、太空同等重要的人类活动新领域。网络空间正全面改变着人们的生产生活方式，深刻影响人类社会历史发展进程。同时，网络空间安全威胁日益突出，与政治安全、经济安全、文化安全、社会安全、国防安全等领域相互交融、相互影响，已成为当前面临的最复杂、最现实、最严峻的非传统安全问题之一。

（2）网络强国战略

中央提出了网络强国战略。其近期目标是技术强、基础强、内容强、人才强、国际话语权强；中期目标是网络基础设施基本普及、自主创新能力增强、信息经济全面发展、网络安全保障有力；最终要实现战略清晰、技术先进、产业领先、制网权尽在掌握、网络安全坚不可摧的目标。

建设网络强国，要树立正确的网络安全观，正确处理安全和发展的关系，掌握核心技术“命门”，聚天下英才而用之。

（3）网络空间国际竞争与合作

网络空间是国家主权新疆域，大国博弈新焦点。国际社会掀起了网络安全“战略潮”，力图从国家层面加强统筹、协调和指导，摸索、总结网络空间的规律，维护国家在网络空间的安全和利益；同时，也为在新一轮的信息实力竞争中掌握主动，结网布局。

我国提出了网络主权的重要主张，指出网络主权是国家主权在网络空间的延伸，《联合国宪章》确立的主权平等原则也应该适用于网络空间。我国反对网络霸权，反对网络监听、网络攻击、网络空间军备竞赛，呼吁摒弃零和博弈、赢者通吃的旧观念，构建网络空间命运共同体。我国积极推动制定各方普遍接受的网络空间国际规则，主动参与互联网全球治理体系变革，建议建立多边、民主、透明的全球互联网治理体系。

（4）我国的网络安全战略布局

《国家网络空间安全战略》对网络安全工作作出了战略布局，要求以总体国家安全观为指导，贯彻落实创新、协调、绿色、开放、共享的发展理念，增强风险意识和危机意识，统筹国内、国际两个大局，统筹发展安全两件大事，积极防御、有效应对，推进网络空间和平、安全、开放、合作、有序，维护国家主权、安全、发展利益，实现建设网络强国的战略目标。

习题

1. 举例说明信息革命的意义及其对我国现代化的重要影响。
2. 解释网络空间的概念。
3. 网络安全对政治安全、经济安全、文化安全、社会安全、国防安全的影响有哪些？
4. 阐述网络强国的近、中、远期目标。
5. 什么是“正确的网络安全观”？
6. 如何理解安全与发展的关系？
7. 什么是“核心技术”？如何突破？
8. 什么是网络主权？为什么要坚持网络主权？
9. 我国为什么提出多边、民主、透明的互联网治理体系？
10. 《国家网络空间安全战略》对网络安全作出了哪些战略部署？

第 2 章　网络安全基础

本章要点

- 网络安全的基本属性及概念演变
- 从风险管理角度理解网络安全的要素及其相互关系
- 参考开放系统互连安全体系结构，认识安全需求、安全服务、安全机制、安全产品之间的逻辑关系

2.1 网络安全的基本属性

作为一门综合性学科，网络安全的内涵十分丰富，外延不断扩展，不同的人对网络安全有着不同的认识。但是，从信息的安全获取、处理和使用这一本质要求出发，人们对网络安全有着三种最基本的需求：保密性、完整性和可用性，这是网络安全最基本的追求，也是从技术上理解网络安全最根本的出发点。

2.1.1 保密性

保密性（Confidentiality）是一个古已有之的需要，有时也被称为“机密性”。在传统通信环境中，普通人通过邮政系统发信件时，为了个人隐私要装入信封。可是到了信息时代，信息在网上传播时，如果没有这个“信封”，那么所有的信息都是“明信片”，不再有秘密可言。这便是网络安全中的保密性需求。概括说，保密性是指信息不被泄露给非授权的用户、实体或过程，或被其利用的特性。

需要指出，保密性不但包括信息内容的保密，还包括信息状态的保密。例如，在军事战争中，即使无法破解对方的加密信息，但仍可从敌方通信流量的骤增情况上推断出某些重要的结论（如可以推知敌方将有重大军事行动）。确保通信流保密的技术也有很多，例如，可以在保证带宽的前提下通过加入大量冗余通信流，从而保持通信流状态的恒定，避免泄密。

保密性往往在信息通信过程中得到相当程度的重视，然而，信息在存储与处理过程中的保密性问题在当前相当突出，常被人们所忽视。

2.1.2 完整性

完整性（Integrity）是指信息未经授权不能进行更改的特性。即信息在存储或传输过程中保持不被偶然或蓄意地删除、修改、伪造、乱序、重放、插入等破坏和丢失的特性。

完整性与保密性不同，保密性要求信息不被泄露给非授权的人，而完整性则要求信息不致受到各种原因的破坏。影响信息完整性的主要因素有：设备故障、误码、人为攻击、计算机病毒等。

2.1.3 可用性

可用性（Availability）是信息可被授权实体访问并按需求使用的特性。例如，在授权用户或实体需要信息服务时，信息服务应该可以使用，或者在网络和信息系统部分受损或需要降级使用时，仍能为授权用户提供有效服务。可用性一般以系统正常使用时间与整个工作时间之比来度量。

信息的可用性与硬件可用性、软件可用性、人员可用性、环境可用性等方面有关。硬件可用性最为直观和常见。软件可用性是指在规定的时间内，程序成功运行的概率。人员可用性是指人员成功地完成工作或任务的概率。人员可用性在整个系统可用性中扮演着重要角色，因为系统失效的大部分原因是人为差错造成的。人的行为要受到生理和心理的影响，受到其技术熟练程度、责任心和品德等素质方面的影响。因此，人员的教育、培养、训练和管理及合理的人机界面是提高可用性的重要保障。环境可用性是指在规定的环境内，保证信息处理设备成功运行的概率，这里的环境主要是指自然环境和电磁环境。

2.2 网络安全概念的演变

什么是网络安全？怎样理解网络安全？这是网络安全理论研究和实践工作中的基本问题。自有人类以来，信息交流便成为一种最基本的人类社会行为，是人类其他社会活动的基础，自然会出现对信息交流的各种质量属性的期望。例如，在面对面的交流中，我们就可能关心，对方的话是不是真的，对方的话我是否听清楚了，我们之间的谈话是否被别人听到了。这类需求一直是普遍存在的，在军事斗争中更上升为决定战争成败的重要因素，其根本目的是确保军事指令不被敌人知悉，同时确保没有被改动过，即确保信息的保密性及完整性。现代信息技术革命以来，政治、经济、军事和社会生活中对网络安全的需求日益增加，网络安全作为有着特定内涵的综合性学科逐渐得到重视，其概念不断演变。

2.2.1 通信保密

几千年的时间里，军事领域对网络安全的需求使古典密码学诞生和发展。到了现代，网络安全首先进入了通信保密（COMSEC）阶段。普遍认为，通信保密阶段的开始时间为20世纪40年代，其时代标志是1949年Shannon（香农）发表的《保密系统的信息理论》，该理论将密码学的研究纳入了科学的轨道。在这个阶段所面临的主要安全威胁是搭线窃听和密码学分析，其主要的防护措施是数据加密。

在该阶段，人们关心的只是通信安全，而且主要关心的对象是军方和政府。需要解决的问题是在远程通信中拒绝非授权用户的信息访问，以及确保通信的真实性，包括：加密、传输保密、发射保密和通信设备的物理安全，通信保密阶段的技术重点是通过密码技术解决通信保密问题，保证数据的保密性和完整性。当时涉及的安全性有：保密性，保证信息不泄露给未经授权的人或设备；可靠性，确保信道、消息源、发信人的真实性及核对信息接收者的合法性。图2-1展示了通信保密阶段关心的主要安全威胁。

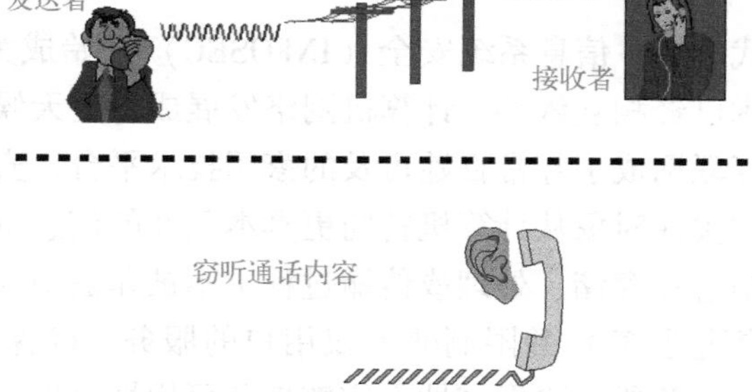

图2-1 通信保密阶段关心的主要安全威胁

2.2.2 计算机安全

进入 20 世纪 70 年代，通信保密阶段转变到计算机安全（COMPUSEC）阶段，这一时代的标志是 1977 年美国国家标准局（NBS）公布的《数据加密标准》（DES）和 1985 年美国国防部（DoD）公布的《可信计算机系统评估准则》（TCSEC），这些标准的提出意味着解决网络和信息系统保密性问题的研究和应用迈上了历史新台阶。

进入 20 世纪 80 年代后，计算机的性能得到了成百上千倍的提高，应用的范围也在不断扩大，计算机已遍及世界各个角落。而且人们正努力利用通信网络把孤立的单机系统连接起来，相互通信和共享资源。但是，随之而来并日益严峻的问题是计算机中信息的安全问题。由于计算机中信息有共享和易于扩散等特性，它在处理、存储、传输和使用上有着严重的脆弱性，很容易被干扰、滥用、遗漏和丢失，甚至被泄露、窃取、篡改、伪造和破坏。因此，人们开始关注计算机系统中的硬件、软件及在处理、存储、传输信息中的保密性。主要手段是通过访问控制，防止对计算机中信息的非授权访问，从而保护信息的保密性。但是，随着计算机病毒、计算机软件 Bug 等问题的不断显现，保密性已经不足以满足人们对安全的需求，完整性和可用性等新的计算机安全需求开始走上舞台。图 2-2 列举了计算机安全阶段关心的若干安全威胁。

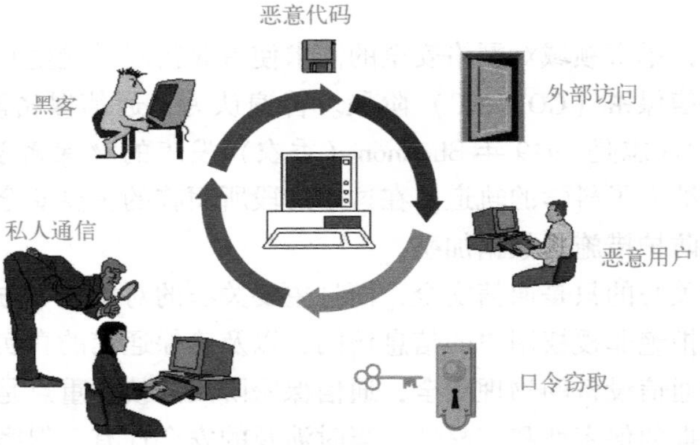

图 2-2 计算机安全阶段关心的若干安全威胁

2.2.3 信息系统安全

进入 20 世纪 90 年代之后，信息系统安全（INFOSEC）开始成为网络安全的核心内容。此时，通信和计算机技术已经相互依存，计算机网络发展成为全天候、通全球、个人化、智能化的信息高速公路，互联网成了寻常百姓可及的家用技术平台，安全的需求不断地向社会的各个领域扩展，人们的关注对象从计算机转向更具本质性的信息本身，继而关注信息系统的安全。人们需要保护信息在存储、处理或传输过程中不被非法访问或更改，确保对合法用户的服务（即防止出现拒绝服务）并限制非授权用户的服务，确保网络和信息系统的业务功能能够正常运行。在这一阶段，除保密性、完整性和可用性之外，人们还关注不可否认性需求，即信息的发送者和接收者事后都不能否认发送和接收的行为。

2.2.4 网络空间安全

进入21世纪，网络空间逐渐形成和发展，成为继陆、海、空、天之后的第五大人类生存空间。网络空间安全的极端重要性正在引起各国的高度关注，发达国家普遍视将其视为国家安全的基石，上升到国家安全的高度去认识和对待。在这样一个战略高度上，网络安全概念有了更广阔的外延，仅仅从保密性、完整性和可用性等技术角度去理解已经远远不够了，而是要关注网络安全对国家政治、经济、文化、军事等全方位的影响。

因此，网络空间安全是要保障国家主权，维护国家安全和发展利益，防范信息化发展过程中出现的各种消极和不利因素。这些消极和不利因素不仅仅表现为信息被非授权窃取、修改、删除，以及网络和信息系统被非授权中断（其核心仍是信息的保密性、完整性和可用性），即运行安全问题；还表现为敌对分子利用网络干涉他国内政、攻击他国政治制度、煽动社会动乱、颠覆他国政权，以及网络谣言、颓废文化和淫秽、暴力、迷信等违背社会主义核心价值观的有害信息的传播，即意识形态安全问题；最终，网络空间安全深刻地表现为对国家安全、公众利益和个人权益的全方位影响，这种影响来源于经济和社会发展对网络空间的全面依赖。

2.3 网络安全风险管理

本节介绍影响网络安全的主要因素及其相互作用关系。网络安全学科知识体系中有大量崭新的术语和定义，很多术语和定义往往与具体的技术相关。本节给出的网络安全要素涉及很多与网络安全顶层设计相关的若干基础术语，包括安全威胁、脆弱性、风险等。

2.3.1 基础概念

网络安全保护的实质是风险管理，直接目的是控制安全风险。“风险”及其相关概念构成了影响网络安全的主要因素，它们不但揭示了网络安全问题产生的原因，也因此导出了网络安全问题的解决方案。

包括如下基础概念。

使命：即一个组织通过信息技术手段实现的工作任务。一个组织的使命对网络和信息系统及信息的依赖程度越高，网络安全就越重要。

资产：通过信息化建设积累起来的网络和信息系统、信息、生产或服务能力、人员能力和赢得的信誉等。

资产价值：资产是有价值的，资产价值可通过资产的敏感程度、重要程度和关键程度来表示。

威胁：一个组织的信息资产的安全可能受到的侵害。威胁由多种属性来刻画，包括威胁的主体（威胁源）、能力、资源、动机、途径、可能性和后果。

脆弱性：信息资产及其安全措施在安全方面的不足和弱点。脆弱性也常常被称为漏洞。

安全事件：如果威胁主体能够产生威胁，利用资产及其安全措施的脆弱性，那么实际产生危害的情况称为安全事件。

风险：由于系统存在的脆弱性，人为或自然的威胁导致安全事件发生的可能性及其造成的影响。它由安全事件发生的可能性及其造成的影响这两种指标来衡量。

残余风险：采取了安全措施，提高了网络安全保障能力后，仍然可能存在的风险。

安全需求：为保证单位的使命能够正常行使，在网络安全保护措施方面提出的要求。

安全措施：对付威胁，减少脆弱性，保护资产，限制意外事件的影响，检测、响应意外事件，促进灾难恢复和打击信息犯罪而实施的各种实践、规程和机制的总称。

在上述概念中，威胁、脆弱性和风险是最核心的概念。

威胁可以宏观地分为自然威胁和人为威胁两大类。自然威胁可能来自于各种自然灾害、恶劣的场地环境、电磁辐射和电磁干扰、网络设备自然老化等。人为威胁一般又可以分为故意的和非故意的威胁两大类。故意的威胁具有一定的目的、动机和企图。常见的故意威胁有：带有国家或集团色彩的攻击者、恐怖分子、犯罪分子、黑客、与外部勾结的内部人员、对自己的单位不满意或怀有报复心理的内部人员，以及潜伏在机构内部的间谍等。非故意威胁没有恶意的目的、动机和企图，但实际上，其造成危害的能力有时甚至超越故意威胁带来的危害。一般而言，这类威胁往往来自于不熟练的系统使用者和维护者。

由威胁源所实施的、导致安全事件发生的行为一般称为攻击。攻击可以分为被动攻击与主动攻击两种类型。被动攻击一般指被动监视通信网络（如无线电、卫星、微波和公共交换网）上传送的信息，而不对信息的传输、存储和处理过程进行破坏。常见的被动攻击方式有监视明文、解密通信数据、口令嗅探和通信量分析等。主动攻击涉及对安全机制的破坏和对信息、数据的改动。常见的主动攻击方式有篡改数据、重放、会话拦截、拒绝服务攻击等。

脆弱性是资产本身所存在的，但是如果没有被相应的威胁利用，单纯的脆弱性本身不会对资产造成损害。而如果系统足够强健，即使是严重的威胁也不会导致安全事件发生。即网络和信息系统的脆弱性是安全风险产生的内因，威胁则是安全风险产生的外因。外因要通过内因起作用，威胁要利用脆弱性才能够造成安全风险。分析脆弱性一般从技术和管理两方面进行，技术脆弱性涉及物理层、网络层、系统层、应用层等各个层面的问题；管理脆弱性又可分为技术管理脆弱性和组织管理脆弱性两方面，前者与具体技术活动相关，后者与管理环境相关。

人们的认识能力和实践能力总是有局限性的，因此，网络和信息系统存在脆弱性是不可避免的。网络和信息系统的价值及其存在的脆弱性，使网络和信息系统在现实环境中，总要面临各种人为或自然的威胁，存在安全风险也是必然的。网络安全保护的实质，就是在综合考虑成本与效益的前提下，通过安全措施来控制风险，使残余风险降低到可接受的程度，因为如果安全措施的成本超出了实施安全措施、控制风险后可能带来的效益，那么这种安全措施便失去了意义。由于任何网络和信息系统都会有安全风险，人们追求的所谓安全的网络和信息系统，实际是指网络和信息系统在实施了风险评估并做出风险控制后，仍然存在的残余风险可被接受的网络和信息系统。因此，不存在绝对安全的网络和信息系统（即“零”风险的网络和信息系统），也不必要追求绝对安全的网络和信息系统。

2.3.2 网络安全要素及相互关系

国际标准 ISO/IEC 15408《信息技术 安全技术 信息技术安全评估准则》以“安全概念

和关系”为标题，通过图 2-3 描述了影响网络和信息系统安全的各要素之间的关系。我国国家标准 GB/T 20984—2007《信息安全技术 信息安全风险评估规范》在该图的基础上，对各要素进行了更为充分的说明，如图 2-4 所示。

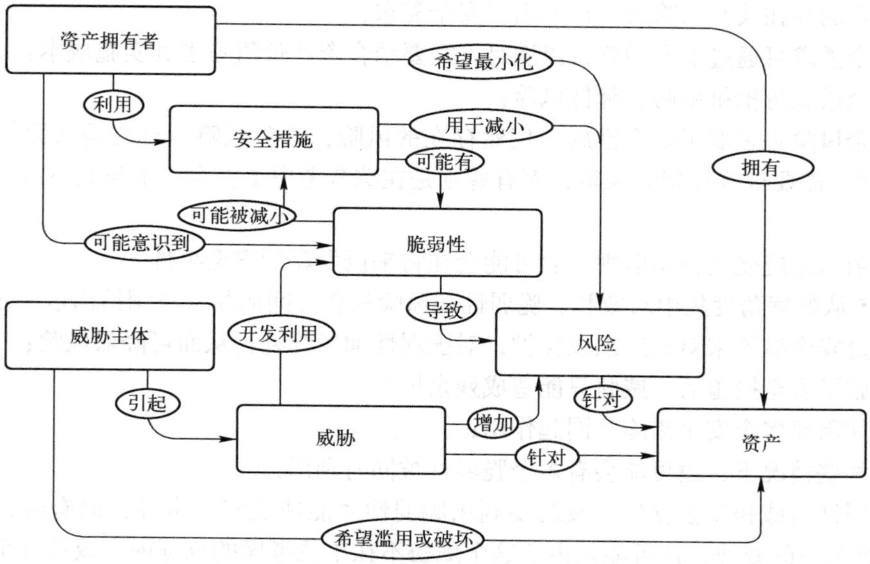

图 2-3　ISO/IEC 15408 给出的网络和信息系统安全各要素之间的关系图

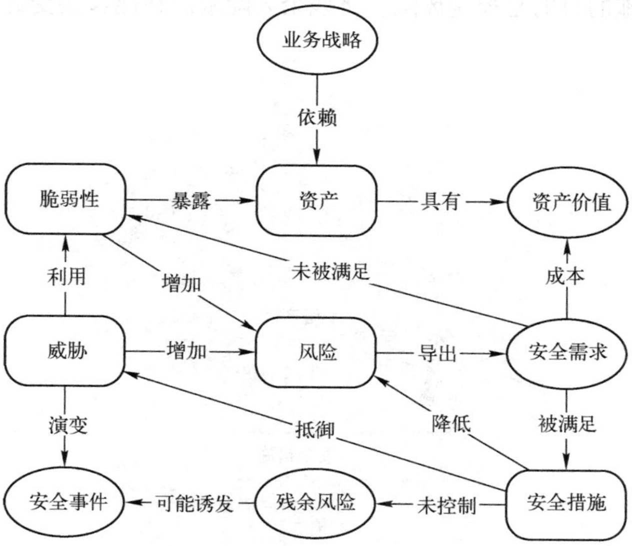

图 2-4　我国国家标准给出的网络和信息系统安全各要素间的关系图

下面以图 2-4 为基础阐释各要素之间的关系：

① 一个组织的使命通过其业务战略去实现，而业务战略对资产具有依赖性，依赖程度越高，要求其风险越小；

② 资产是有价值的，组织的业务战略越重要，其对资产的依赖程度越高，资产价值就越大；

③ 风险是由威胁引发的，资产面临的威胁越多则风险越大，并可能演变成为安全事件；

④ 资产的脆弱性可能暴露资产的价值，资产具有的脆弱性越多则风险越大；

⑤ 脆弱性揭示了未被满足的安全需求，威胁会利用脆弱性危害资产；

⑥ 风险的存在及对风险的认识导出了安全需求；

⑦ 安全需求可通过安全措施得以满足，需要结合资产价值考虑其实施成本；

⑧ 安全措施可抵御威胁，降低风险；

⑨ 残余风险是采取了安全措施后仍然存在的风险，这些风险，有的是来源于安全措施不当或无效，需要继续控制的风险，而有些则是在综合考虑了安全成本与效益后不去控制的风险；

⑩ 残余风险应受到密切监视，它可能会在将来诱发新的安全事件。

图 2-5 从物理角度集中对威胁、脆弱性和风险三者之间的相互作用给出进一步描述：

① 通过安全措施来对资产加以保护，对脆弱性加以弥补，从而可降低风险；

② 实施了安全措施后，威胁只能造成残余风险；

③ 往往需要多个安全措施共同起作用；

④ 在某些情况下，也可能会有多个脆弱性被同时利用；

⑤ 脆弱性与威胁是独立的，威胁要利用脆弱性才能造成安全事件，但有时，某些脆弱性可以没有对应的威胁，这可能是由于这个威胁不在单位考虑的范围内，或者这个威胁的影响极小，以至于忽略不计；

⑥ 采取安全措施的目的是控制风险，将残余风险限制在能够接受的程度上。

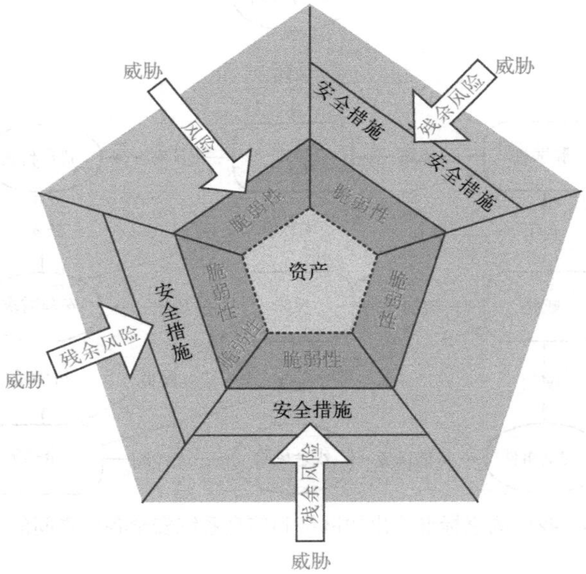

图 2-5　威胁、脆弱性和风险之间的相互作用

2.3.3　风险控制

对网络和信息系统进行安全保护的过程实质上便是对风险进行控制的过程。常见的风险

控制措施有如下四种。

① 风险降低：实施安全措施，以把风险降低到一个可接受的级别。

② 风险承受：接受潜在的风险并继续运行网络和信息系统。

③ 风险规避：通过消除风险的原因或后果（如在发现风险后放弃系统某项功能或关闭系统）来规避风险，即不介入风险。

④ 风险转移：通过使用其他措施来补偿损失，从而转移风险，如购买保险。

第 1 种措施是最常见的，但显然这并不是唯一的风险控制措施。即使是采取风险降低措施，可能的方法也有很多种，这取决于造成风险的具体原因，如风险控制的实施点可以有以下几种。

① 当存在系统脆弱性（缺陷或弱点）时：减少或修补系统脆弱性，降低脆弱性被攻击的可能性。

② 当系统脆弱性可被恶意攻击时：运用层次化保护、结构化设计、管理控制将风险最小化或防止脆弱性被利用。

③ 当攻击者的成本小于攻击的可能所得时：运用保护措施，通过提高攻击者成本来降低攻击者的攻击动机（如使用系统访问控制，限制系统用户的访问对象和行为）。

④ 当损失巨大时：运用系统设计中的基本原则及结构化设计、技术或非技术类保护措施来限制攻击的范围，从而降低可能的损失。

图 2-6 不但阐述了风险控制的实施点，也进一步对威胁、脆弱性和风险的关系进行了说明。“&”表示，只有威胁和脆弱性的共同作用才会产生风险。而如果脆弱性不能被利用，或者攻击者的攻击成本大于获利，则都不会造成风险。如果安全事件的损失可以承受（如这一损失小于安全措施的成本），则也可无视其中的风险。只有在出现了不可接受的风险后，才需要根据产生风险的原因采取针对性措施。

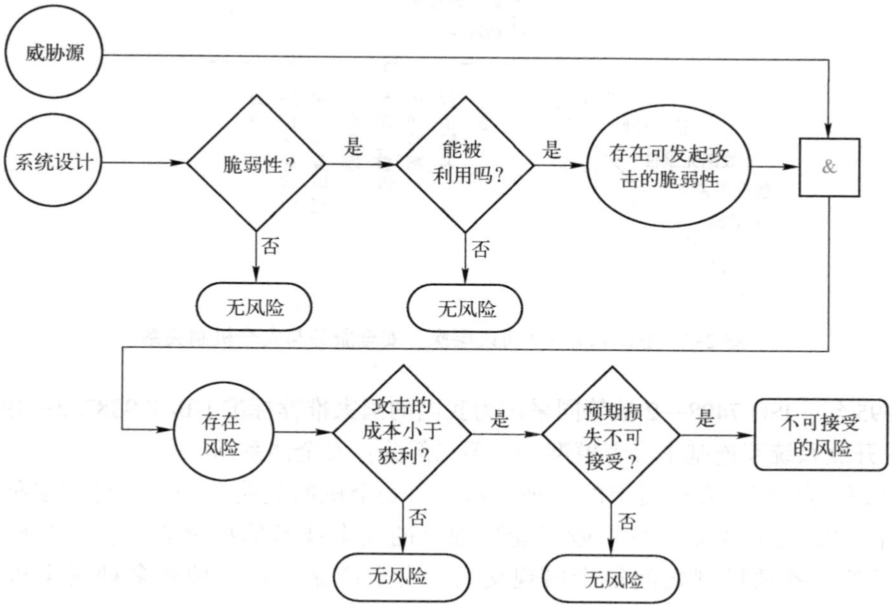

图 2-6　风险控制的实施点

2.4 网络安全体系结构

本节主要基于 OSI（开放系统互连）参考模型的 7 层协议介绍网络安全体系结构。从参考模型的协议层次、安全服务与安全机制之间的关系入手，介绍了 5 类安全服务和 8 种安全机制，以及实现这些安全机制的防火墙、入侵检测系统、恶意代码防护等安全产品。

2.4.1 概述

开放系统互连安全体系结构的研究始于 1982 年，于 1988 年完成，其标志性成果是 ISO 在 1988 年发布的 ISO 7498—2 标准。这是基于 OSI 参考模型 7 层协议之上的一种网络安全体系结构。该标准的核心内容是，为了保证异构计算机进程之间远距离交换信息的安全，定义了系统应当提供的 5 类安全服务和 8 种安全机制，确定了安全服务与安全机制之间的关系，以及在 OSI 参考模型中安全服务和安全机制的配置。图 2-7 给出了 ISO 7498—2 中协议层次、安全服务与安全机制之间的三维空间关系。

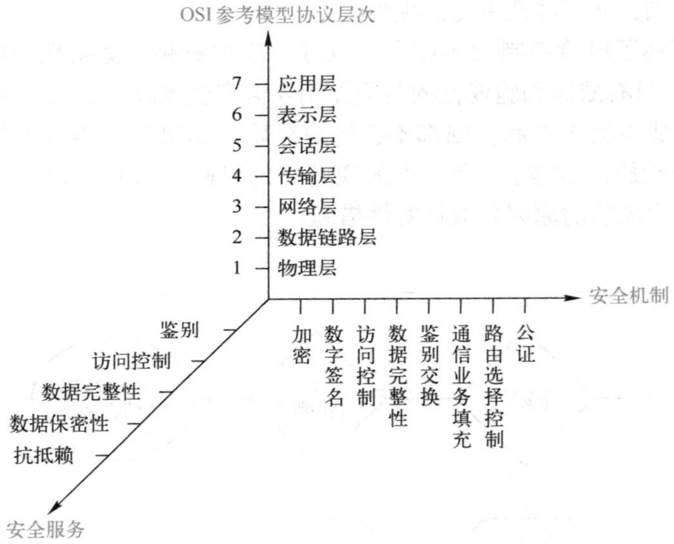

图 2-7　ISO 7498—2 协议层次、安全服务与安全机制关系

在 1995 年，ISO 7498—2 被等同采用为我国的国家推荐标准 GB/T 9387.2—1995《信息处理系统 开放系统互连基本参考模型——第二部分：安全体系结构》。

安全服务可理解为安全需求的一种表示，而安全机制是能够提供一种或多种安全服务的、与具体的实现方式无关且一般不能再细分的安全技术的抽象表示。安全机制一般是“原子”级的，各项机制之间很少出现交叉。安全产品则是一种或多种安全机制的具体实现。

2.4.2 安全服务

ISO 7498—2 给出的 5 类安全服务并不能涵盖人们常见的安全需求，但仍有代表意义。本书中列举这些服务，并不希望读者对每项服务都深入了解，主要是为了建立一种“安全需求→安全服务→安全机制→安全产品”的链式逻辑，以便于读者对网络安全形成整体框架。

1. 鉴别

鉴别服务提供对通信中的对等实体和数据来源的鉴别，分为对等实体鉴别和数据原发鉴别两种。

对等实体鉴别是确认通信中的对等实体是所需要的实体。这种服务在建立连接时或在数据传送阶段提供使用，用以证实一个或多个连接实体的身份。此类服务是为了确保一个实体没有试图冒充别的实体。

数据原发鉴别服务本质上是要对数据的来源进行确认，即确认通信中的数据来源是所需要的实体。

2. 访问控制

访问控制服务决定了什么实体可以访问什么资源，以防止非授权的实体访问系统内的资源。这里的“访问”是广义的，包括对资源的各种不同类型的访问，如使用通信资源，读、写或删除信息资源等。例如，当我们试图打开计算机内由另一个用户建立的文件或目录时，有可能被提示没有权限，这就是访问控制机制在发挥作用。

3. 数据完整性

数据完整性服务用来对付试图破坏、篡改信息资源的主动威胁，从而能够防止或检测信息资源受到篡改等破坏。从技术手段而言，有的完整性服务可以在数据被篡改后予以恢复，有些则只能检测到被篡改的情况。

4. 数据保密性

数据保密性服务是对数据提供保护，使之不被非授权地泄露。具体包括对用户数据进行加密，或者使攻击者无法通过观察通信业务流量而推断出其中的保密信息。

5. 抗抵赖

抗抵赖也称不可否认，该项服务有如下两种形式。

① 原发抗抵赖。即数据发送者无法否认其发送数据的事实。例如，A 向 B 成功发信，事后 A 不能否认该信是其发送的。

② 接收抗抵赖。即数据接收者事后无法否认其收到过这些数据。例如，A 向 B 成功发信，事后 B 不能否认其收到了该信。

2.4.3 安全机制

安全机制为实现安全服务提供了技术手段。

1. 加密机制

加密既能为数据提供保密性，也能为通信业务流信息提供保密性，并且还为本节中所介绍的其他安全机制起到补充作用，具体可详见第 3 章。

2. 数字签名机制

数字签名机制主要有两个过程：一是签名过程，二是验证签名过程。

签名过程是使用签名者所私有的信息，以保证签名的唯一性。验证签名过程所用的程序与信息是公之于众的，便于每个人都可以验证该签名，但不能够从其中推断出该签名者的私有信息。有关签名的知识可详见第 3 章。

3. 访问控制机制

访问控制既是一种服务，也是一种具体的机制。为了判断一个实体是否具有访问权，访问控制机制可以使用该实体已鉴别过的身份（如登录系统后去访问系统内的资源），或使用有关该实体的信息（如它与一个已知的实体集的从属关系），或使用该实体已经获得的授权。如果这个实体试图使用非授权的资源，或者以不正当方式使用授权资源，那么访问控制功能可拒绝其企图，还可以生成日志或发出报警。

访问控制机制可以建立在以下一种或多种手段之上。

① 访问控制列表：在列表中保存有系统内的各个实体与各个被访问对象（客体）的对应关系，每一对关系都说明了该主体是否有权访问该客体。

② 鉴别信息：如口令，对这一信息的占有和出示便证明正在进行访问的实体已被授权。

③ 试图访问的时间：如在规定时间外不能访问特定资源。

④ 试图访问的路由或地址：如来自某个地址的访问会被拒绝。

⑤ 访问持续期：如超出一定时间后，访问自动中断。

4. 数据完整性机制

数据完整性有两个方面：一是单个数据单元或字段的完整性，二是数据单元流或字段流的完整性（即防止乱序、数据的丢失、重放、插入和篡改）。一般来说，用来提供这两种类型完整性服务的机制是不相同的。

决定单个数据单元的完整性涉及两个过程：一个与发送实体有关，另一个与接收实体有关。发送实体给数据单元附加上一个量（即哈希值），这个量为该数据的函数，一般通过数学运算产生，而且其本身可以被加密；接收实体产生一个相应的量，并把它与接收到的那个量进行比较，由此确定该数据是否在传送中被篡改过。有关哈希算法的知识可详见第 3 章。

对于数据流完整性，可以采取顺序号、时间标记或密码链等手段。

5. 鉴别交换机制

鉴别交换是通信过程中一方鉴别另一方身份的过程，常见的实现方式有：口令鉴别、数据加密确认、通信中的“握手”协议、数字签名和公证机构辨认，以及通过利用该实体的特征或占有物（如语音、指纹、身份证件等）。

6. 通信业务填充机制

通信业务填充机制是指在正常通信流中增加冗余的通信，以抵抗通信业务分析。这种机制往往提供通信业务的保密性服务。

7. 路由选择控制机制

路由能动态地或预设确定，以便只使用物理上安全的子网络、中继站或链路，这就是路由选择控制机制。在使用时，可基于安全属性，禁止某些属性的数据通过某子网络、中继站或链路，以确保这些通信网络的安全。

8. 公证机制

公正机制是指由于第一方和第二方互不相信，于是寻找一个双方都信任的第三方，通过第三方的背书在第一方和第二方之间建立信任。在网络中，数据的完整性，以及原发、时间和目的地等能够借助公证机制得到确保。

2.4.4 安全服务与安全机制的关系

ISO 7498—2 标准说明了实现哪类安全服务应该采用哪种（些）安全机制。一般来说，一类安全服务可以通过某种安全机制单独提供，也可以通过多种安全机制联合提供；一种安全机制也可以提供一类或多类安全服务。表 2-1 说明了安全服务与安全机制之间的关系。

表 2-1 OSI 参考模型安全服务与安全机制的关系

安全服务		安全机制							
		加密	数字签名	访问控制	数据完整性	鉴别交换	通信业务填充	路由选择控制	公证
鉴别	对等实体鉴别	Y	Y	—	—	Y	—	—	—
	数据原发鉴别	Y	Y	—	—	—	—	—	—
访问控制	访问控制	—	—	Y	—	—	—	—	—
数据保密性	连接保密性	Y	—	—	—	—	—	Y	—
	无连接保密性	Y	—	—	—	—	—	Y	—
	选择字段保密性	Y	—	—	—	—	—	—	
	通信业务流保密性	Y	—	—	—	—	Y	Y	—
数据完整性	带恢复的连接完整性	Y	—	—	Y	—	—	—	—
	不带恢复的连接完整性	Y	—	—	Y	—	—	—	—
	选择字段连接完整性	Y	—	—	Y	—	—	—	
	无连接完整性	Y	Y	—	Y	—	—	—	—
	选择字段无连接完整性	Y	Y	—	Y	—	—	—	—
抗抵赖	有数据原发证明的抗抵赖	—	Y	—	Y	—	—	—	Y
	有交付证明的抗抵赖	—	Y	—	Y	—	—	—	Y

说明：Y 表示安全服务可由该机制提供；—表示不提供。

表 2-1 中，数据保密性和数据完整性又做了进一步细分，这种细分是为了适应 OSI 参考模型通信参考架构，这里不再展开论述。

2.4.5 安全产品

如前所述，安全产品是安全机制的载体，即一种或多种安全机制要通过安全产品才能具体实现。本节介绍了 3 种常用的网络安全产品，主要侧重于概念说明。

1. 防火墙

（1）概述

防火墙一词在辞海中的解释是“用非燃烧材料砌筑的墙。设在建筑物的两端或在建筑物内将建筑物分割成区段，以防止火灾蔓延。”在当今的网络环境下，常借用这个概念，使用防火墙来保护敏感的数据不被窃取和篡改，这里的防火墙是由计算机系统构成的。

防火墙犹如一道护栏隔在被保护的内部网络和不安全的外部网络之间，是一种边界保护的机制，这道屏障的作用是阻断来自外部的网络入侵，保护内部网络的安全。

防火墙要起到边界保护作用，就必须做到：所有进入内部网络的通信，都必须通过防火墙；所有通过防火墙的通信，都必须经过安全策略的过滤；防火墙自身是安全可靠的，不易被攻破。

（2）防火墙的功能

防火墙通常具有如下功能。

① 访问控制功能

访问控制是防火墙最基本也是最重要的功能，通过允许或禁止特定用户对特定资源的访问，来保护内部网络资源和数据。

防火墙还可以对所提供的网络服务进行控制，限制一些不安全的服务，减少威胁，提高被保护内部网络的安全性。

② 内容控制功能

防火墙能够对从外部穿越防火墙的数据内容进行控制，阻止不安全的内容进入内部网络，防止内部网络的安全性受到影响。例如，防火墙可以从电子邮件中过滤出垃圾邮件，也可以限制外部访问，使外部用户只能访问本地 Web 服务器中的某些信息。

③ 安全日志功能

防火墙可以完整地记录网络通信情况，包括哪个用户在什么时间进行了什么操作。通过分析日志文件，可以发现潜在的威胁，并及时调整安全策略进行防范。一旦网络发生了入侵或遭受到了破坏，通过分析审计日志文件就可以发现线索。

④ 集中管理功能

防火墙需要针对不同的网络情况和安全需求，制定不同的安全策略，并且还要根据情况的变化调整安全策略，然后在防火墙上实施。由于在一个网络的安全防护体系中，可能会有多台防火墙同时部署，所以防火墙需要进行集中管理，方便实施统一的安全策略，避免出现配置上的安全漏洞。

⑤ 其他附加功能

除上述的基本功能外，防火墙一般还具有如下附加功能。

- 流量控制功能。针对不同的用户限制不同的流量，便于合理使用网络带宽。
- NAT（网络地址转换）功能。实现内部网络 IP 地址向外部网络 IP 地址的转换，可以节省外部网络 IP 地址的使用，也可以实现内部网络 IP 地址的保护，避免遭受外部网络的攻击。
- VPN（虚拟专用网）功能。通过利用数据封装和数据加密技术，使本来只能在私有网络传输的数据能够通过公共网络（如互联网）进行传输，大大降低了所需费用。由于防火墙所处的位置在网络的入口处，因此它是支持 VPN 连接的理想接点。

(3) 防火墙的局限性

综上所述，防火墙能在网络边界对被保护网络进行很好的防护，但并不能解决所有的安全问题，它仍有许多防范不到的地方。

① 不能防范被保护网络内部人员发起的攻击。内部人员发起的攻击，由于没有经过防火墙，所以防火墙无法提供防护。

② 不能防范不经过防火墙的攻击。例如，在一个被保护的内部网络上存在一个不受限制的拨出连接，即内部网络上的用户通过 ADSL 直接连接到互联网，从而绕过防火墙提供的安全系统，形成了一个潜在的后门攻击通道。

③ 不能完全防止传送已感染病毒的软件或文件。这是因为病毒的类型太多，不同操作系统的编码和压缩二进制文件的格式也各不相同，所以不能期望防火墙能对每一个进出内部网络的文件进行扫描，查出潜在的病毒。

④ 不能防范数据驱动型攻击。数据驱动型攻击从表面上看是无害的数据通过电子邮件发送或其他方式复制到内部网络主机上，但一旦被执行就形成攻击。

⑤ 不能防范不断更新的攻击方式。防火墙是一种被动式的防护手段，设置的安全策略只能对现在已知的网络威胁起作用。随着网络攻击手段的不断更新和一些新的网络应用的出现，不可能靠一次性的防火墙设置来解决永远的网络安全问题。

2. 入侵检测系统

(1) 概述

防火墙是目前应用最为广泛的安全设备之一，能够有效地阻止外部网络的入侵，是对内部网络进行保护的第一道屏障。然而，如果入侵者成功地绕过了防火墙，渗透到内部网络中，如何检测出攻击行为呢？此外，对于内部人员发起的攻击，防火墙也无能为力。而统计结果显示，相当多的攻击都是由内部人员引起的，或至少与内部人员有关。为此，本节介绍另外一种常用的安全设备——入侵检测系统（Intrusion Detection System，IDS）。IDS 通过监视受保护系统或网络的状态，可以发现正在进行或已发生的攻击。

(2) 入侵检测系统的功能

入侵检测系统一般包括以下功能。

① 监视用户和系统的活动

入侵检测系统通过获取进出某台主机的数据、某个网段的数据或者通过查看主机日志信息等监视用户和系统的活动。

② 发现入侵行为

这是入侵检测系统的核心功能，主要包括两个方面：一方面是通过分析用户和系统的活动，判断是否存在对系统的入侵行为；另一方面是评估系统关键资源和数据文件的完整性，判断系统是否已经遭到入侵。前者的作用是在入侵行为发生时及时发现，从而避免系统遭受到攻击；后者一般用于系统在遭到入侵时没能及时发现的情况，此时攻击的行为已经发生，但可以通过攻击行为留下的痕迹了解攻击情况，从而避免再次遭受攻击。对系统资源完整性的检查也有利于对攻击者进行追踪和对攻击行为的取证。

③ 记录和报警

入侵检测系统在检测到入侵行为后，记录入侵行为的基本情况，并采取相应的措施及时发出报警。某些入侵检测系统能够实现与防火墙等安全部件的联动。

(3) 入侵检测系统的分类

根据入侵检测数据来源的不同，可以分为基于主机的入侵检测系统和基于网络的入侵检测系统。

① 基于主机的入侵检测系统

基于主机的入侵检测系统主要用于保护运行关键应用的主机。它通过监视与分析主机的审计记录和日志文件来检测入侵。日志中包含发生在系统上的不寻常和不期望活动的证据，这些证据可以指示有人正在入侵或已成功入侵了系统。通过查看日志文件，能够发现入侵企图或成功的入侵。

基于主机入侵检测系统的优点包括：能确定攻击是否成功，主机是攻击的目的所在，所以基于主机的入侵检测系统可以分析主机受攻击的情况；监视粒度更细，可以很容易地监视系统的一些活动，如对敏感文件、目录、程序或端口的存取；配置灵活，用户可根据每一台主机上的入侵检测系统实际情况进行配置；可用于加密和交换的网络环境；对网络流量不敏感；不需要额外的硬件。

基于主机的入侵检测系统的主要缺点是：它会占用主机的资源，在主机上产生额外的负载；与主机平台相关，可移植性差；另外，操作系统的脆弱性能够破坏基于主机的入侵检测系统的完整性。

② 基于网络的入侵检测系统

基于网络的入侵检测系统主要用于实时监测网络关键路径的信息，通过侦听网络上的所有分组来分析入侵行为。

基于网络的入侵检测系统有以下优点：实时机制提供了对网络基础设施的足够保护；可以检测面向网络的攻击；从性能和可靠性观点来看，网络级传感器的插入并不会影响已有的网络性能；合理配置的网络传感器可以在管理控制台提供全面的企业级视图，从而发现任何大规模的攻击；操作员只需要对单一的网络入侵检测系统平台进行练习和培训。

基于网络的入侵检测系统的主要缺点是：难以在现代交换网络环境下进行部署，网络入侵检测系统必须在每一网络分段使用，因为它们无法跨越路由器和交换机进行监测；无法在加密的网络环境下使用，因为网络流量被加密后，网络传感器无法对数据包的协议或内容进行分析。

(4) 入侵检测系统的局限性

入侵检测系统不具有访问控制的能力，它通过对数据包流的分析，从数据流中过滤出可疑数据包，通过与已知的入侵方式进行比较，确定入侵是否发生及入侵的类型并进行报警。然后网络管理员将根据报警信息确切了解所遭受的攻击并采取相应的措施。

入侵检测系统的单独使用不能起到保护网络的作用，也不能独立地阻止任何一种攻击。它在网络安全系统中所充当的角色是侦察和预警，协助网络管理员发现并处理已知的入侵。

入侵检测系统对攻击行为不能直接自动处理，而入侵检测系统和防火墙的联动也因为不同厂商间的合作问题并没有取得很好的效果。后来出现了入侵防御系统（IPS）的概念和产品。与入侵检测系统不同，入侵防御系统是串接在网络上的，能够丢弃所发现的攻击数据包，只允许其他正常通信流量通过。但是，因为入侵防御系统的阻断行为对网络影响极大，不容有失，入侵检测系统的漏报率、误报率需要保持较理想的水平。

3. 恶意代码防护

(1) 概述

恶意代码就是一个计算机程序或一段程序代码，执行后完成特定的功能。但与正常的计算机软件功能不同，它是有恶意的，即起着破坏性的作用，如计算机病毒就是最常见的一类恶意代码。

随着软件应用的复杂化，软件中的“臭虫（Bug）”和安全漏洞不可避免，攻击者可以针对漏洞编写恶意代码，以实现对系统的攻击，近年来甚至出现了漏洞发布当天就产生恶意攻击代码的“零日攻击”。随着互联网的迅速发展和广泛应用，恶意代码的传播速度非常快，使得目前计算环境中的新恶意代码的数量呈指数级增长。

(2) 恶意代码分类

恶意代码一般分为病毒、蠕虫、特洛伊木马和逻辑炸弹等类型，下面对每一种类型进行简单的介绍。

① 病毒

计算机病毒最早是由美国计算机病毒研究专家 Fred Cohen 博士正式提出来的，他对计算机病毒下的定义是：“病毒是一种靠修改其他程序来插入或进行自身复制，从而感染其他程序的一段程序。”这一定义作为标准已被广泛接受。计算机病毒具有传染性、隐蔽性、潜伏性、多态性和破坏性等特征。

② 蠕虫

蠕虫主要是指利用操作系统和应用程序漏洞进行传播，通过网络通信功能将自身从一个节点发送到另一个节点并启动运行的程序。它可以算是计算机病毒中的一种，但与普通计算机病毒之间有着很大的区别。它具有计算机病毒的一些共性，如传播性、隐蔽性、破坏性等，同时具有自己的一些特征，如不利用文件寄生（有的只存在于内存中）、对网络造成拒绝服务，以及与黑客技术相结合等。

在破坏性上，蠕虫病毒也不是普通病毒所能比拟的，互联网使得蠕虫可以在短短的时间内蔓延至全球，造成网络瘫痪。局域网条件下的共享文件夹、电子邮件、大量存在漏洞的服务器等，都将成为蠕虫传播的途径。此外，蠕虫会消耗内存或网络带宽，从而可能造成拒绝服务攻击，导致计算机崩溃。

③ 特洛伊木马

木马因希腊神话中的“特洛伊木马”而得名，指一个隐藏在合法程序中的非法程序。该非法程序被用户在不知情的情况下执行。当有用的程序被调用时，隐藏的木马程序将执行某种有害功能，如删除文件、发送信息等，并能间接实现非授权用户不能直接实现的功能。木马不会感染其他寄宿文件，清除木马的方法是直接删除受感染的程序。

木马与病毒的重大区别是木马不具传染性，它并不能像病毒那样复制自身，也并不“刻意”地去感染其他文件，它主要通过将自身伪装起来，吸引用户下载执行。要使木马传播，必须在计算机上有效地启用这些程序，如打开电子邮件附件或者将木马捆绑在软件中、放到网上吸引用户下载执行等。

常见的木马主要以窃取用户相关信息为主要目的，其主要由两部分组成：服务器程序和控制器程序。感染木马后，计算机中便安装了服务器程序，拥有控制器程序的人就可以通过网络远程控制受害者的计算机，为所欲为。

④ 逻辑炸弹

逻辑炸弹可以理解为在特定逻辑条件满足时实施破坏的计算机程序。与病毒相比，逻辑炸弹强调破坏作用本身，而实施破坏的程序不会传播。

逻辑炸弹在软件中出现的频率相对较低，原因主要有两个：首先逻辑炸弹不便于隐藏，可以追根溯源；其次，在相当多的情况下，逻辑炸弹在民用产品中的应用是没有必要的，因为这种手段“损人不利己”，而在军用或特殊领域，如国际武器交易、先进的超级计算设备出口等情况下，逻辑炸弹才具有实用意义，如逻辑炸弹可以限制超级计算设备的计算性能或使武器的电子控制系统通过特殊通信手段传送情报或删除信息等。

值得注意的是，近年来在民用场合也确实发生过多起因逻辑炸弹引发的网络安全事件，原因是有的员工出于对单位的不满而在为客户开发的软件中设置逻辑炸弹，导致客户的网络和信息系统在运行一段时间后出现重大故障，甚至造成严重经济损失。

(3) 恶意代码处置

恶意代码处置包括三个阶段：首先用户检测到恶意代码的存在，其次对存在的恶意代码做出反应，最后在可能的情况下恢复数据或系统文件。

① 检测阶段

检测阶段的目的是发现恶意代码存在和攻击的事实。传统的检测技术一般都采用“特征码”检测技术，即当发现一种新的病毒或蠕虫、木马后，采集其样本，分析其代码，提取其特征码，然后加入到特征库中，进行扫描时即与库内的特征码去匹配，若匹配成功，则报告发现恶意代码。目前的反病毒软件都能检测一定数量的病毒、蠕虫和特洛伊木马。

但是特征码检测技术有着致命的弱点，即它只能检测已知的恶意代码，当新的恶意代码出现时，它是无能为力的。因此，当前人们研究的热点是如何预防和检测新的、未知的恶意代码，如启发式检测法、基于行为的检测法等。近年来，大数据技术的应用为检测未知恶意代码开辟了新的研究方向。

② 反应阶段

如果在网络和信息系统内已经检测到恶意代码的存在，需要尽快对恶意代码进行处置，包括定位恶意代码的存储位置、辨别具体的恶意代码、删除存在的恶意代码并纠正恶意代码造成的后果等。

③ 恢复阶段

一旦网络和信息系统内的文件、数据或系统本身遭受了恶意代码感染，除清除恶意代码外，还需要通过对有关恶意代码或行为的分析结果，找出事件根源并彻底清除。此外，还应把所有被攻破的系统和网络设备彻底还原到其正常的任务状态，并恢复被破坏的数据。

本章小结

本章介绍了以下网络安全基础知识，旨在为进一步掌握网络安全知识体系奠定基础。

(1) 网络安全的基本属性

虽然网络安全有着很多不同的定义，但从信息的安全获取、处理和使用这一本质要求出发，人们对信息提出了三种最基本的安全需求：保密性、完整性和可用性，这是理解网络安全概念的起点。随着信息技术的进步及其应用范围的扩大，网络安全的内涵不断丰富，外延不断扩展，传统的网络安全概念也先后经历了通信保密、计算机安全、信息系统安全、网络空间安全的阶段。

(2) 网络安全风险管理

网络和信息系统安全保护的实质是风险管理，直接目的便是控制安全风险。“风险”及其相关概念构成了影响网络和信息系统安全的主要因素，它们不但揭示了网络安全问题产生的原因，也因此导出了网络安全问题的解决方案。

网络和信息系统的脆弱性是安全风险产生的内因，威胁则是安全风险产生的外因，威胁要利用脆弱性才能够造成安全风险。网络安全保护的实质，就是在综合考虑成本与效益的前提下，通过安全措施来控制风险，使残余风险降低到可接受的程度。由于任何网络和信息系统都会有安全风险，人们追求的所谓安全的网络和信息系统，实际是指网络和信息系统在实施了风险评估并做出风险控制后，仍然存在的残余风险可被接受的网络和信息系统。因此，不存在绝对安全的网络和信息系统（即“零”风险的网络和信息系统），也没必要追求绝对安全的网络和信息系统。

常见的风险控制措施有四种：风险降低、风险承受、风险规避和风险转移。只有威胁和脆弱性的共同作用才会产生风险。而如果脆弱性不能被利用，或者攻击者的攻击成本大于获利，则都不会造成风险。因此，风险控制的实施点和具体的风险控制措施与风险评估的结果密切相关。

(3) 网络安全体系结构

开放系统互连安全体系结构是基于 OSI 参考模型 7 层协议之上的一种网络安全体系结构。该标准的核心内容是，为了保证异构计算机进程之间远距离交换信息的安全，定义了系统应当提供的 5 类安全服务和 8 种安全机制，确定了安全服务与安全机制之间的关系及在 OSI 参考模型中安全服务和安全机制的配置。必须指出，开放系统互连安全体系结构只是 ISO 参考模型框架下的一种网络安全体系结构。其“安全服务”概念的来源，便是因为 OSI 参考模型 7 层协议中每一层对其上一层的功能支持，称为“服务”。显然，开放系统互连安全体系结构所提出的 5 类安全服务和 8 种安全机制仅仅属于通信安全的范畴，且侧重于在 OSI 参考模型 7 层协议上的分解。这一体系结构不能完整描述网络安全的需求和技术组织架构，但有助于理解“安全需求→安全服务→安全机制→安全产品”的链式逻辑关系，便于形成对网络安全技术的宏观认识。

习题

1. 网络安全的三个基本属性是什么？
2. 描述网络安全概念的演变过程。
3. 概述网络和信息系统安全要素，并说明各要素之间的关系。
4. 画图说明威胁、脆弱性和风险之间的相互作用。
5. 为什么没有绝对安全的网络和信息系统？
6. 概述常见的网络安全风险控制措施。
7. 开放系统互连安全体系中包含哪些安全服务和安全机制？
8. 概述安全服务和安全机制的关系。

第3章　密码技术与应用

本章要点

- 密码学基本概念
- 对称密码算法及举例（DES、SM4）
- 公钥密码算法及举例（RSA、SM2）
- 杂凑函数及举例（MD5、SM3）
- 密码技术应用

3.1 综述

"密码"一词对人们来说并不陌生，我们可以列举出许多有关密码使用的例子，如保密通信设备中使用"密码"，个人在银行取款使用"密码"，在计算机登录和屏幕保护中使用"密码"，开启保险箱使用"密码"等。但以上所说的"密码"，并不都是真正的密码，除保密通信设备中使用的密码以外，其他使用的并不是密码，而是一种特定的暗号或口令字。

那么，什么是密码呢？在《辞海》(1999 年版) 中对密码是这样解释的："按特定法则编成，用以对通信双方的信息进行明密变换的符号"。换而言之，密码是隐蔽了真实内容的符号序列。就是把用公开的、标准的信息编码表示的信息通过一种变换手段，将其变为除通信双方以外其他人所不能读懂的信息编码，这种独特的信息编码就是密码。

3.1.1 基本概念

密码技术的功能分为两种：一是加密、解密，二是认证。3.2 节和 3.3 节讲述的算法用于加、解密功能，3.4 节讲述的算法用于签名和认证功能。这些算法涉及比较复杂的数学知识，初学者不必掌握所有细节，只需要通过这些算法的学习树立对密码学的基本认识。

最初，密码技术只用于军事和外交领域。随着计算机和信息技术的发展，密码技术的发展也非常迅速，应用领域不断扩大，除用于信息加密外，也广泛用于数据信息签名和安全认证。这样，密码的应用也不再只局限于为军事、外交斗争服务，它也广泛应用在社会和经济活动中。当今世界已经出现密码应用的社会化和个人化趋势。例如，可以将密码技术应用在电子商务中，对网上交易双方的身份和商业信用进行识别，防止网上电子商务中的"黑客"和欺诈行为；应用于增值税发票中，可以防伪、防篡改，杜绝了各种利用增值税发票偷、漏、逃、骗国家税收的行为，并大大方便了税务稽查；应用于银行支票鉴别中，可以大大降低利用假支票进行金融诈骗的金融犯罪行为；应用于个人移动通信中，大大增强了通信信息的保密性等。

密码学有以下基本概念。

被加密的原始信息称为明文，加密后的信息称为密文。

将明文变换为密文的过程称为加密 (Encryption)，其逆过程，即将密文变换为明文的过程称为解密 (Decryption)。

对明文进行加密操作的人员称为加密员或密码员 (Cryptographer)。

密码员对明文进行加密操作时所采用的一组规则称为加密算法 (Encryption Algorithm)。所传送信息的预定对象称为接收者 (Receiver)。接收者对密文解密所采用的一组规则称为解密算法 (Decryption Algorithm)。

加密和解密算法的操作通常都是在一组密钥的控制下进行的，分别称为加密密钥 (Encryption Key) 和解密密钥 (Decryption Key)。从字面上解释，密钥是秘密信息的钥匙。掌握了密钥就可以获得保密的信息。具体来说，密钥是一组信息编码，它参与密码的"运算”，并对密码的“运算”起特定的控制作用。密钥是密码技术中的重要组成部分。在密码系统中，密钥的生成、使用和管理至关重要。密钥通常是需要严格保护的，密钥的失控将导致密码系统失效。

一个加解密系统通常由5个部分组成：

① 明文空间M，它是全体明文的集合；

② 密文空间C，它是全体密文的集合；

③ 密钥空间K，它是全体密钥的集合，其中每一个密钥k，均由加密密钥k_e和解密密钥k_d组成，即$k=(k_e,k_d)$；

④ 加密算法E，由加密密钥控制的加密变换的集合；

⑤ 解密算法D，由解密密钥控制的解密变换的集合。

设$m\in M$，对于确定的密钥$k=(k_e,k_d)$，则

$$c=E_{k_e}(m)\in C$$

$$m=D_{k_d}(c)\in M$$

式中，E_{k_e}是由加密密钥k_e确定的加密变换，D_{k_d}是由解密密钥k_d确定的解密变换，并且在一个密码体制中，要求解密变换是加密变换的逆变换。因此，对任意的$m\in M$，都有：

$$D_{k_d}(E_{k_e}(m))=m$$

3.1.2 密码学的发展历史

密码学的发展大致可以分为三个阶段。

第一个阶段是从几千年前到1949年。这一时期可以视为科学密码学的前夜。这段时期的密码技术与其说是一种科学，不如说是一种艺术。密码学专家常常是凭自己的直觉和信念来进行密码设计，而对密码的分析也多基于密码分析者（也就是破译者或攻击者）的直觉和经验。

第二个阶段是从1949年到1975年。1949年Shannon（香农）发表的《保密系统的信息理论》一文标志着密码学这一阶段的开始。Shannon的这篇文章产生了信息论，为私钥密码系统建立了理论基础，从此密码学成为一门科学。但科学理论的产生并没有使密码学丧失艺术的一面，一直到今天，密码学仍是一门艺术性的科学。

这两个阶段的密码超越了人们的日常生活。出于保密，人们基本上看不到关于密码学的文献和资料。1967年Kahn出版了《破译者》（可以说这是一本小说），看到书的人们才惊讶地发现：原来还有密码学这样一个领域！但这本书只是讲述了一段值得注意的完整的经历，部分涉及了一些当时仍旧保密的事情。20世纪70年代初期，IBM发表了有关密码学的几篇技术报告，使更多的人了解到了密码学的存在。

第三阶段为1976年至今。1976年Diffe和Hellman发表了《密码学新方向》一文，引发了密码学发展史上的一场革命。这篇论文首次证明了在发端和收端不需要传输密钥的保密通信的可能性，从而开创了公钥密码学的新纪元。从此以后，密码才开始充分发挥其商用价值和社会价值，普通大众能够接触到密码学并从中受益。

量子密码代表着密码学发展的一个新方向，但在最初的一段时间内，对其研究主要局限

于理论探讨。目前，量子密码已经进入了实际应用阶段，引起了更多人的注意。

3.1.3 密码体制分类

根据密码体制所使用的密钥，可以将其分为两类，即单钥密码体制与双钥密码体制。

单钥密码体制又称对称密码体制，加密和解密均采用同一密钥，而且通信双方都必须获得这一密钥。它的安全性依赖于以下两个因素：第一，加密算法必须是足够强的，仅仅基于密文本身去解密信息在计算上是不可能的；第二，加密方法的安全性根本上是依赖密钥的秘密性，而不仅是算法的秘密性。因此，即使算法的秘密性暴露，但由于保证了密钥的秘密性，加密的使命依然可以得到保证。这就是在现代国际密码界可以公开密码算法本身，但它们仍被广泛使用的科学依据。单钥密码体制最大的问题是密钥的分发和管理非常复杂、代价高昂。例如，对具有 n 个用户的网络，需要 $n(n-1)/2$ 个密钥，在用户群不是很大的情况下，单钥体制是有效的。但是对大型网络，当用户群很大、分布很广时，密钥的分配和保存就成了大问题。

单钥密码体制对明文信息的加密有两种方式：一种是明文信息按字符（如二元数字）进行逐字符加密，称之为流密码或序列密码；另一种是将信息分组（含多个字符），逐组地进行加密，称之为分组密码。

双钥密码体制又称为非对称密码体制或公钥密码体制，它使用的加密密钥（又称为公钥）和解密密钥（又称为私钥）是不同的，且加密密钥是公开的，通过加密密钥 k_e 计算解密密钥 k_d 是很困难的。因此，在公钥密码体制中密钥的分配和管理就很简单，例如，对具有 n 个用户的网络，只需要 $2n$ 个密钥。在实际应用中，双钥密码体制并没有完全取代单钥密码体制，这是因为双钥密码体制是基于尖端的数学难题的，计算非常复杂，但其实现速度却不及单钥密码体制。在实际应用中，可利用二者各自的优点，采用单钥密码体制加密文件，采用双钥密码体制加密“加密文件”的密钥（会话密钥），这就是混合加密系统，它较好地解决了运算速度问题和密钥分配管理问题。因此，双钥密码体制通常被用来加密关键性的、核心的保密数据，而单钥密码体制通常被用来加密大量的明文数据。

3.1.4 密码攻击概述

密码分析学的主要目的就是，在不知道密钥的情况下，恢复出明文。成功的密码分析能恢复出密文所对应的明文或加密所使用的密钥，并且通过密码分析也可以发现密码系统的弱点，为达到最终掌握算法及密钥提供依据。

1. 攻击方法

对密码进行分析的尝试称为攻击，攻击方法主要有以下三种。

(1) 穷举攻击

所谓穷举攻击就是密码分析者用遍所有密钥来破译密码。穷举攻击所花费的时间等于尝试次数乘以一次解密（加密）所需的时间。显然可以通过增大密钥量或加大解密（加密）算法的复杂度来对抗穷举攻击。现代密码体制往往经过了精心设计，这种攻击方法一般不会有什么效果。

（2）统计分析攻击

所谓统计分析攻击是指密码分析者通过分析明文与密文的统计规律来破译密码。统计分析攻击在历史上为破译密码做出过很大的贡献。对抗统计分析攻击的方法就是设法使明文的统计特性不带入密文，也就是明文的统计特性与密文的统计特性不一样。

（3）数学求解攻击

密码分析者针对加密算法的数学基础，通过数学求解的方法来破译密码。为对抗这种攻击，应选用具有坚实的数学基础和足够复杂的加密算法。

2. 攻击分类

根据密码分析者可利用的数据来分类，可将攻击分为以下几类，当然每一类都假设密码分析者知道所用的加密算法的全部知识。

（1）唯密文攻击

密码分析者有一些信息的密文，这些信息都用同一加密算法加密。密码分析者的任务是恢复尽可能多的明文，或者最好能推算出加密信息的密钥，以便采用相同的密钥解出其他被加密的信息。

（2）已知明文攻击

密码分析者不仅可得到一些信息的密文，而且也知道这些信息的明文。密码分析者的任务就是用加密信息推出用来加密的密钥或导出一个算法，此算法可以对用同一密钥加密的任何新的信息进行解密。

（3）选择明文攻击

密码分析者不仅可得到一些信息的密文和相应的明文，而且他们也可选择被加密的明文。这比已知明文攻击更有效。因为密码分析者能选择特定的明文块去加密，这些块可能产生更多关于密钥的信息。密码分析者的任务是推算出用来加密信息的密钥或导出一个算法，此算法可以对用同一密钥加密的任何新的信息进行解密。

（4）选择密文攻击

在选择密文攻击中，密码分析者能选择不同的被加密的密文，并可得到对应的明文。

除上面介绍的几种攻击方法外，还有其他的攻击方法，在此不一一介绍，感兴趣的读者可参考有关文献。

3.1.5 保密通信系统

在信息传输与处理系统中，除给定的接收者外，还有非授权者，他们通过各种方法来窃取保密信息，这类非授权者被称为截收者或攻击者。截收者虽不知道解密密钥，但通过分析可能从截获的密文中推断出明文或解密密钥，这种攻击是被动攻击。另一种攻击则是主动攻击，即非法入侵者或攻击者主动向系统窜扰，采用删除、添加、伪造、重放等手段向系统注入假信息，以达到自己的目的。

保密通信系统可用图3-1表示，它由以下几部分组成：明文空间 M，密文空间 C，加密密钥空间 K_1 和解密密钥空间 K_2。在单钥密码钥体制下，$K_1=K_2=K$，此时密钥 K 需通过安全信道由发送方传给接收方。加密变换 E_{k_1}：$M \to C$，$k_1 \in K_1$，由加密器完成；解密变换 D_{k_2}：$C \to M$，$k_2 \in K_2$，由解密器完成。对每一个密钥 $k_1 \in K_1$（k_1 确定一个加密变换 E_{k_1}），都有一

个对应的 $k_2 \in K_2$（k_2确定一个解密变换 D_{k_2}），使得对任意 $m \in M$，都有

$$D_{k_2}(E_{k_1}(m)) = m$$

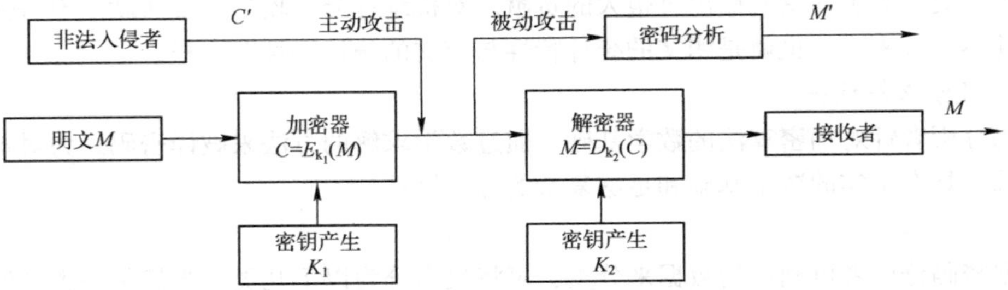

图 3-1　保密通信系统模型

为了保护信息的保密性，保密通信系统应当满足如下要求：

① 系统即使达不到理论上的不可破解，即系统无法使 $m'=m$ 的概率为 0，也应当是实际上不可破解的，即在计算上是不可行的；

② 系统的保密性不能依赖于对加密算法的保密，而应依赖于密钥；

③ 加密与解密算法适用于所有密钥空间中的元素；

④ 从截获的密文或已知的密文明文对，推断密钥或任意明文在计算上是不可行的。

为了防止信息被删除、添加、伪造、重放等，一种有效的方法就是使发送的信息具有被验证的能力，使接收者能够识别和确认信息的真伪，具有这类功能的保密系统称认证系统。信息的真实性与信息的保密性不同，信息的保密性是使截获者在不知道密钥的条件下不能解读密文的内容，而信息的真实性是使任何不知道密钥的人不能构造出一个密文，使意定的接收者解密成一个可理解的合法信息。

3.1.6　国产密码算法与我国密码工作

密码算法是国之重器，是各国之间战略竞争的制高点。必须掌握自主密码技术，才能够赢得安全和发展的主动权。自 20 世纪末发布《商用密码管理条例》以来，我国的密码研究和密码应用水平快速发展。目前，我国已发布了 40 多项密码标准，公布了 SM2、SM3、SM4 等系列密码算法，形成了较为完整的密码标准体系。国产密码算法祖冲之（ZUC）算法已被采纳为第四代移动通信国际密码标准，是我国第一个成为国际标准的密码算法。

2015 年 3 月，中办、国办联合印发了《关于加强重要领域密码应用的指导意见》（厅字〔2015〕4 号），进一步推动了我国国产自主密码算法及相关产品在重要领域的积极应用。文件明确了六项主要任务：一是在推进基础信息网络密码应用方面，提出电信网、广播电视网、互联网等基础信息网络，要将国产密码应用纳入信息化建设整体规划。二是在规范重要信息系统密码应用方面，提出了能源、教育、公安、社保、测绘地理信息、环保、交通、卫生计生、金融等涉及国计民生和基础信息资源的重要信息系统，要将国产密码应用纳入信息化建设整体规划。统筹推动金融服务相关领域的国产密码应用标准建设，建立健全基于国产密码的身份认证、访问控制、数据保护、可信服务、安全审计等安全防护措施。三是在促进重要工业控制系统密码应用方面，提出了核设施、航空航天、先进制造、石油石化、油气管

网、电力系统、交通运输、水利枢纽、城市设施等重要工业控制系统要将国产密码应用纳入信息化建设整体规划，实现国产密码在数据采集与监控、分布式控制系统、过程控制系统、可编程逻辑控制器等工业控制系统中的深度应用。四是在面向社会服务的政务信息系统密码应用方面，要求党政机关和使用财政性资金的事业单位、团体组织使用的面向社会服务的信息系统，要加快推进基于国产密码的网络信任、安全管理和运行监管体系的建设。五是在提升密码基础支撑能力方面，要求建设完善密码基础技术、应用技术、标准规范和检测评估体系。加强面向云计算、物联网、大数据、移动互联网和智慧城市等新方向的密码应用技术研究，完善身份认证、授权管理、责任认定、可信时间、电子签章等密码基础设施，科学分布密码应用系统集成、运营、监理等服务机构。六是在建立健全密码应用安全性评估审查制度方面，提出要加强密码检测能力建设，全面提升密码产品和系统检测效能，健全密码检测认证体系。

为适应我国国家安全面临的新形势和密码广泛应用带来的新挑战，有必要制定一部密码领域综合性、基础性法律。为此，国务院立法工作计划将密码法确定为全面深化改革急需项目。按照国家密码立法工作部署，2014 年 12 月，国家密码管理局成立起草小组，着手密码法起草工作。在国家有关部门的大力支持和帮助下，起草小组深入研究新形势下密码事业发展面临的新形势、新任务，认真总结我国密码工作中形成的好经验、好做法，积极参考借鉴国外做法，广泛深入调研，系统梳理我国密码事业发展中存在的突出问题，认真研究对策措施。在此基础上，制定完成了《中华人民共和国密码法（草案征求意见稿)》，并于 2017 年 4 月向社会公开征求意见。这表明，我国在构建与国家治理体系和治理能力现代化相适应的密码法律制度体系的道路上迈出重要一步，将为确保密码使用优质高效，确保密码管理安全可靠提供坚实的法治保障。

3.2 对称密码

本节讲述对称密码中的分组密码。分组密码是指将明文信息编码表示后的数字序列 x_0，$x_1,\cdots,x_i,\cdots$划分成长度为 n 的组 $x=(x_0,x_1,\cdots,x_{n-1})$，各组（长度为 n 的矢量）分别在密钥 $k=(k_0,k_1,\cdots,k_{t-1})$的控制下，变换成输出序列 $y=(y_0,y_1,\cdots,y_{m-1})$（长度为 m 的矢量），其加密函数为 $E:V_n\times K\to V_m$，解密函数为 $D:V_m\times K\to V_n$，V_n和 V_m分别是 n 维和 m 维矢量空间，K 为密钥空间，如图 3-2 所示。若 $m>n$，则为有数据扩展的分组密码；若 $m<n$，则为有数据压缩的分组密码；若 $m=n$，则分组密码对密文加密后既无数据扩展也无数据压缩。

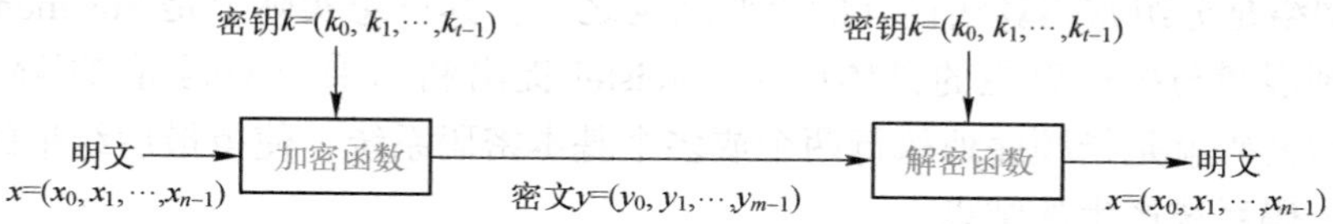

图 3-2　分组密码框架

分组密码的特点是加密密钥与解密密钥相同，分组密码的安全性应该主要依赖于密钥的保密，而不是加密算法与解密算法的保密。较早的著名分组密码算法有 DES（数据加密标准）和 IDEA（国际数据加密算法）。2002 年 11 月，美国公布了旨在取代 DES 的 21 世纪的加密标准 AES（高级加密标准）算法。

3.2.1 概述

1. 分组密码的设计原则

下面从安全性和实现两个方面介绍分组密码的设计原则。

（1）针对安全性的设计原则

影响分组密码安全性的因素很多，诸如分组长度和密钥长度等，但针对安全性的两个一般设计原则是 Shannon 提出的扩散和混淆原则，这两个原则的目的就是抵抗对密码的统计分析。如果攻击者知道明文的某些统计特性，如消息中不同字母出现的频率、可能出现的特定单词或短语，而且这些统计特性以某种方式在密文中反映出来，攻击者就有可能得出加密密钥或其一部分，或者得出包含加密密钥的一个可能的密钥集合。在 Shannon 称为理想密码的密码系统中，密文的所有统计特性都与所使用的密钥独立。

所谓扩散，就是将明文的统计特性散布到密文中去，实现方式是使得明文的每一位影响密文中多位的值，也就是说，密文中每一位均受明文中多位影响。在分组密码中，可对数据重复执行某个置换，再对这一置换作用于一个函数，可获得扩散。

所谓混淆，就是使密文和密钥之间的统计关系变得尽可能复杂，使得攻击者即使获取了关于密文的一些统计特性，也无法推测密钥。使用复杂的代换算法可以得到预期的混淆效果。

扩散和混淆成功地实现了分组密码的本质属性，因而成为设计现代分组密码的基础。

（2）针对实现的设计原则

分组密码可以用软件和硬件来实现。硬件实现的优点可获得高速率，软件实现的特点则是灵活性强、代价低。因此，分组密码的设计可根据预定的实现方法来考虑。

软件实现的设计原则：使用子块和简单的运算。密码运算在子块上进行，因此子块的长度自然要适应软件编程，如 8、16、32 比特等。子块上所进行的密码运算应该是易于实现的运算，最好使用一些标准处理器所具有的一些基本指令，如加法、乘法、移位等。

硬件实现的设计原则：加密与解密可用同样的器件来实现，且尽量使用规则结构，因为密码应有一个标准的组件结构，以便能适应大规模集成电路的实现。

2. 常见分组密码的设计结构

（1）Feistel 网络

Feistel 网络是分组密码算法设计的重要结构之一，其思想实际上是 Shannon 提出的利用乘积密码实现混淆与扩散思想的具体应用。Feistel 提出利用乘积密码可获得简单的代换密码，所谓乘积密码就是指顺序地执行两个或多个基本密码系统，使得最后结果的密码强度高于每个基本密码系统产生的结果。

加密算法的输入是数据分组 M 和密钥 K。将每组明文分为左右两部分，即 L 和 R。把 L 和密钥 K 经过变换 F 得到 $F_K(L)$ 后与 R 异或，将这个过程说成是将 L 变换后异或到 R 中，并记这个运算过程为 $M'=\mathrm{XR}_K(M)$。记：

$$M(L,R),\quad M'=\mathrm{XR}_K(M)=(L',R')$$

那么

$$L'=L,\quad R'=R\oplus F_K(L)$$

上式中，“⊕”表示异或运算。图 3-3 表示 $\mathrm{XR}_K(M)$ 的过程。

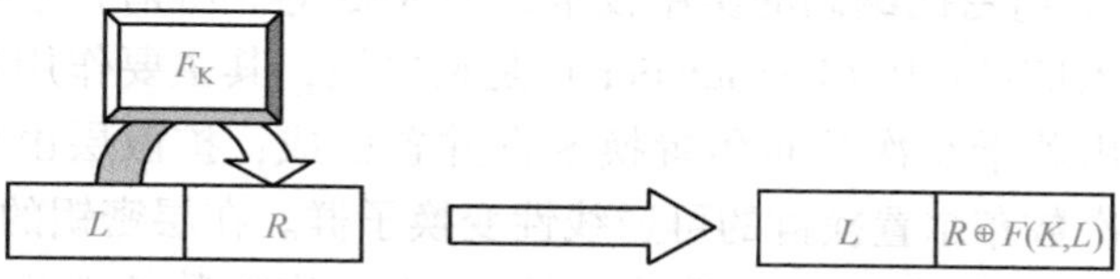

图 3-3　$\mathrm{XR}_K(M)$ 基本过程

要从 M' 反过来计算 M 应该怎么做呢？只需要将 L 经过相同变换后重新异或到 R 中就可以得到 M。用公式描述就是 $\mathrm{XR}_K(\mathrm{XR}_K(M))=M$，即 XR 的逆运算就是 XR。换句话说，两次 XR 运算互相抵消。整个过程可以用图 3-4 表示。这个过程很简单，感兴趣的读者可以自行推导，这里就不再证明了。

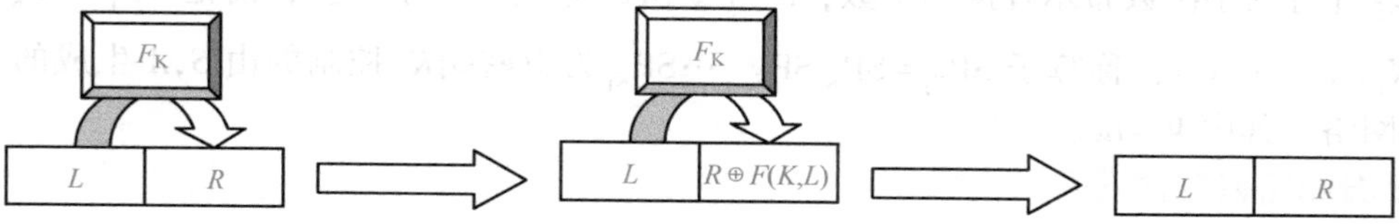

图 3-4　$\mathrm{XR}_K(M)$ 运算

同样，也可以定义 $\mathrm{XL}_K(M)$ 运算，也就是将数据的右半部分经过变换异或到左半部分。Feistel 密码结构就是经过多次重复的 XR 和 XL 运算实施数据的混合。在 Feistel 结构中，每轮的结构都相同，每轮中右半部分数据作用于轮函数 f 后，再与左半部分数据进行异或运算；每轮的轮函数的结构都相同，但以不同的子密钥 K_i 作为参数。每次提到的异或运算结束后，再交换左右两半部分数据。

在进行完 n 轮迭代后，左右两部分再合并到一起以产生密文分组。其中第 i 轮迭代的输入为前一轮的输出的函数：

$$L_i=R_{i-1}$$

$$R_i=L_{i-1}\oplus f(R_{i-1},K_i)$$

式中，K_i 是第 i 轮的子密钥，由加密密钥 K 得到。一般地，各轮子密钥彼此不同而且与 K 也不同。

Feistel 网络的实现与以下参数和特性有关。

① 组大小：分组越大安全性越高，但加密速度就越慢。

② 密钥大小：密钥越长安全性越高，但加密速度就越慢。

③ 轮数：单轮结构不能保证安全性，但多轮结构可提供足够的安全性。

④ 子密钥产生算法：该算法的复杂性越大，密码分析的困难性就越大。

⑤ 轮函数：轮函数的复杂性越大，密码分析的困难性也越大。

Feistel 解密过程本质上与加密过程是一样的，算法使用密文作为输入，但使用子密钥 K_i 的次序与加密过程相反，即第一轮使用 K_n，第二轮使用 K_{n-1}，……，最后一轮使用 K_1。这一特性保证了解密与加密采用统一算法。

将 Feistel 网络的级数由两级扩张到多级，即为广义 Feistel 网络，如 SM4 等。

（2）SP 网络

SP 网络也是一类分组密码编码的实用技术，如 AES 等。所谓 S（Substitute）是指代替，其主要作用是混淆输入信息；P（Permutation）是指置换，其主要作用是扩散输入信息。SP 网络中的混淆层一般由若干小次数布尔置换 S 盒并置而成；扩散层由分位可逆线性变换而成，该变换隶属于大次数布尔置换群的可逆线性变换子群。在层密钥的作用下，混淆层与扩散层合成 SP 网络中的一次输入迭代（简称一轮），在一定次数的迭代后，形成大次数的关于输入的密码学伪随机布尔置换。即 SP 网络是一类密码学布尔置换生成器。

若 $s \in S_{2^n}$，则称 s 为 n 次的布尔置换。

一类 SP 网络的定义：

设 $X_{r+1}=(S(X_{r1}\oplus K_{r1}),\cdots,S(X_{ri}\oplus K_{ri}))A$，其中 $X_r=(X_{r1},X_{r2},\cdots,X_{ri})$，$r\geqslant 1$，表示第 r 轮输入，X_{r+1} 表示第 r 轮的输出或第 $r+1$ 轮的输入，$K_{rl}\in F_2^w$，$l=1,2,\cdots,i$，表示第 r 轮密钥，i 为每轮并置的小次数布尔置换的个数，S 为 w 次的非线性布尔置换，简记 $X_{r+1}=\mathrm{SP}_{\mathrm{K}_r}(X_r)$，$\overline{K}_t=(K_1,K_2,\cdots,K_t)$，称算子 $\mathrm{SP}_{\mathrm{K}_t}=\mathrm{SP}_{\mathrm{K}_t}\mathrm{SP}_{\mathrm{K}_{t-1}}\cdots\mathrm{SP}_{\mathrm{K}_1}$ 为由密钥 $\overline{K}_t$ 控制的由 S,A 生成的 W 次 t 轮 SP 网络，其中 $W=iw$。

3. 分组密码工作模式

（1）电子密码本（ECB）模式

在电子密码本模式下，直接利用分组密码对明文的各分组分别进行加密。设明文 $M=M_0M_1\cdots M_n$，密文 $C=C_0C_1\cdots C_n$，其中，

$$C_i=E_{\mathrm{k}}(M_i),\ i=1,2,\cdots,n$$

电子密码本模式是分组密码的基本工作模式，它的缺点是容易暴露明文的数据模式。

（2）密码分组链接（CBC）模式

在密码分组链接模式下，每个密文块 C_i 在用密钥 K 加密下一个明文块 M_{i+1} 之前与 M_{i+1} 进行异或。正式的描述是给定一个初始向量 **IV**，并设 $C_0=\mathbf{IV}$，加密按下述规则进行：

$$C_i=E_{\mathrm{k}}(M_i\oplus C_{i-1}),\ i\geqslant 1$$

因此，在 CBC 模式下，即使 $M_i=M_j$，但因 $C_{i-1}\neq C_{j-1}$，也会有 $C_i\neq C_j$，这样就很好地掩盖了明文的数据模式。解密时：

$$M_i=D_{\mathrm{k}}(C_i)\oplus C_{i-1},\ i\geqslant 1$$

因此，当 C_i 中发生错误，只影响 M_i 和 M_{i+1}，不会影响其他明文块，也就说错误传播有界。

（3）密文反馈（CFB）模式

密文反馈模式的工作原理是，给定一初始向量 **IV**，并设 $C_0=\mathbf{IV}$，按下述规则来产生密钥流 Z_i 并进行加密：

$$Z_i=E_{\mathrm{k}}(C_{i-1}),\ i\geqslant 1$$

$$C_i=M_i\oplus Z_i,\ i\geqslant 1$$

在CFB模式下，即使$M_i = M_j$，但因$Z_i \neq Z_j$，也会有$C_i \neq C_j$，这样就很好地掩盖了明文的数据模式。解密时有$M_i = D_k(C_{i-1}) \oplus C_i$。因此，当$C_i$中发生错误，只影响$M_i$和$M_{i+1}$，不会影响其他明文块，因此，像CBC模式一样错误传播有界。

（4）输出反馈（OFB）模式

在输出反馈模式下工作，要先产生密钥流，然后将它与明文进行异或。正式的描述是给定一初始向量**IV**，并定义$Z_0 = \mathbf{IV}$，用下述规则来产生密钥流Z_i和得到密文C_i：

$$Z_i = E_k(Z_{i-1}),\ i \geq 1$$

$$C_i = M_i \oplus Z_i,\ i \geq 1$$

OFB模式的结构类似于CFB模式，不同之处是：OFB模式将加密算法的输出反馈到移位寄存器中，而CFB模式将密文单元反馈到移位寄存器中。OFB模式的优点是传输过程中比特错误不会被传输；OFB模式的缺点是它比CFB模式更易受到对信息流的篡改攻击。例如，在密文中取1比特的补，那么在恢复的明文中，相应位置的比特也为原比特的补。这能使攻击者有可能通过对信息校验部分的篡改和对数据部分的篡改，而以纠错码不能检测的方式篡改密文。

3.2.2 DES算法

1973年5月15日，美国国家标准局（现在是美国国家标准与技术研究院，即NIST），公开征集密码体制，这一举措使数据加密标准（DES）出现。DES是由美国IBM公司研制的，是早期的Lucifer密码的发展与修改。DES在1975年3月17日首次被公布，1977年1月15正式批准并作为美国联邦信息处理标准FIPS—46，同年7月开始生效。当时规定每隔5年由美国国家安全局（NSA）做出评估，并重新批准它是否继续作为联邦加密标准。DES的最后一次评估在2001年1月。2002年11月，美国公布了旨在取代DES的AES（高级加密标准）算法。尽管如此，作为迄今为止世界上最为广泛使用和流行的一种分组密码算法，DES对于推动密码理论的发展和应用起到了重大的作用，对于掌握分组密码的基本理论设计思想和实际应用仍然有着重要的参考价值。

DES加密算法如图3-5所示，它是一个16-轮的迭代型密码，使用56比特的密钥来加密64比特的明文。其加、解密算法一样，但加、解密时所使用的子密钥的顺序刚好相反。下面是关于如何实现DES算法的语言性描述。

1. 加密过程

（1）将一个64比特明文分组M通过一个固定初始置换IP进行置换，获得M_0。我们把这个过程记作$M_0 = \mathrm{IP}(M) = L_0R_0$，这里$L_0$是$M_0$的前32比特，$R_0$是$M_0$的后32比特。初始置换是将明文$M$中数据的排列顺序按一定的规则重新排列，而生成新的数据序列的过程。它不会影响DES算法本身的安全性，其意义在于打乱输入分组M的ASCII码字划分关系。初始置换IP如表3-1所示，其含义是，将分组中原来各比特的位置上的数据用初始置换IP表中指示的相应位置的数据替换，即原第1位用原58位替换，原第2位用原第50位替换，……，原第64位用原第7位替换。

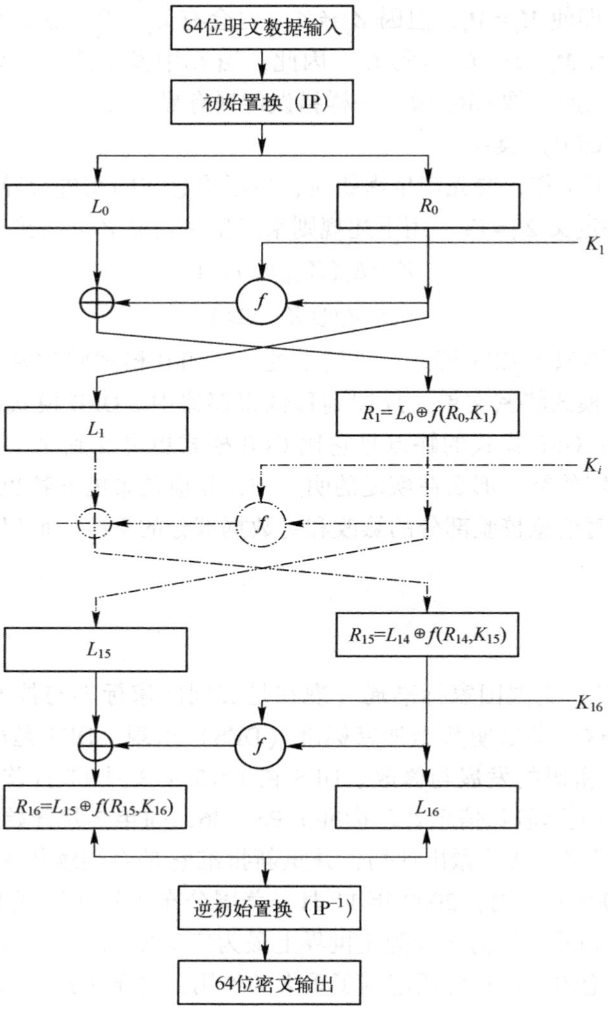

图 3-5　DES 加密算法图示

表 3-1　初始置换 IP

58	50	42	34	26	18	10	2	60	52	44	36	28	20	12	4
62	54	46	38	30	22	14	6	64	56	48	40	32	24	16	8
57	49	41	33	25	17	9	1	59	51	43	35	27	19	11	3
61	53	45	37	29	21	13	5	63	55	47	39	31	23	15	7

（2）在进行初始置换后，按照以下规则计算 L_i和 R_i：

$$L_i = R_{i-1}$$

$$R_i = L_{i-1} \oplus f(R_{i-1},K_i)$$

上述规则中，$K_i(1\leqslant i\leqslant 16)$是密钥 K 的函数，长度均为 48 比特，称其为子密钥，关于 K_i的生成将在下面描述。f是一个函数，其计算过程也将在下面描述。

（3）对比特串 $R_{16}L_{16}$ 应用初始置换 IP 的逆置换 IP^{-1}，获得密文 C，即 $C=IP^{-1}(R_{16}L_{16})$。注意最后一次迭代后，左边和右边未交换，而将 $R_{16}L_{16}$ 作为 IP^{-1} 的输入，目的是使算法可同时用于加密与解密。其中初始置换 IP 的逆置换 IP^{-1} 如表 3-2 所示。当然，读者也完全可以自己写出这个逆置换。

表 3-2　初始置换 IP 的逆置换 IP^{-1}

40	8	48	16	56	24	64	32	39	7	47	15	55	23	63	31
38	6	46	14	54	22	62	30	37	5	45	13	53	21	61	29
36	4	44	12	52	20	60	28	35	3	43	11	51	19	59	27
34	2	42	10	50	18	58	26	33	1	41	9	49	17	57	25

2. 解密过程

解密采用同一算法实现，把密文 C 作为输入，且倒过来使用密钥方案，即以逆序 K_{16}，$K_{15},\cdots,K_1$ 密钥方案，输出明文 M。

3. 子密钥的生成

DES 描述文档中给出的密钥长度是 64 比特，从左到右，其第 8、16、…、64 位为奇偶校验位，因此实际上使用的密钥长度为 56 比特。

如前所述，DES 算法由 16 轮运算构成，每轮运算使用的子密钥各不相同，每个子密钥的长度为 48 比特，而 DES 使用的密钥长度是 56 比特，那么如何生成 16 个密钥呢？实际上，这 16 个密钥都是分别从 56 比特密钥中挑选出来的 48 比特数据构成的。挑选的过程如下所述。

（1）对这 56 比特密钥做一个置换，置换表如表 3-3 所示。

表 3-3　密钥置换表

57	49	41	33	25	17	9	1	58	50	42	34	26	18
10	2	59	51	43	35	27	19	11	3	60	50	44	36
63	55	47	39	31	23	15	7	62	54	46	38	30	22
14	6	61	53	45	37	29	21	13	5	28	20	12	4

这个置换表的含义是，输出的最左边比特是密钥的第 57 位，第 2 比特是密钥的第 49 位，以此类推。在这个表中，第 8、16、…、64 位没有出现，从中也可以看出实际使用的密钥长度是 56 比特。

（2）将这 56 比特分为两部分，每部分为 28 比特，第一部分由前面 28 比特构成，记为 C_0；第二部分由后面 28 比特构成，记为 D_0。然后根据轮数，这两部分分别左移 1~2 位。具体是，在轮数 $i=1$、2、9、16 时，移动一个位置，当 $i=3$、4、5、6、7、8、10、11、12、13、14、15 时，移动两个位置。应当注意，每轮移位是在上一轮移位的基础上进行的。也就是说，C_1 是 C_0 循环左移 1 位而成的，C_2 是 C_1 循环左移 1 位而成的，以此类推。同样，D_1 是 D_0 循环左移 1 位而成的，D_2 是 D_1 循环左移 1 位而成的，以此类推。

（3）每次需要子密钥 K_i 时，需要从 C_i 和 D_i 的 56 比特挑选出 48 比特，如表 3-4 所示。

表 3-4　挑选生成 48 比特 K_i

14	17	11	24	1	5	3	28	15	6	21	10	23	19	12	4
26	8	16	7	27	20	13	2	41	52	31	37	47	55	30	40
51	45	33	38	44	49	39	56	34	53	46	42	50	36	29	32

表 3-4 的含义是，如表中第 n 个数值为 m，则表示输出的子密钥 K_i 的第 n 比特为 (C_i, D_i) 的第 m 比特。

经过上述几步运算，就得到了全部 16 个 48 比特的子密钥 K_i $(1 \leq i \leq 16)$。

4. *f* 函数

回忆一下前述的 DES 加解密过程，在该过程中需要一个 *f* 函数。该函数对数据的一半与密钥做运算，并将生成的结果异或到另一半中。下面将描述 *f* 函数。

注意到 *f* 函数处理的数据是 32 比特的数据（L 或 R）和 48 比特的密钥（K_i）。因此在运算时，*f* 函数需要将 32 比特的数据扩展为 48 比特的数据，并与 48 比特的数据异或，随后还需要将异或得到的结果压缩回 32 比特。*f* 函数的构成如图 3-6 所示。

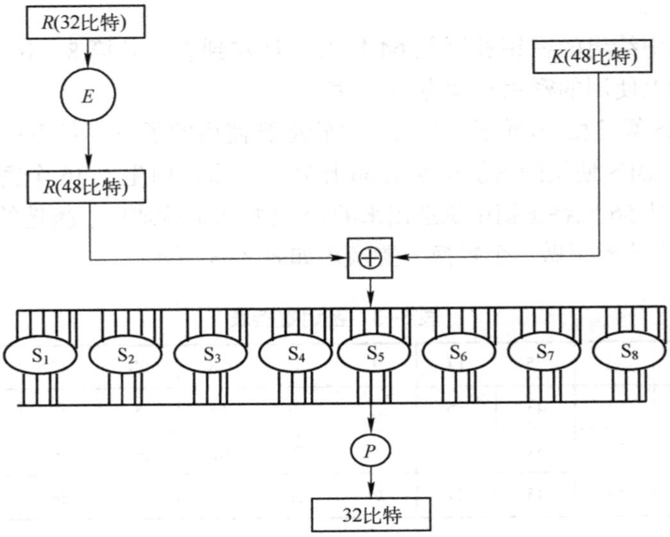

图 3-6　*f* 函数的构成

具体步骤如下。

(1) 利用一个固定扩展 E 将 R_i 扩展成一个长度为 48 的比特串 $E(R_i)$，扩展 E 如表 3-5 所示。

表 3-5　扩展 E

32	1	2	3	4	5	4	5	6	7	8	9
8	9	10	11	12	13	12	13	14	15	16	17
16	17	18	19	20	21	20	21	22	23	24	25
24	25	26	27	28	29	28	29	30	31	32	1

表 3-5 的置换称为扩展置换，其方法是，将原始 32 比特数据分为 8 组，每 1 组 4 比特数据加上其左右两边的数据后扩展为 6 比特数据（将第 1 比特左边视为第 32 比特），即 32 比特数据扩展为 48 比特。具体而言，就是原始数据的第 1、2、3、4 比特扩展成原始数据的第 32、1、2、3、4、5 比特，原始数据的第 5、6、7、8 比特扩展成原始数据的第 4、5、6、7、8、9 比特，以此类推，原始数据的 29、30、31、32 比特扩展成原始数据的第 28、29、30、31、32、1 比特。

（2）计算 $E(R_i) \oplus K_{i+1}$，并将结果分成 8 个长度为 6 的比特串，记为：

$$E(R_i) \oplus K_{i+1} = T_1 T_2 T_3 T_4 T_5 T_6 T_7 T_8$$

（3）将数据压缩回 32 比特。这个过程通过“S 盒替代”实现。所谓 S 盒是一组变换，这些变换输入 6 比特，输出 4 比特，共有 8 个 S 盒 S_1、S_2、S_3、S_4、S_5、S_6、S_7、S_8。每一个 S_i 是一个固定的 4×16 阶矩阵，它们的元素来自于 0~15 这 16 个整数，如表 3-6 所示。

表 3-6 S 盒

14	4	13	1	2	15	11	8	3	10	6	12	5	9	0	7	S_1
0	15	7	4	14	2	13	1	10	6	12	11	9	5	3	8	
4	1	14	8	13	6	2	11	15	12	9	7	3	10	5	0	
15	12	8	2	4	9	1	7	5	11	3	14	10	0	6	13	
15	1	8	14	6	11	3	4	9	7	2	13	12	0	5	10	S_2
3	13	4	7	15	2	8	14	12	0	1	10	6	9	11	5	
0	14	7	11	10	4	13	1	5	8	12	6	9	3	2	15	
13	8	10	1	3	15	4	2	11	6	7	12	0	5	14	9	
10	0	9	14	6	3	15	5	1	13	12	7	11	4	2	8	S_3
13	7	0	9	3	4	6	10	2	8	5	14	12	11	15	1	
13	6	4	9	8	15	3	0	11	1	2	12	5	10	14	7	
1	10	13	0	6	9	8	7	4	15	14	3	11	5	2	12	
7	13	14	3	0	6	9	10	1	2	8	5	11	12	4	15	S_4
13	8	11	5	6	15	0	3	4	7	2	12	1	10	14	9	
10	6	9	0	12	11	7	13	15	1	3	14	5	2	8	4	
3	15	0	6	10	1	13	8	9	4	5	11	12	7	2	14	
2	12	4	1	7	10	11	6	8	5	3	15	13	0	14	9	S_5
14	11	2	12	4	7	13	1	5	0	15	10	3	9	8	6	
4	2	1	11	10	13	7	8	15	9	12	5	6	3	0	14	
11	8	12	7	1	14	2	13	6	15	0	9	10	4	5	3	
12	1	10	15	9	2	6	8	0	13	3	4	14	7	5	11	S_6
10	15	4	2	7	12	9	5	6	1	13	14	0	11	3	8	
9	14	15	5	2	8	12	3	7	0	4	10	1	13	11	6	
4	3	2	12	9	5	15	10	11	14	1	7	6	0	8	13	

续表

4	11	2	14	15	0	8	13	3	12	9	7	5	10	6	1	S_7
13	0	11	7	4	9	1	10	14	3	5	12	2	15	8	6	
1	4	11	13	12	3	7	14	10	15	6	8	0	5	9	2	
6	11	13	8	1	4	10	7	9	5	0	15	14	2	3	12	
13	2	8	4	6	15	11	1	10	9	3	14	5	0	12	7	S_8
1	15	13	8	10	3	7	4	12	5	6	11	0	14	9	2	
7	11	4	1	9	12	14	2	0	6	10	13	15	3	5	8	
2	1	14	7	4	10	8	13	15	12	9	0	3	5	6	11	

使用这些S盒的方法是将T_i视为6比特的数值，查询S_i表得到该表的第T_i项就是输出的数值。注意，由于T_i的取值范围从0到63（即其二进制数值最大为111111），所以该表中数值的编号是从0开始的。也就是说，查询S盒时应该说第0个数值、第1个数值……，直至第63个数值。例如$T_2=101100$，即等价于十进制数表示的44，查询S_2表的第44个数值为9，也就是输出的4比特二进制数为1001。

（4）*P*置换。将长度为32比特的第（3）步输出结果通过一个固定的置换*P*得到最终的32比特。*P*置换如表3-7所示。

表3-7　*P*置换

16	7	20	21	29	12	28	17	1	15	23	26	5	18	31	10
2	8	24	14	32	27	3	9	19	13	30	6	22	11	4	25

5. DES算法的安全性

在DES算法中，有一个“弱密钥”的概念。这里我们将DES加密运算记为$DES(K,X)$（X表示任意64比特的比特串，K为密钥），DES解密运算记为$DES^{-1}(K,X)$。如存在一个K，使得$DES(K,X)=DES^{-1}(K,X)$，则K为弱密钥；如存在两个密钥K和K'，使得$DES(K,X)=DES^{-1}(K',X)$，则K为半弱密钥（当然K'也是）。使用这些密钥，在选择明文攻击下，会使DES加密变得很脆弱。在DES算法中至少有4个弱密钥和12个半弱密钥，但目前还没有证明除这些弱密钥和半弱密钥外，还有其他的弱密钥和半弱密钥。由于DES是采用56比特的加密算法，所以总共有2^{56}种可能的密钥组合，选择到一个弱密钥的可能性是很小的。

对DES最中肯的批评是，密钥空间的规模2^{56}对实际安全而言确实太小了。早在20世纪70年代，就有人提出建造一台特殊目的的机器来实施已知明文攻击，实质就是用穷举法破译DES密码。1997年1月28日，美国的RSA数据安全公司在RSA安全年会上公布了一项“秘密密钥挑战”竞赛，悬赏一万美金破译密钥长度为56比特的DES算法。美国科罗拉多州的程序员Verser从1997年3月13日起，用了96天的时间，在Internet上数万名志愿者的协同工作下，于6月17日成功地找到了DES算法的密钥，获得了RSA公司颁发的一万美金的奖励。据1998年7月22日信息，电子前沿基金会（Electronic Frontier Foundation）花费25万美金制造了一台计算机，在56小时内破译了56比特的DES算法。

迄今为止，S盒的设计原理尚未完全公开，一些密码学家怀疑S盒里隐藏了“陷门”，使知道这个秘密的人可以很容易地进行密文解密。不过到目前为止，还没有证据能证明 DES 算法里确实存在陷门。

6. 三重 DES 算法

三重 DES 算法是在 DES 算法基础上发展起来的加密算法，在密钥管理标准 ANS X. 917 和 ISO 8732 中被采用。其核心是为了解决 DES 密钥过短的问题，使用两个密钥执行三次 DES 算法。加密方式是在两个密钥的控制下，实施加密—解密—加密的过程，整个过程如图 3-7 所示。

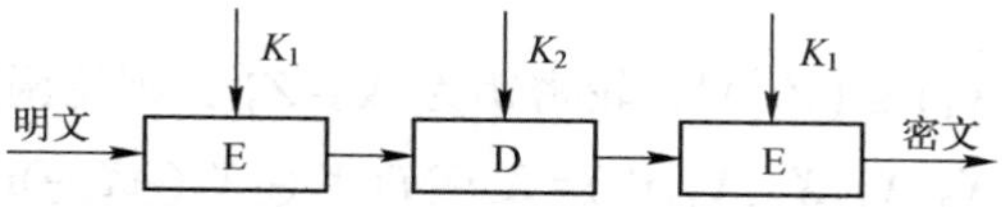

图 3-7 三重 DES 算法加密过程

解密过程如图 3-8 所示。

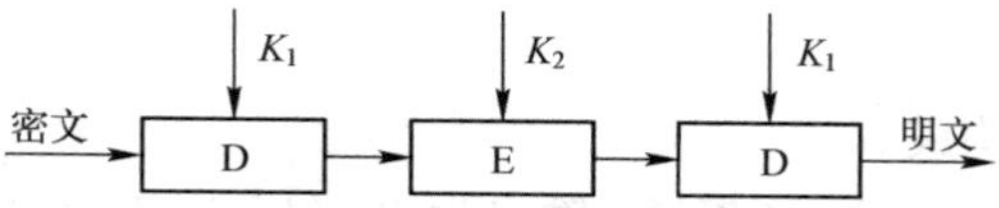

图 3-8 三重 DES 解密过程

之所以在加密、解密过程中使用两个而不使用三个密钥，是因为两个密钥合起来的长度已有 112 比特，这对当时的商用已足够了，如果使用总长为 168 比特的三个密钥，则会产生不必要的开销。

为什么在加密时采用 E—D—E，而不是 E—E—E 呢？这是为了满足已有 DES 系统的向后兼容性。其实无论是加密还是解密过程，都是在两个 64 比特的数之间的一种映射。从密码的角度来看，这种映射的作用是一样的。但是，使用 E—D—E 的好处是当 $K_1=K_2$时，三重 DES 算法就和 DES 算法一样，这样有利于推广使用三重 DES 算法。

3.2.3 SM4 算法

SM4 算法是我国在 2010 年 12 月公布的商用分组密码算法，描述如下。

1. 术语和定义

分组长度：block length。

密钥长度：key length，密钥的比特位数。

密钥扩展算法：key expansion algorithm，将密钥变换为轮密钥的运算单元。

轮数：rounds，轮函数的迭代次数。

字：word。

S 盒：S-box，S 盒为固定的 8 比特输入、8 比特输出的置换，记为 Sbox(.)。

2. 算法结构

SM4 密码算法是一个分组算法。该算法的分组长度为 128 比特，密钥长度为 128 比特。加密算法与密钥扩展算法都采用 32 轮非线性迭代结构。解密算法与加密算法的结构相同，只是轮密钥的使用顺序相反，解密轮密钥是加密轮密钥的逆序。

3. 密钥及密钥参量

加密密钥长度为 128 比特，表示为 $MK=(MK_0,MK_1,MK_2,MK_3)$，其中 $MK_i(i=0,1,2,3)$ 为字。

轮密钥表示为 $(rk_0,rk_1,\cdots,rk_{31})$，其中 $rk_i(i=0,1,\cdots,31)$ 为字。轮密钥由加密密钥生成。

$FK=(FK_0,FK_1,FK_2,FK_3)$ 为系统参数，$CK=(CK_0,CK_1,\cdots,CK_{31})$ 为固定参数，用于密钥扩展算法，其中 $FK_i(i=0,1,\cdots,3)$、$CK_i(i=0,1,\cdots,31)$ 为字。

4. 轮函数 F

设输入为 $(X_0,X_1,X_2,X_3)\in(Z_2^{32})^4$，轮密钥为 $rk\in Z_2^{32}$，则轮函数 F 为：

$$F(X_0,X_1,X_2,X_3,rk)=X_0\oplus T(X_1\oplus X_2\oplus X_3\oplus rk)$$

5. 合成置换 T

T：$Z_2^{32}\to Z_2^{32}$ 是一个可逆变换，由非线性变换 τ 和线性变换 L 复合而成，即：

$$T(.)=L(\tau(.))$$

(1) 非线性变换 τ

τ 由 4 个并行的 S 盒构成。

设输入为 $A=(a_0,a_1,a_2,a_3)\in(Z_2^8)^4$，输出为 $B=(b_0,b_1,b_2,b_3)\in(Z_2^8)^4$，则：

$$(b_0,b_1,b_2,b_3)=\tau(A)=(\mathrm{Sbox}(a_0),\mathrm{Sbox}(a_1),\mathrm{Sbox}(a_2),\mathrm{Sbox}(a_3))$$

其中，Sbox 数据如图 3-9 所示。

	0	1	2	3	4	5	6	7	8	9	a	b	c	d	e	f
0	d6	90	e9	fe	cc	e1	3d	b7	16	b6	14	c2	28	fb	2c	05
1	sb	67	9a	76	2a	be	04	c3	aa	44	13	26	49	86	06	99
2	9c	42	50	f4	91	ef	98	7a	33	54	0b	43	ed	cf	ac	62
3	e4	b3	1c	a9	c9	08	e8	95	80	df	94	fa	75	8f	3f	a6
4	47	07	a7	fc	f3	73	17	ba	83	59	3c	19	e6	85	4f	a8
5	68	6b	81	b2	71	64	da	8b	f8	eb	0f	4b	70	56	9d	35
6	1e	24	0e	5e	63	58	d1	a2	25	22	7c	3b	01	21	78	87
7	d4	00	46	57	9f	d3	27	52	4c	36	02	e7	a0	c4	c8	9e
8	ea	bf	8a	d2	40	c7	38	b5	a3	f7	f2	ce	f9	61	15	a1
9	e0	ae	5d	a4	9b	34	1a	55	ad	93	32	30	f5	8c	b1	e3
a	1d	f6	e2	2e	82	66	ca	60	c0	29	23	ab	0d	53	4e	6f
b	d5	db	37	45	de	fd	8e	2f	03	ff	6a	72	6d	6c	5b	51
c	8d	1b	af	92	bb	dd	bc	7f	11	d9	5c	41	1f	10	5a	d8
d	0a	c1	31	88	a5	cd	7b	bd	2d	74	d0	12	b8	e5	b4	b0
e	89	69	97	4a	0c	96	77	7e	65	b9	f1	09	c5	6e	c6	84
f	18	f0	7d	ec	3a	dc	4d	20	79	ee	5f	3e	d7	cb	39	48

图 3-9 Sbox 数据

注：输入 ef，则经 S 盒后的值为图中第 e 行和第 f 列的值，Sbox(ef)=84。

(2) 线性变换 L

非线性变换 τ 的输出是线性变换 L 的输入。设输入为 $B\in Z_2^{32}$，输出为 $C\in Z_2^{32}$，则：

$$C=L(B)=B\oplus(B<<<2)\oplus(B<<<10)\oplus(B<<<18)\oplus(B<<<24)$$

6. 算法描述

(1) 加密算法

本加密算法由32次迭代运算和1次反序变换R组成。

设明文输入为$(X_0,X_1,X_2,X_3)\in(Z_2^{32})^4$，密文输出为$(Y_0,Y_1,Y_2,Y_3)\in(Z_2^{32})^4$，轮密钥为$\mathrm{rk}_i\in Z_2^{32}$，$i=0,1,\cdots,31$。则本算法的加密变换为：

① 32次迭代运算：$X_{i+4}=F(X_i,X_{i+1},X_{i+2},X_{i+3},rk_i)$，$i=0,1,\cdots,31$；

② 反序变换：$(Y_0,Y_1,Y_2,Y_3)=R(X_{32},X_{33},X_{34},X_{35})=(X_{35},X_{34},X_{33},X_{32})$。

(2) 解密算法

本算法的解密变换与加密变换结构相同，不同的仅是轮密钥的使用顺序。解密时，使用轮密钥序$(\mathrm{rk}_{31},\mathrm{rk}_{30},\cdots,\mathrm{rk}_0)$。

(3) 密钥扩展算法

本算法轮密钥由加密密钥通过密钥扩展算法生成。

加密密钥$\mathrm{MK}=(\mathrm{MK}_0,\mathrm{MK}_1,\mathrm{MK}_2,\mathrm{MK}_3)$，$\mathrm{MK}_i\in Z_2^{32}$，轮密钥生成方法为：

$$(K_0,K_1,K_2,K_3)=(\mathrm{MK}_0\oplus\mathrm{FK}_0,\mathrm{MK}_1\oplus\mathrm{FK}_1,\mathrm{MK}_2\oplus\mathrm{FK}_2,\mathrm{MK}_3\oplus\mathrm{FK}_3)$$

$$\mathrm{rk}_i=K_{i+4}=K_i\oplus T'(K_{i+1}\oplus K_{i+2}\oplus K_{i+3}\oplus\mathrm{CK}_i)，i=0,1,\cdots,31$$

其中：

① T'是将前述合成置换T的线性变换L替换为L'：

$$L'(B)=B\oplus(B<<<13)\oplus(B<<<23)$$

② 系统参数FK的取值：

$\mathrm{FK}_0=(\mathrm{a3b1bac6})$，$\mathrm{FK}_1=(56\mathrm{aa}3350)$，$\mathrm{FK}_2=(677\mathrm{d}9197)$，$\mathrm{FK}_3=(\mathrm{b}27022\mathrm{dc})$

③ 固定参数CK的取值方法为：

设$\mathrm{ck}_{i,j}$为CK_i的第j字节$(i=0,1,\cdots,31;j=0,1,2,3)$，即

$$\mathrm{CK}_i=(\mathrm{ck}_{i,0},\mathrm{ck}_{i,1},\mathrm{ck}_{i,2},\mathrm{ck}_{i,3})\in(Z_2^8)^4$$

则

$$\mathrm{ck}_{i,j}=(4i+j)\times7(\mathrm{mod}256)$$

固定参数$\mathrm{CK}_i(i=0,1,\cdots,31)$具体值如下：

00070e15	1c232a31	383f464d	545b6269
70777e85	8c939aa1	a8afb6bd	c4cbd2d9
e0e7eef5	fc030a11	181f262d	343b4249
50575e65	6c737a81	888f969d	a4abb2b9
c0c7ced5	dce3eaf1	f8ff060d	141b2229
30373e45	4c535a61	686f767d	848b9299
a0a7aeb5	bcc3cad1	d8dfe6ed	f4fb0209
10171e25	2c333a41	484f565d	646b7279

3.3 公钥密码

前面讨论的密码体制主要是单钥密码体制，单钥密码体制的一个严重的缺点就是在任何密文传输之前，通信双方必须使用一个安全渠道协商加密密钥。在实际应用中，做到这一点是很难的。还有，如何为数字化的信息或文件提供一种类似于为书面文件手写签字的方法（即签名、认证功能），这也是单钥密码体制难于解决的问题。1976 年，W. Diffie 和 M. E. Hellman 发表了《密码学中的新方向》（*New Directions in Cryptography*）一文，提出了公钥密码体制的观点，引起了密码学领域的一场变革。1977 年由 Rivest、Shamir 和 Adleman 提出了第一个比较完善的公钥密码体制 RSA。公钥密码体制很好地解答了上面两个问题。

在公钥密码中，最著名也是应用最广的密码算法是 RSA 密码算法和椭圆曲线密码算法。本节只介绍 RSA 密码算法。

3.3.1 概述

在公钥密码体制中，公钥密码算法采用了两个相关密钥，将加密与解密能力分开。其中一个密钥是公开的，称为公钥，用于加密；另一个是用户专有的，因此是保密的，称为私钥，用于解密。公钥密码体制具有如下重要特性：已知密码算法和公钥，求解私钥，计算上是不可行的。公钥密码算法按下述步骤对信息实施保护，为了叙述方便，我们把信息发送方设为 A，信息接收方设为 B。

① 要求信息接收方 B，产生一对密钥 PK_B和 SK_B，其中是 PK_B为公钥，SK_B为私钥。

② 接收方 B 将 PK_B公开，保密 SK_B。

③ A 要想向 B 发送信息 M，则使用 B 的公钥 PK_B加密 M，表示为 $C=E_{PK_B}(M)$。

④ B 收到密文 C 后，则用自己的私钥 SK_B解密，表示为 $M=D_{SK_B}(C)$。

公钥密码算法应满足如下要求。

① 接收方 B 产生自己的公、私密钥对，在计算上是容易的。

② 发送方 A 用接收方 B 的公钥对信息 M 加密以产生密文 C，在计算上是容易的。

③ 接收方 B 用自己的私钥对 C 解密，在计算上是容易的。

④ 攻击者由 B 的公钥求 B 的私钥，在计算上是不可行的。

⑤ 攻击者由密文 C 和 B 的公钥，恢复明文在计算上是不可行的。

⑥ 加解密次序可以交换（但不是对所有的算法都做要求）。

以上要求的本质在于求一个单向陷门函数，单向陷门函数是指满足下列条件的函数 f。

① 给定 x，计算 $y=f(x)$是容易的。

② 给定 y，计算 x，使 $x=f^{-1}(y)$是困难的（所谓困难是指计算上相当复杂，耗时极大，已失去实际意义）。

③ 存在 δ，已知 δ 时，对给定的任何 y，若相应的 x 存在，则计算 x，使 $x=f^{-1}(y)$是容易的。

我们把仅满足①、②两条的函数称为单向函数；第③条称为陷门性，δ 称为陷门信息。

当用陷门函数f作为加密函数时，可将f公开，这相当于公钥；f函数的设计者将δ保密，δ相当于私钥。由于加密函数f是公开的，任何人都可以将信息x加密成$y=f(x)$，然后送给函数的设计者（当然可以通过不安全信道传送）；由于设计者拥有δ，自然可以解出$x=f^{-1}(y)$。另外，单向陷门函数的第②条性质表明窃听者由截获的密文$y=f(x)$推测x是不可行的。

公钥密码算法不仅能用于保护传递信息的保密性，而且还能对发送方发送的信息提供验证，如B用自己的私钥SK_B对M加密，将C发往A，A用B的公钥PK_A对C解密。因为从M得到C是经过B的私钥SK_B加密的，只有B才能做到。因此C可当成B对M的数字签名。另外，任何人只要不知道B的私钥SK_B就不能篡改M，所以以上过程获得了对信息来源和信息完整性的认证。以上认证过程中，由于信息是由B的私钥加密的，所以信息不能被他人篡改，但却能被他人窃听，这是因为任何人都能用B的公钥对信息进行解密，为了提供认证功能和保密，可用双重加解密。B首先用自己的私钥对信息M加密，再用A的公钥进行第二次加密。解密过程是A先用自己的私钥，后用B的公钥对收到的密文进行两次解密。在本章的后面还会继续介绍公钥密码算法在签名方面的应用。

3.3.2 RSA算法

RSA公钥算法是由Rivest、Shamir和Adleman在1978年提出来的，并以他们的名字命名该算法。RSA算法的数学基础是初等数论中因子分解理论和欧拉定理，并建立在大整数因子分解的困难性之上。

1. 数学基础

(1) 同余

一个大于1的整数如果只能被1和它自身整除，而不能被其他正整数整除，那么这个整数称为素数（质数）。

用$\gcd(a,b)$表示整数a和b的最大公因子，那么当$\gcd(a,b)=1$时，则称a和b互素。

如果整数a和b的差$a-b$能被另一个整数r整除，即$r\mid a-b$，则称a、b关于模r同余，用符号$a\equiv b(\bmod r)$表示（即a和b有相同的余数）。

同余关系是一个等价关系，即满足：

① 自反性，即$a\equiv a(\bmod r)$；

② 对称性，若$a\equiv b(\bmod r)$，则$b\equiv a(\bmod r)$；

③ 传递性，如果$a\equiv b(\bmod r)$，$b\equiv c(\bmod r)$，则$a\equiv c(\bmod r)$。

下面给出消去律定理。

消去律定理：如果$\gcd(c,p)=1$，即c、p互素，则由

$$ac\equiv bc \bmod p$$

可以推出：

$$a\equiv b \bmod p$$

该定理的证明只用到非常初等的数学知识，请读者自行证明。

此外，在这里定义取模运算，即对于正整数a和b，$a \bmod b$表示a除以b的余数。模运算具有以下性质（同样，这些性质的证明只需要使用初等数学知识，这里不再证明）：

① $[(a \bmod n)+(b \bmod n)]\bmod n=(a+b)\bmod n$

② $[(a \bmod n)-(b \bmod n)] \bmod n=(a-b) \bmod n$

③ $[(a \bmod n)\times(b \bmod n)] \bmod n=(a\times b) \bmod n$

(2) 欧拉函数和欧拉定理

欧拉函数 $\varphi(n)$ 是这样定义的：当 $n=1$ 时，$\varphi(1)=1$；当 $n>1$ 时，$\varphi(n)$ 等于比 n 小而与 n 互素的正整数的个数。显然，对于素数 p，$\varphi(p)=p-1$。

下面证明，对于两个素数 p、q，它们的乘积 $n=pq$ 满足 $\varphi(n)=(p-1)(q-1)$。

证明：

对于 $n=pq$，小于 n 的集合为 $\{1,2,3,\cdots,(pq-1)\}$，不与 n 互素的集合有两个，分别是 $\{p,2p,\cdots,(q-1)p\}$ 和 $\{q,2q,\cdots,(p-1)q\}$，由于 p 和 q 是互素的，所以上面两个集合中没有共同的元素。于是，

$$\varphi(n)=pq-1-(q-1+p-1)=(p-1)(q-1)=\varphi(p-1)\varphi(q-1)$$

证毕。

欧拉定理：若整数 a 与整数 n 互素，则 $a^{\varphi(n)}\equiv 1(\bmod n)$。

证明：

定义小于 n 且和 n 互素的正整数构成的集合为 Z_n^*，显然，Z_n^* 中的数目个数即 $|Z_n^*|\varphi(n)$。

令 $Z_n^*=\{x_1,x_2,\cdots,x_{\varphi(n)}\}$，考虑集合

$$S=\{ax_1 \bmod n, ax_2 \bmod n,\cdots, ax_{\varphi(n)} \bmod n\}$$

由于 a、n 互素，x_i 也与 n 互素，则 ax_i 也一定与 n 互素。因此，对任意 x_i，$ax_i \bmod n$ 必然是 Z_n^* 的一个元素。

对于 Z_n^* 中两个不同的元素 x_i 和 x_j，如果 $x_i\neq x_j$，则

$$ax_i \bmod n\neq ax_j \bmod n$$

这是因为，如果 $ax_i \bmod n=ax_j \bmod n$，则根据消去律，$x_i \bmod n=x_j \bmod n$。由此推出 x_i 必须等于 x_j，这与 x_i 和 x_j 不同相矛盾。

所以很明显，$S=Z_n^*$。

那么，根据模运算的性质和 $S=Z_n^*$ 这一结论，可知：

$$\begin{aligned}&(ax_1\times ax_2\times\cdots\times ax_{\varphi(n)}) \bmod n\\&=[(ax_1 \bmod n)\times(ax_2 \bmod n)\times\cdots\times(ax_{\varphi(n)} \bmod n)] \bmod n\\&=(x_1\times x_2\times\cdots\times x_{\varphi(n)}) \bmod n\end{aligned}$$

考虑上面等式左边和右边，左边等于：

$$[a^{\varphi(n)}\times(x_1\times x_2\times\cdots\times x_{\varphi(n)})] \bmod n$$

右边是：

$$(x_1\times x_2\times\cdots\times x_{\varphi(n)}) \bmod n$$

而 $(x_1\times x_2\times\cdots\times x_{\varphi(n)})$ 和 n 互素，根据消去律，就得到：

$$a^{\varphi(n)}\equiv 1 \bmod n$$

证毕。

欧拉定理的推论是，对于互素的数 a 和 n，满足 $a^{\varphi(n)+1}\equiv a \bmod n$。这个推论对证明 RSA 算法非常关键。

2. 算法描述

(1) 密钥对的产生

产生 RSA 密钥的过程如下所述。

① 选择两个大素数 p 和 q。

② 计算：$n=pq$，$\varphi(n)=(p-1)(q-1)$。

③ 随机选择一整数 e，要求 e 和 $\varphi(n)$ 互素。

④ 找到一个整数 d，满足 $ed\equiv 1(\text{mod } \varphi(n))$。

只要 e 和 n 满足以上条件，d 肯定是存在的。由于 e 和 $\varphi(n)$ 互素，用 e 乘以 $\varphi(n)$ 的完全余数集合中的每一个元素后再模 $\varphi(n)$，得到的余数将以不同的次数涵盖 $\varphi(n)$ 的完全余数集合中的所有数，则肯定有一个余数为 1。在前面证明欧拉定理时，已经证明过这一结论。

最后，e 和 n 便是 RSA 的公钥，d 是私钥。此时 p 和 q 不再需要，它们应该被舍弃掉，但绝不可泄露。

(2) 加密、解密

对 m 做加密运算如下：

$$c=m^e(\text{mod } n)$$

得到的 c 即为密文，即密文 c 为 m 的 e 次方除以 n 的余数。

对密文的解密运算如下：

$$m=c^d(\text{mod } n)$$

解密运算的结果是得到原来的明文 m，即明文 m 为 c 的 d 次方除以 n 的余数。

(3) 算法证明

RSA 算法的证明过程如下。

因为 $ed\equiv 1(\text{mod } \varphi(n))$，可将 ed 表示为：

$$ed=k\times\varphi(n)+1$$

式中，k 为任意整数。

将 c 用 $m^e(\text{mod } n)$ 替换后，计算 $c^d(\text{mod } n)$：

$$c^d(\text{mod } n)=(m^e)^d \text{ mod } n=m^{ed} \text{ mod } n=m^{k\times\varphi(n)+1}\text{mod } n$$

又由欧拉定理的推论 $m^{\varphi(n)+1}\equiv m(\text{mod } n)$，有：

$$m^{k\times\varphi(n)+1}\equiv m(\text{mod } n)$$

因此，

$$m^{k\times\varphi(n)+1}\text{mod } n=m \text{ mod } n$$

由于 m 小于 n，因此，

$$m \text{ mod } n=m$$

即 $c^d(\text{mod } n)=m$，解密的结果是得到明文 m。

3. 加、解密过程举例

为了让读者进一步了解 RSA 的加解密过程，我们在下面举一个简单的例子说明这一过程。

取两个素数 $p=7$，$q=17$，计算出 $n=pq=7\times 17=119$，于是得到 $\varphi(n)$：

$$\varphi(n)=(p-1)(q-1)=96$$

选择一个与 96 互素的正整数 e，我们选 $e=5$，然后求 d（实际应用中，这个 d 可以采用扩展欧几里得算法求出）：

$$5d=1 \bmod 96$$

解出 $d=77$，因为 $ed=5\times77=385=4\times96+1=1 \bmod 96$。

于是，公钥 $PK=(e,n)=(5,119)$，而密钥 $SK=77$。

现在对明文进行加密。设明文分组是 $m=19$。用公钥加密时，先计算 $m^e=19^5=2476099$。再除以 119，得出商为 20807，余数为 66。66 就是对应于明文 19 的密文 c 的值。

在用密钥 $SK=77$ 进行解密时，先计算 $c^d=66^{77}=1.27\cdots\times10^{140}$。再除以 119，得出商为 $1.06\cdots\times10^{138}$，余数为 19。此余数即解密后应得出的明文 c。

图 3-10 展示了这一过程。

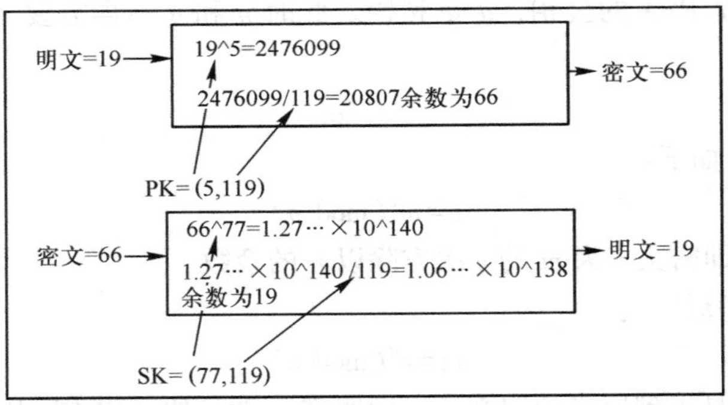

图 3-10　RSA 加、解密过程举例

4. RSA 算法的安全性

RSA 的安全性是基于大整数因子分解问题的难解性，目前尽管尚未从理论上证明大整数的因子分解问题是难解问题，但迄今还没有找到一个有效算法的事实，使得大整数的因子分解问题成为众所周知的难题，这是 RSA 的基础。如果 RSA 的模数 n 被成功分解为 pq，则立即可算出 $\varphi(n)=(p-1)(q-1)$ 和 d，因此攻击成功。而且分解 n 也是攻击 RSA 最明显的方法。随着计算能力的不断提高和分解算法的进一步改善，原来认为以一般计算能力不可能被分解的大数也可以被成功分解，因此为了抵抗现有的整数分解算法，保证算法的安全性，对 p 和 q 的选取提出了以下要求：

① $|p-q|$ 很大，且通常 p 和 q 的长度相同；

② $p-1$ 和 $q-1$ 分别含有大素因子 p_1 和 q_1；

③ p_1-1 和 q_1-1 分别含有大素因子 p_2 和 q_2；

④ $p+1$ 和 $q+1$ 分别含有大素因子 p_3 和 q_3。

RSA 密钥对生成时要在两个大素数的寻找方面花时间，一般都是随机生成一个大奇数，然后用素性测试方法对得到的数进行测试，判断其是否为素数。由于受到素数产生技术的限制，RSA 难以做到一次一密，这也是其不足之处。

用于大因数分解的软件和硬件有很多，且开销越来越小，速度越来越快，这为 RSA 算法的安全性造成了很大威胁。512 比特的 RSA 早已被证明是不安全的，而 1024 比特 RSA 的安全性在几年之前也有人提出质疑。目前很多标准中都要求使用 2048 比特的 RSA。

为了提高加密速度，通常取 e 为特定的小整数，如 EDI（电子数据交换）国际标准中规定 $e=2^{16}+1$，ISO/IEC 9796 甚至允许取 $e=3$。这样导致加密速度一般比解密速度快 10 倍以上。尽管如此，与对称密码体制相比（如 DES），RSA 的加、解密速度还是太慢，所以它很少用于数据的加密，而一般用于数字签名、密钥管理和认证方面。

3.3.3 SM2 算法

SM2 加密算法由我国在 2010 年 12 月正式公布。下面给出其加密算法描述。

1. 椭圆曲线群运算规则

(1) F_p 上的椭圆曲线群

椭圆曲线 $E(F_p)$ 上的点按照下面的加法运算规则，构成一个交换群：

① $O+O=O$；

② $\forall P=(x,y)\in E(F_p)\backslash\{O\}$，$P+O=O+P=P$；

③ $\forall P=(x,y)\in E(F_p)\backslash\{O\}$，$P$ 的逆元素 $-P=(x,y)$，$P+(-P)=O$；

④ 两个非互逆的不同点相加的规则：

设 $P_1=(x_1,y_1)\in E(F_p)\backslash\{O\}$，$P_2=(x_2,y_2)\in E(F_p)\backslash\{O\}$，且 $x_1\neq x_2$。

设 $P_3=(x_3,y_3)=P_1+P_2$，则

$$\begin{cases}x_3=\lambda^2-x_1-x_2\\ y_3=\lambda(x_1-x_3)-y_1\end{cases}$$

式中

$$\lambda=\frac{y_2-y_1}{x_2-x_1}$$

⑤ 倍点规则：

设 $P_1=(x_1,y_1)\in E(F_p)\backslash\{O\}$，且 $y_1\neq 0$，$P_3=(x_3,y_3)=P_1+P_1$，则

$$\begin{cases}x_3=\lambda^2-2x_1\\ y_3=\lambda(x_1-x_3)-y_1\end{cases}$$

式中

$$\lambda=\frac{3x_1^2+a}{2y_1}$$

(2) F_{2^m} 上的椭圆曲线群

椭圆曲线 $E(F_{2^m})$ 上的点按照下面的加法运算规则，构成一个交换群：

① $O+O=O$；

② $\forall P=(x,y)\in E(F_{2^m})\backslash\{O\}$，$P+O=O+P=P$；

③ $\forall P=(x,y)\in E(F_{2^m})\backslash\{O\}$，$P$ 的逆元素 $-P=(x,x+y)$，$P+(-P)=O$；

④ 两个非互逆的不同点相加的规则：

设 $P_1=(x_1,y_1)\in E(F_{2^m})\backslash\{O\}$，$P_2=(x_2,y_2)\in E(F_{2^m})\backslash\{O\}$，且 $x_1\neq x_2$。

设 $P_3=(x_3,y_3)=P_1+P_2$，则

$$\begin{cases}x_3=\lambda^2+\lambda+x_1+x_2+a\\ y_3=\lambda(x_1+x_3)+x_3+y_1\end{cases}$$

式中

$$\lambda=\frac{y_1+y_2}{x_1+x_2}$$

⑤ 倍点规则：

设 $P_1=(x_1,y_1)\in E(F_{2^m})\backslash\{O\}$，且 $x_1\neq 0$，$P_3=(x_3,y_3)=P_1+P_1$，则

$$\begin{cases}x_3=\lambda^2+\lambda+a\\ y_3=x_1^2+(\lambda+1)x_3\end{cases}$$

式中

$$\lambda=x_1+\frac{y_1}{x_1}$$

2. SM2 加密算法

(1) 术语和定义

秘密密钥：secret key，在密码体制中收发双方共同拥有的，而第三方不知道的一种密钥。

消息：message，任意有限长度的比特串。

密钥派生函数：key derivation function，通过作用于共享秘密和双方都知道的其他参数，产生一个或多个共享秘密密钥的函数。

(2) 符号

下列符号适用于本部分。

A，B：使用公钥密码系统的两个用户。

a，b：F_q 中的元素，它们定义 F_q 上的一条椭圆曲线 E。

d_B：用户 B 的私钥。

$E(F_q)$：F_q 上椭圆曲线 E 的所有有理点（包括无穷远点 O）组成的集合。

F_q：包含 q 个元素的有限域。

G：椭圆曲线的一个基点，其阶为素数。

Hash( )：密码杂凑函数。

H_v( )：消息摘要长度为 v 比特的密码杂凑函数。

KDF( )：密钥派生函数。

M：待加密的消息。

M'：解密得到的消息。

n：基点 G 的阶（n 是$\#E(F_q)$的素因子）。

O：椭圆曲线上的一个特殊点，称为无穷远点或零点，是椭圆曲线加法群的单位元。

P_B：用户 B 的公钥。

q：有限域 F_q 中元素的数目。

$x\|y$：x 与 y 的拼接，其中 x、y 可以是比特串或字节串。

$[k]P$：椭圆曲线上点 P 的 k 倍点，即$[k]P=\underbrace{P+P+\cdots+P}_{k个}$，$k$ 是正整数。

$[x,y]$：大于或等于 x 且小于或等于 y 的整数的集合。

$\lceil x \rceil$：顶函数，大于或等于 x 的最小整数。例如 $\lceil 7 \rceil = 7$，$\lceil 8.3 \rceil = 9$。

$\lfloor x \rfloor$：底函数，小于或等于 x 的最大整数。例如 $\lfloor 7 \rfloor = 7$，$\lfloor 8.3 \rfloor = 8$。

$\#E(F_q)$：$E(F_q)$上点的数目，称为椭圆曲线 $E(F_q)$的阶。

(3) 密钥派生函数

密钥派生函数的作用是从一个共享的秘密比特串中派生出密钥数据。在密钥协商过程中，密钥派生函数作用在密钥交换所获共享的秘密比特串上，从中产生所需的会话密钥或进一步加密所需的密钥数据。

密钥派生函数需要调用密码杂凑函数（杂凑函数也称散列函数、哈希函数）。

设密码杂凑函数为 $H_v()$，其输出是长度恰为 v 比特的杂凑值。

密钥派生函数 KDF(Z,klen)。

输入：比特串 Z，整数 klen（表示要获得的密钥数据的比特长度，要求该值小于 $(2^{32}-1)v$）。

输出：长度为 klen 的密钥数据比特串 K。

① 初始化一个 32 比特构成的计数器 ct=0x00000001。

② 对 i 从 1 到 $\lceil \text{klen}/v \rceil$ 执行：

计算 $H_{a_i} = H_{\gamma}(Z \| \text{ct})$；

ct++。

③ 若 klen/v 是整数，令 $H_{a!\lceil \text{klen}/v \rceil} = H_{a\lceil \text{klen}/v \rceil}$，否则令 $H_{a!\lceil \text{klen}/v \rceil}$ 为 $H_{a\lceil \text{klen}/v \rceil}$ 最左边的 $(\text{klen}-(v \times \lfloor \text{klen}/v \rfloor))$比特。

④ 令 $K = H_{a_1} \| H_{a_2} \| \cdots \| H_{a\lceil \text{klen}/v \rceil - 1} \| H_{a!\lceil \text{klen}/v \rceil}$。

(4) 加密算法及流程

设需要发送的消息为比特串 M，klen 为 M 的比特长度。

为了对明文 M 进行加密，作为加密者的用户 A 应实现以下运算步骤。

A1：用随机数发生器产生随机数 $k \in [1, n-1]$；

A2：计算椭圆曲线点 $C_1 = [k]G = (x_1, y_1)$，按国家密码标准 GM/T 0003.1—2012《SM2 椭圆曲线公钥密码算法 第 1 部分：总则》第 4.2.5 节和第 4.2.9 节给出的细节，将 C_1 的数据类型转换为比特串；

A3：计算椭圆曲线点 $S = [h]P_B$，若 S 是无穷远点，则报错并退出；

A4：计算椭圆曲线点 $[k]P_B = (x_2, y_2)$，按国家密码标准 GM/T 0003.1—2012《SM2 椭圆曲线公钥密码算法 第 1 部分：总则》第 4.2.5 节和第 4.2.6 节给出的细节，将坐标 x_2、y_2 的数据类型转换为比特串；

A5：计算 $t = \text{KDF}(x_2 \| y_2, \text{klen})$，若 t 为全 0 比特串，则返回 A1；

A6：计算 $C_2 = M \oplus t$；

A7：计算 $C_3 = \text{Hash}(x_2 \| M \| y_2)$；

A8：输出密文 $C = C_1 \| C_2 \| C_3$。

(5) 解密算法

设 klen 为密文中 C_2 的比特长度。

为了对密文 $C = C_1 \| C_2 \| C_3$ 进行解密，作为解密者的用户 B 应实现以下运算步骤。

B1：从 C 中取出比特串 C_1，按国家密码标准 GM/T 0003. 1—2012《SM2 椭圆曲线公钥密码算法 第 1 部分：总则》第 4. 2. 4 节和第 4. 2. 10 节给出的细节，将 C_1 的数据类型转换为椭圆曲线上的点，验证 C_1 是否满足椭圆曲线方程，若不满足则报错并退出；

B2：计算椭圆曲线点 $S=[h]C_1$，若 S 是无穷远点，则报错并退出；

B3：计算 $[d_B]C_1=(x_2,y_2)$，按国家密码标准 GM/T 0003. 1—2012《SM2 椭圆曲线公钥密码算法 第 1 部分：总则》第 4. 2. 4 节和第 4. 2. 6 节给出的细节，将坐标 x_2、y_2 的数据类型转换为比特串；

B4：计算 $t=\text{KDF}(x_2 \| y_2,\text{klen})$，若 t 为全 0 比特串，则报错并退出；

B5：从 C 中取出比特串 C_2，计算 $M'=C_2 \oplus t$；

B6：计算 $u=\text{Hash}(x_2 \| M' \| y_2)$，从 C 中取出比特串 C_3，若 $u \neq C_3$，则报错并退出；

B7：输出明文 M'。

3.4 杂凑函数

杂凑函数 h 是公开函数，又称为散列函数、哈希（Hash）函数，其功能就是签名和认证。在数学上用于将任意长的信息 M 映射为较短的、固定长度的一个值 $h(M)$，称函数值 $h(M)$ 为消息 M 的消息摘要。消息摘要 $h(M)$ 是消息 M 中所有比特的函数，它具有错误检测能力，即改变消息 M 中的任何一个比特或几个比特，$h(M)$ 都会发生变化。

杂凑函数在网络安全领域拥有重要应用，它是实现数据完整性和身份认证的重要技术。

3.4.1 概述

杂凑函数是一个从明文到密文的不可逆映射，只有加密过程，不能解密。杂凑函数的这种单向特性和输出数据的长度固定的特性使得它可以生成消息或其他数据块的“数字指纹”（也称为消息摘要、报文摘要）。这个“指纹”主要用于签名认证，签名认证同时还确保了消息或数据的完整性。根据杂凑函数的安全水平，我们将杂凑函数分为两类：强无碰撞的杂凑函数和弱无碰撞的杂凑函数。

强无碰撞的杂凑函数是满足下列条件的一个杂凑函数 h。

① h 的输入可以是任意长度的任何消息或文件 M。

② h 的输出长度是固定的。

③ 给定 h 和 M，计算 $h(M)$ 是容易的。

④ 给定 h 和一个随机选择的 Z，寻找消息 M，使得 $h(M)=Z$，在计算上是不可行的。这一性质称为函数的单项性。

⑤ 给定 h，找两个不同的信息 M_1 和 M_2，使得 $h(M_1)=h(M_2)$，在计算上是不可行的。

弱无碰撞的杂凑函数是满足下列条件的一个杂凑函数 h。

① h 的输入可以是任意长度的任何消息或文件 M。

② h 的输出长度是固定的。

③ 给定 h 和 M，计算 $h(M)$ 是容易的。

④ 给定 h 和一个随机选择的 Z，寻找信息 M，使得 $h(M)=Z$，在计算上是不可行的。

⑤ 给定 h 和一个随机选择的信息 M_1，要找另一个与 M_1 不同的信息 M_2，使得 $h(M_1)=h(M_2)$，在计算上是不可行的。

由强无碰撞的杂凑函数和弱无碰撞的杂凑函数的定义可知，强无碰撞的杂凑函数的安全性要比弱无碰撞的杂凑函数好。

3.4.2 MD5

MD5 在 20 世纪 90 年代初由 MIT Laboratory for Computer Science 和 RSA Data Security Inc 的 Rivest 开发出来，经 MD2、MD3 和 MD4 发展而来。

MD5 以 512 比特分组来处理输入文本，每一分组又划分为 16 个 32 比特子分组。算法的输出由 4 个 32 比特分组组成，将它们级联形成一个 128 比特杂凑值。

1. 算法描述

(1) 对消息 M 填充

填充消息 M，使其长度恰好为一个比 512 的倍数仅小 64 比特的数。填充方法是附一个 1 在消息后面，后接所要求的多个 0。

(2) 添加消息长度

在（1）的结果之后，用一个 64 比特的整数表示消息的原始长度（填充字节前消息 M 的长度），如果长度超过 64 比特所能表示的数据长度的范围，则只保留长度范围的最后 64 比特，使添加后消息长度恰好是 512 比特的整数倍。这样我们可将消息 M 分为长 512 比特的一系列分组 P_0、P_1、…、P_{L-1}。

由于 MD5 的输入包含原始消息的长度，攻击者必须找出具有相同杂凑值且长度相等的两条消息，或者找出两条长度不等，但加入消息后杂凑值相同的报文，从而增加了攻击的难度。目前绝大多数杂凑函数均采用这种结构。

(3) 为四个寄存器 AA、BB、CC、DD 赋初始值

MD5 算法使用 128 比特长的缓冲区以存储中间结果和最终杂凑值，这个缓冲区可表示为四个寄存器 AA、BB、CC 和 DD，四个寄存器级联后构成了寄存器的当前值（记为 CV，这是杂凑计算的中间结果或最终的杂凑值）或初始值（记为 IV）。寄存器的初始化使用的是十六进制表示的数字：

AA=01234567

BB=89abcdef

CC=fedcba98

DD=76543210

(4) 进行算法的主循环，主循环的次数是消息中 512 比特消息分组的数目 L

如图 3-11 所示，MD5 算法以每个 512 比特的分组 P_i（$i=0,1,\cdots,L-1$）和缓冲区 AA、BB、CC、DD 中的当前值 CV（即上一分组的计算结果）或初始值 IV 作为输入。总共需要计算 L 个主循环。

每次主循环由四轮组成，四轮很相似。每一轮都进行 16 次操作（这样每一主循环进行 16×4=64 次操作）。在每一主循环的 64 次操作中，每次操作都要进行一次非线性函数计算，

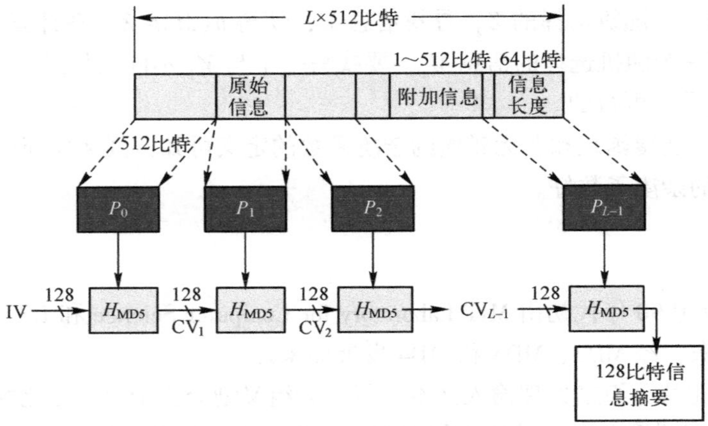

图 3-11 MD5 运行原理

并且在这 64 次操作中共涉及如下四个非线性函数：

$$F(X,Y,Z)=(X\&Y)\mid((\sim X)\&Z)$$
$$G(X,Y,Z)=(X\&Z)\mid(Y\&(\sim Z))$$
$$H(X,Y,Z)=X\wedge Y\wedge Z$$
$$I(X,Y,Z)=Y\wedge(X\mid(\sim Z))$$

其中，& 表示与，| 表示或，~ 表示非，∧ 表示异或。为了以后叙述方便我们引入了如下标记：

$\mathrm{FF}(a,b,c,d,p,s,t)$表示 $a=b+((a+F(b,c,d)+p+t)<<<s)$

$\mathrm{GG}(a,b,c,d,p,s,t)$表示 $a=b+((a+G(b,c,d)+p+t)<<<s)$

$\mathrm{HH}(a,b,c,d,p,s,t)$表示 $a=b+((a+H(b,c,d)+p+t)<<<s)$

$\mathrm{II}(a,b,c,d,p,s,t)$表示 $a=b+((a+I(b,c,d)+p+t)<<<s)$

这里 a、b、c、d、p、t 都是 32 比特，$<<<s$ 表示循环左移 s 比特。下面我们来描述一个主循环。

它的运行过程如下。

① 将缓冲区 AA、BB、CC、DD 中的当前值复制到另外 4 个寄存器 A、B、C、D 中，AA 到 A，BB 到 B，CC 到 C，DD 到 D。并且将 512 比特分组 P_i 以每 32 比特为单位，划分为 16 个等长的子分组 M_j $(j=0,1,\cdots,15)$。

② 进行第一轮操作，使用 FF 函数，执行 16 次，使寄存器 A、B、C、D 的值发生变化(后面详细解释了 4 个寄存器的值的变化规律)。

$\mathrm{FF}(A,B,C,D,M_0,7,t_1)$　　$\mathrm{FF}(D,A,B,C,M_1,12,t_2)$

$\mathrm{FF}(C,D,A,B,M_2,17,t_3)$　　$\mathrm{FF}(B,C,D,A,M_3,22,t_4)$

$\mathrm{FF}(A,B,C,D,M_4,7,t_5)$　　$\mathrm{FF}(D,A,B,C,M_5,12,t_6)$

$\mathrm{FF}(C,D,A,B,M_6,17,t_7)$　　$\mathrm{FF}(B,C,D,A,M_7,22,t_8)$

$\mathrm{FF}(A,B,C,D,M_8,7,t_9)$　　$\mathrm{FF}(D,A,B,C,M_9,12,t_{10})$

$\mathrm{FF}(C,D,A,B,M_{10},17,t_{11})$　　$\mathrm{FF}(B,C,D,A,M_{11},22,t_{12})$

$\mathrm{FF}(A,B,C,D,M_{12},7,t_{13})$　　$\mathrm{FF}(D,A,B,C,M_{13},12,t_{14})$

$FF(C,D,A,B,M_{14},17,\ t_{15})$ $FF(B,C,D,A,M_{15},22,\ t_{16})$

③ 进行第二轮操作，使用GG函数，执行16次，使寄存器A、B、C、D的值发生变化。

$GG(A,B,C,D,M_1,5,\ t_{17})$ $GG(D,A,B,C,M_6,9,\ t_{18})$

$GG(C,D,A,B,M_{11},14,\ t_{19})$ $GG(B,C,D,A,M_0,20,\ t_{20})$

$GG(A,B,C,D,M_5,5,\ t_{21})$ $GG(D,A,B,C,M_{10},9,\ t_{22})$

$GG(C,D,A,B,M_{15},14,\ t_{23})$ $GG(B,C,D,A,M_4,20,\ t_{24})$

$GG(A,B,C,D,M_9,5,\ t_{25})$ $GG(D,A,B,C,M_{14},9,\ t_{26})$

$GG(C,D,A,B,M_3,14,\ t_{27})$ $GG(B,C,D,A,M_8,20,\ t_{28})$

$GG(A,B,C,D,M_{13},5,\ t_{29})$ $GG(D,A,B,C,M_2,9,\ t_{30})$

$GG(C,D,A,B,M_7,14,\ t_{31})$ $GG(B,C,D,A,M_{12},20,\ t_{32})$

④ 进行第三轮操作，使用HH函数，执行16次，使寄存器A、B、C、D的值发生变化。

$HH(A,B,C,D,M_5,4,\ t_{33})$ $HH(D,A,B,C,M_8,11,\ t_{34})$

$HH(C,D,A,B,M_{11},16,\ t_{35})$ $HH(B,C,D,A,M_{14},23,\ t_{36})$

$HH(A,B,C,D,M_1,4,\ t_{37})$ $HH(D,A,B,C,M_4,11,\ t_{38})$

$HH(C,D,A,B,M_7,16,\ t_{39})$ $HH(B,C,D,A,M_{10},23,\ t_{40})$

$HH(A,B,C,D,M_{13},4,\ t_{41})$ $HH(D,A,B,C,M_0,11,\ t_{42})$

$HH(C,D,A,B,M_3,16,\ t_{43})$ $HH(B,C,D,A,M_6,23,\ t_{44})$

$HH(A,B,C,D,M_9,4,\ t_{45})$ $HH(D,A,B,C,M_{12},11,\ t_{46})$

$HH(C,D,A,B,M_{15},16,\ t_{47})$ $HH(B,C,D,A,M_2,23,\ t_{48})$

⑤ 进行第四轮操作，使用II函数，执行16次，使寄存器A、B、C、D的值发生变化。

$II(A,B,C,D,M_0,6,\ t_{49})$ $II(D,A,B,C,M_7,10,\ t_{50})$

$II(C,D,A,B,M_{14},15,\ t_{51})$ $II(B,C,D,A,M_5,21,\ t_{52})$

$II(A,B,C,D,M_{12},6,t_{53})$ $II(D,A,B,C,M_3,10,\ t_{54})$

$II(C,D,A,B,M_{10},15,\ t_{55})$ $II(B,C,D,A,M_1,21,\ t_{56})$

$II(A,B,C,D,M_8,6,\ t_{57})$ $II(D,A,B,C,M_{15},10,\ t_{58})$

$II(C,D,A,B,M_6,15,\ t_{59})$ $II(B,C,D,A,M_{13},21,\ t_{60})$

$II(A,B,C,D,M_4,6,\ t_{61})$ $II(D,A,B,C,M_{11},10,\ t_{62})$

$II(C,D,A,B,M_2,15,\ t_{63})$ $II(B,C,D,A,M_9,21,\ t_{64})$

在这四轮64次操作中，常数 t_i （$i=1,2,\cdots,64$），是 $2^{32}\times abs(\sin(i))$ 的整数部分的十六进制数表示，i 的单位是弧度。表3-8给出了各个 t_i 的值。

表3-8　MD5算法中 t_i 值

t_1 = d76aa478	t_{17} = f61e2562	t_{33} = fffa3942	t_{49} = f4292244
t_2 = e8c7b756	t_{18} = c040b340	t_{34} = 8771f681	t_{50} = 432aff97
t_3 = 242070db	t_{19} = 265e5a51	t_{35} = 699d6122	t_{51} = ab9423a7
t_4 = c1bdceee	t_{20} = e9b6c7aa	t_{36} = fde5380c	t_{52} = fc93a039
t_5 = f57cofaf	t_{21} = d62f105d	t_{37} = a4beea44	t_{53} = 655b59c3

续表

t_6 =4787c62a	t_{22} =02441453	t_{38} =4bdecfa9	t_{54} =8f0ccc92
t_7 =a8304613	t_{23} =d8a1e681	t_{39} =f6bb4b60	t_{55} =ffeff47d
t_8 =fd469501	t_{24} =e7d3fbc8	t_{40} =bebfbc70	t_{56} =85845dd1
t_9 =698098d8	t_{25} =21e1cde6	t_{41} =289b7ec6	t_{57} =6fa87e4f
t_{10} =8b44f7af	t_{26} =c33707d6	t_{42} =eaa127fa	t_{58} =fe2ce6e0
t_{11} =ffff5bb1	t_{27} =f4d50d87	t_{43} =d4ef3085	t_{59} =a3014314
t_{12} =895cd7be	t_{28} =455a14ed	t_{44} =04881d05	t_{60} =4e0811a1
t_{13} =6b901122	t_{29} =a9e3e905	t_{45} =d9d4d039	t_{61} =f7537e82
t_{14} =fd987193	t_{30} =fcefa3f8	t_{46} =e6db99e5	t_{62} =bd3af235
t_{15} =a679438e	t_{31} =676f02d9	t_{47} =1f2a7cf8	t_{63} =2ad7d2bb
t_{16} =49b40821	t_{32} =8d2a4c8a	t_{48} =c4ac5665	t_{64} =eb86d391

⑥ 将 AA、BB、CC、DD 分别加上 A、B、C、D，然后用于下一分组数据继续运行算法。图 3-12 表示了上述的四轮操作过程。

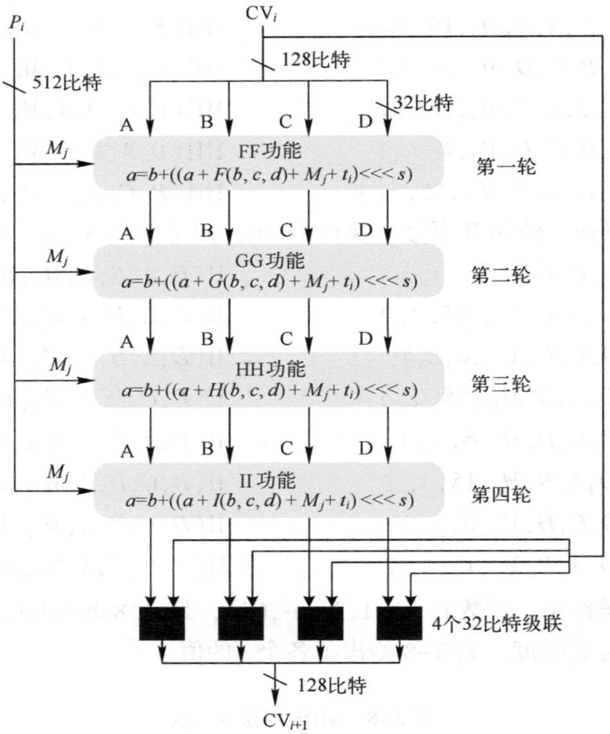

图 3-12　MD5 的四轮操作过程

在上述四轮操作过程中，还有三个细节问题需要解释。

第一个需要解释的是在每一轮操作中执行每次运算后，寄存器 A、B、C、D 中的值需要交换，如图 3-13 所示。

图 3-13 中的“g”表示 4 个非线性函数 F、G、H 或 I。以第一轮操作中的前两次运算为例，第一次执行 FF（$A,B,C,D,M_0,7,t_1$），第二次则执行 FF（$D,A,B,C,M_1,12,t_2$），即寄存器 D 的值赋给 A，寄存器 A 的值（这个值是执行 FF 运算的结果）赋给 B，寄存器 B 的值赋给 C，寄存器 C 的值赋给 D。在执行完第二次 FF 运算后，继续按照上面的规律交换寄存器值。

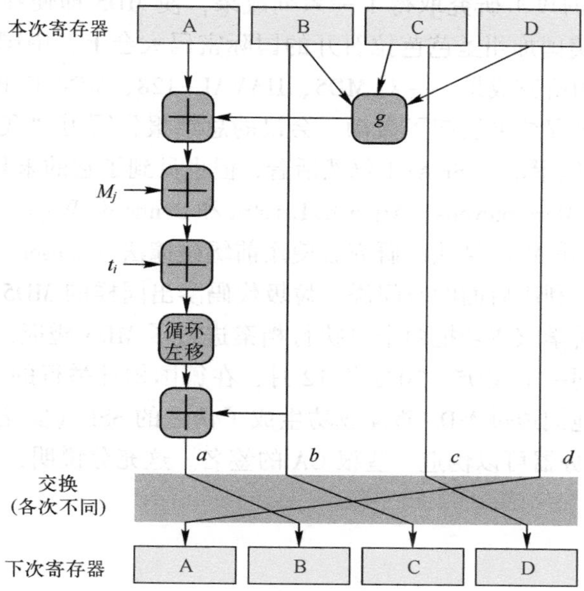

图 3-13　MD5 中寄存器值的变化

第二个需要解释的是 16 个 32 比特子分组的使用次序问题。在四轮操作中，每一个 32 比特的子分组只精确地使用 1 次。对第一轮来说，16 个子分组依次使用；而在第二轮，每一次使用的子分组序号依次为（$1+5j$）mod 16 的结果（$j=0,1,\cdots,15$），即分别为 M_1、M_6、…、M_{12}；在第三轮，每一次使用的子分组序号依次为（$5+3j$）mod 16 的结果（$j=0,1,\cdots,15$），即分别为 M_5、M_8、…、M_2；在第四轮，每一次使用的子分组序号依次为 $7j$ mod 16 的结果（$j=0,1,\cdots,15$），即分别为 M_0、M_7、…、M_9。

第三个需要解释的是每一次运算中的循环左移量。每次的位移量都是不同的，在前面介绍四轮操作时已经给出了每一次的具体位移量，这些位移量集中如表 3-9 所示。

表 3-9　MD5 中各轮次的位移量

轮　次	阶　段															
	1	2	3	4	5	6	7	8	9	10	11	12	13	14	15	16
1	7	12	17	22	7	12	17	22	7	12	17	22	7	12	17	22
2	5	9	14	20	5	9	14	20	5	9	14	20	5	9	14	20
3	4	8	16	23	4	8	16	23	4	8	16	23	4	8	16	23
4	6	10	15	21	6	10	15	21	6	10	15	21	6	10	15	21

（5）得出最后的 MD5 输出

最后的输出是 AA、BB、CC 和 DD 的级联。

2. MD5的安全性

MD5最后输出的杂凑值的每一比特都是所有输入比特的函数，因此获得了很好的混淆效果。但由于MD5较老，杂凑长度为128比特，随着计算机运算能力的提高，找到“碰撞”是可能的。因此，在安全要求高的场合已经不再使用MD5。

近年来，对MD5的攻击研究取得了一系列成果，使MD5即使在商用场合也已不再使用。2004年8月，在美国加州圣芭芭拉召开的国际密码大会上，中国学者王小云首次宣布了其研究小组近年来的研究成果——对MD5、HAVAL-128、MD4和RIPEMD等著名密码算法的攻击结果。这一研究结果引起了轰动，会议的总结报告写道“我们该怎么办？MD5被重创了，它即将从应用中淘汰。SHA-1仍然活着，但也见到了它的末日。现在就得开始更换SHA-1了”。2007年，Marc Stevens、Arjen K. Lenstra和Benne de Weger进一步指出，透过伪造软件签名，可重复性攻击MD5算法。研究者使用前缀碰撞法（chosen-prefix collision），使程序前端包含恶意程序，利用后面的空间添上垃圾代码凑出同样的MD5杂凑值。2008年，荷兰埃因霍芬技术大学科学家成功把两个可执行档案进行了MD5碰撞，使得这两个执行结果不同的程序被计算出同一个MD5。2008年12月，在德国柏林举行的“混沌通信”会议上，一些科研人员宣布，他们透过MD5碰撞成功生成了伪造的SSL（安全套接字层）证书，这使得在https协议中服务器可以伪造一些根CA的签名。这充分说明，对MD5的实际攻击已经完全成为可能。

3.4.3 SM3

SM3为我国2010年12月公布的商用杂凑函数，算法描述如下。

1. 术语和定义

比特串：bit string，由0和1组成的二进制数字序列。

大端：big-endian，数据在内存中的一种表示格式，规定左边为高有效位，右边为低有效位。数的高阶字节放在存储器的低地址，数的低阶字节放在存储器的高地址。

消息：message，任意有限长度的比特串。消息作为杂凑算法的输入数据。

杂凑值：hash value，杂凑算法作用于消息后输出的特定长度的比特串。本节中的杂凑值长度为256比特。

字：word，长度为32的比特串。

2. 符号

ABCDEFGH：8个字寄存器或它们的值的串联。

$B^{(i)}$：第i个消息分组。

CF：压缩函数。

FF_j：布尔函数，随j的变化取不同的表达式。

GG_j：布尔函数，随j的变化取不同的表达式。

IV：初始值，用于确定压缩函数寄存器的初态。

P_0：压缩函数中的置换函数。

P_1：消息扩展中的置换函数。

T_j：算法常量，随j的变化取不同的值。

m：消息。

m'：填充后的消息。

mod：模运算。

$\wedge$：32 比特与运算。

$\vee$：32 比特或运算。

$\oplus$：32 比特异或运算。

$\neg$：32 比特非运算。

$+$：$\bmod 2^{32}$ 比特算术加运算。

$<<<k$：32 比特循环左移 k 比特运算。

$\leftarrow$：左向赋值运算符。

3. 常数与函数

初始值：

IV = 7380166f 4914b2b9 172442d7 da8a0600 a96f30bc 163138aa e38dee4d b0e4e

常量：

$$T_j=\begin{cases}79cc4519 & 0\leqslant j\leqslant 15\\ 7a879d8a & 16\leqslant j\leqslant 63\end{cases}$$

布尔函数：

$$\mathrm{FF}_j(X,Y,Z)=\begin{cases}X\ominus Y\oplus Z & 0\leqslant j\leqslant 15\\ (X\wedge Y)\vee(X\wedge Z)\vee(Y\wedge Z) & 16\leqslant j\leqslant 63\end{cases}$$

$$\mathrm{GG}_j(X,Y,Z)=\begin{cases}X\oplus Y\otimes Z & 0\leqslant j\leqslant 15\\ (X\wedge Y)\vee(\neg X\wedge Z) & 16\leqslant j\leqslant 63\end{cases}$$

式中 X，Y，Z 为字。

置换函数：

$$P_0(X)=X\oplus(X<<<9)\oplus(X<<<17)$$
$$P_1(X)=X\oplus(X<<<15)\oplus(X<<<23)$$

式中 X 为字。

4. 算法描述

（1）概述

对长度为 $l(l<2^{64})$ 比特的消息 m，SM3 杂凑算法经过填充、迭代压缩和输出选裁，生成杂凑值，杂凑值输出长度为 256 比特。

（2）填充

假设消息 m 的长度为 l 比特。则首先将“1”添加到消息的末尾，再添加 k 个“0”，k 是满足 $l+1+k\equiv 448(\bmod 512)$ 的最小的非负整数。然后再添加一个 64 比特的比特串，该比特串是长度 l 的二进制数表示。填充后的消息 m' 的比特长度为 512 的倍数。

例如：对消息 01100001 01100010 01100011，其长度 $l=24$，经填充得到比特串：

$$01100001\ 01100010\ 011000111\ \overbrace{00\cdots00}^{423\text{比特}}\ \ \underbrace{\overbrace{00\cdots011000}^{64\text{比特}}}_{l\ \text{的二进制数表示}}$$

(3) 迭代压缩

① 迭代过程

将填充后的消息 m' 按 512 比特进行分组：

$$m' = B^{(0)}B^{(1)}\cdots B^{(n-1)}$$

其中 $n=(l+k+65)/512$。

对 m' 按下列方式迭代：

FOR $i=0$ TO $n-1$

$V^{(i+1)}=\mathrm{CF}(V^{(i)},B^{(i)})$

ENDFOR

其中 CF 是压缩函数，$V^{(0)}$ 为 256 比特初始值 IV，$B^{(i)}$ 为填充后的消息分组，迭代压缩的结果为 $V^{(n)}$。

② 消息扩展

将消息分组 $B^{(i)}$ 按以下方法扩展生成 132 个消息字 $W_0,W_1,\cdots,W_{67},W'_0,W'_1,\cdots,W'_{63}$，用于压缩函数 CF。

将消息分组 $B^{(i)}$ 划分为 16 个字 $W_0,W_1,\cdots,W_{15}$。

FOR $j=16$ TO 67

$W_j \leftarrow P_1(W_{j-16}\oplus W_{j-9}\oplus(W_{j-3}<<<15))\oplus(W_{j-13}<<<7)\oplus W_{j-6}$

ENDFOR

FOR $j=0$ TO 63

$W'_j=W_j\oplus W_{j+4}$

ENDFOR

③ 压缩函数

令 A，B，C，D，E，F，G，H 为字寄存器，SS1，SS2，TT1，TT2 为中间变量，压缩函数 $V^{i+1}=\mathrm{CF}(V^{(i)},B^{(i)})$，$0\leqslant i\leqslant n-1$。计算过程描述如下：

ABCDEFGH$\leftarrow V^{(i)}$

FOR $j=0$ TO 63

SS1$\leftarrow((A<<<12)+E+(T_j<<<j))<<<7$

SS2$\leftarrow$SS1$\oplus(A<<<12)$

TT1$\leftarrow \mathrm{FF}_j(A,B,C)+D+\mathrm{SS2}+W'_j$

TT2$\leftarrow \mathrm{GG}_j(E,F,G)+H+\mathrm{SS1}+W_j$

$D\leftarrow C$

$C\leftarrow B<<<9$

$B\leftarrow A$

$A\leftarrow$TT1

$H\leftarrow G$

$G\leftarrow F<<<19$

$F\leftarrow E$

$E\leftarrow P_0(\mathrm{TT2})$

ENDFOR

$V^{(i+1)} \leftarrow \mathrm{ABCDEFGH} \oplus V^{(i)}$

其中，字的存储为 big-endian 格式，左边为高有效位，右边为低有效位。

④ 杂凑值

$\mathrm{ABCDEFGH} \leftarrow V^{(n)}$

输出 256 比特的杂凑值 $y = \mathrm{ABCDEFGH}$。

3.5 密码技术应用

密码技术是网络安全的核心技术，贯穿于网络安全的全过程，被广泛应用于保护网络安全的各个方面。网络中身份识别、信息存储和传输的加密保护、信息的完整性、信息的不可抵赖性等都要依靠密码技术来实现。除此之外，密码还能够实现访问控制、授权管理、责任认定和网络安全隔离。另外，采用密码保障网络安全与其他方式相比，能够以较少的投入，产生巨大的经济效益和社会效益。

当然，在网络安全中密码不是万能的，但离开密码万万不能。密码技术能够有效实现"进不来、窃不走、看不懂、打不乱、赖不了"的安全目标。但密码技术需要与其他安全技术交流融合，互相渗透，才能提供完整的网络安全解决方案。

作为示例，本节介绍密码技术在数字签名方面的应用，以及公钥基础设施（PKI）技术。这两种应用已经非常广泛，读者会在很多场合遇到。

3.5.1 数字签名

数字签名技术是对数字信息进行签名，它的实现基础是加密技术。

以往的书信或文件是根据亲笔签名或印章来证明其真实性的。但在计算机网络中传送的报文又该如何盖章呢？这就是数字签名所要解决的问题。数字签名必须保证以下几点：

① 接收者能够核实发送者对报文的签名；

② 发送者事后不能抵赖对报文的签名；

③ 接收者不能伪造对报文的签名。

1. 基本原理

大多数数字签名应用都是使用非对称密码算法实现的，在这里我们介绍使用非对称加密算法进行数字签名的基本原理。

假设发送者为 A，接收者为 B，设 A 的公钥为 PK_A，私钥为 SK_A，B 的公钥为 PK_B，私钥为 SK_B。

A 用 SK_A 对消息 M 进行以下运算并发给 B：

$$D_{SK_A}(M)$$

$D_{SK_A}(M)$ 就是 A 的数字签名。B 收到 $D_{SK_A}(M)$ 后，用 A 的公钥进行运算：

$$E_{PK_A}(D_{SK_A}(M)) = M$$

因为除 A 外，没有人拥有 A 的解密密钥 SK_A，且 A 的公钥 PK_A 和私钥是成对产生的，所以用A 的私钥运算后得到密文只有用 A 的公钥运算才能得到明文信息 M，没有任何密钥通过运算得到明文 M。这样，就证明了这个消息的确来源于 A，A 事后也无法否认。接收者由于不具备 A 的私钥，其伪造的签名无法被 B 恢复出 M。

同样，设 A 为接收者，B 为发送者，A 也可以利用 PK_B来恢复被 B 用 SK_B的消息，从而验证 B 的签名。

下面用 RSA 算法来实现数字签名和验证过程。

① 设计密钥。先选取两个互素的大素数 p 和 q，令 $n=p\times q$，$\varphi(n)=(p-1)(q-1)$，接着寻求整数 e，使 e 与 $\varphi(n)$互素。另外，再寻找整数 d，使其满足 $ed\equiv 1(\mathrm{mod}\ \varphi(n))$，$e$ 和 n 便是公钥，d 是私钥。

② 设计签名。对消息 M 进行签名，其签名过程是：

$$S=\mathrm{Sig}(M)=M^d(\mathrm{mod}\ n)$$

③ 验证签名。对 S 按下式进行验证：

$$M'=S^e(\mathrm{mod}\ n)$$

如果 $M=M'$，则签名为真。

上述过程与 RSA 加密的相同点是：都使用一对密钥，即公钥和私钥。但不同点是：RSA 加密时是用公钥加密，用私钥解密；而 RSA 签名时则是用私钥签名，用公钥验证。

这里给出一个具体的实例说明上述的 RSA 签名和验证过程。

① B 选择 $p=11$ 和 $q=13$。

② 那么，$n=11\times13=143$，$\varphi(n)=10\times12=120$。

③ 再选取一个与 120 互素的数，如 $e=7$。

④ 找到一个值 $d=103$，满足 $ed\equiv 1(\mathrm{mod}\ \varphi(n))$（$7\times103=721$ 除以 120 余 1）。

⑤ 143 和 7 为公钥，103 为私钥。

⑥ B 在一个目录中公开公钥 $n=143$ 和 $e=7$。

⑦ 现假设 B 想发送消息 85 给 A，其用自己的密钥 $d=103$ 进行签名：

$$85^{103}(\mathrm{mod}\ 143)=6$$

于是发送消息 85 和签名 6 给 A。

⑧ 当 A 接收到消息 85 和签名 6 时，用 B 公开的公钥 $e=7$ 进行验证：

$$6^7(\mathrm{mod}\ 143)=85$$

与 B 发送的消息一致，于是确定该消息是由 B 所发送，且没有被修改。

事实上，以上的过程只是一种理想的状态，在现实中并不可行。这是由于对整个消息进行签名时速度会非常慢。此外，对于 RSA 算法而言，还存在乘法攻击的可能性，这是由于 RSA 算法中乘幂保留了输入的乘法结构，感兴趣的读者可以参考有关文献，进一步了解 RSA 算法的这一弱点。

因此，发送者在发信前一般使用杂凑算法求出待发信息的数字摘要，然后用私钥对这个数字摘要而不是待发信息本身进行加密，将加密的结果作为数字签名。发信时，将这个数字签名信息附在待发信息后面，一起发送过去。接收者收到信息后，一方面用发送者的公钥对数字签名解密，得到一个摘要 H；另一方面把收到的信息本身用杂凑算法求出另一个摘要 H'，再把 H 和 H'进行比较，看看两者是否相同。根据杂凑函数的特性，可以让简短的摘要

"代表"信息本身，如果两个摘要 H 和 H' 完全符合，证明信息是完整的，且发送者不可否认；如果不符合，就说明信息被人篡改了，或者信息不是来自于发送者。

RSA 是一种比较简单的数字签名方案，除此之外还有很多其他的方案。总体而言，在各种数字签名方案中，基于离散对数的数字签名方案和基于大数分解的签名方案是最为常见的两大类。1991 年美国国家标准与技术研究院（NIST）提出了数字签名算法（Digital Signature Algorithm，DSA），用于其数字签名标准（Digital Signature Standard，DSS），这就是一种基于离散对数的方案。此外还有 ElGmal 签名方案、Okamoto 签名方案等都是基于离散对数的。Guillou-Quisquater 签名方案、Fiat-Shamir 签名方案等是基于大数分解的。除此之外，还有许多其他的签名方案，如盲签名、不可否认签名、防失败签名及群签名等，感兴趣的读者可以参考有关文献。

2. 数字信封

数字签名原理中定义的是对原文做信息摘要并签名，然后传输原文。但在很多场合下，还要求对传输的原文进行保密，即同时实现数字签名和加密。这就涉及"数字信封"或"电子信封"的概念，其基本原理是将原文用对称密钥加密传输，而将对称密钥用收方公钥加密发送给对方。收方收到电子信封，用自己的私钥解密信封，取出对称密钥，解密得原文，其详细过程如下：

① 发送方 A 将原文信息进行杂凑运算，得到一个杂凑值，即信息摘要 MD；

② 发送方 A 用自己的私钥 SK_A 对信息摘要 MD 进行加密，即得数字签名 DS，这里假设使用的非对称算法是 RSA 算法；

③ 发送方 A 用对称算法（设为 DES 算法）的对称密钥 K_{AB} 对原文信息、数字签名 DS 采用对称算法加密，得加密信息 E；

④ 发送方用收方 B 的公钥 PK_B，采用 RSA 算法对对称密钥 K_{AB} 加密，形成数字信封 DE，就好像将对称密钥 K_{AB} 装到了一个用接收方公钥加密的信封里；

⑤ 发送方 A 将加密信息 E 和数字信封 DE 一起发送给接收方 B；

⑥ 接收方 B 收到数字信封 DE 后，首先用自己的私钥 SK_B 解密数字信封，取出对称密钥 K_{AB}；

⑦ 接收方 B 用对称密钥 K_{AB} 通过 DES 算法解密加密信息 E，还原出原文信息、数字签名 DS；

⑧ 接收方 B 用发送方 A 的公钥 PK_A 解密数字签名，得到信息摘要 MD；

⑨ 接收方 B 同时将原文信息用同样的杂凑运算，求得一个新的信息摘要 MD′；

⑩ 接收方 B 将两个信息摘要 MD 和 MD′进行比较，验证原文是否被修改。如果二者相等，说明数据没有被篡改，是保密传输的，签名是真实的；否则拒绝该签名。

经过以上过程，就做到了敏感信息在数字签名的传输中不被篡改，未经认证和授权的人看不见原数据，起到了在数字签名传输中对敏感数据的保密作用，这个过程如图 3-14 所示。

3. 数字签名与电子签名的关系

为了促进我国信息化发展，保护电子商务和电子政务中各方当事人的合法权益，构建诚信体系，全国人大常委会于 2004 年 8 月通过了《中华人民共和国电子签名法》，2005 年 4

月 1 日正式实施，这是我国信息化领域的首部法律。电子签名和数字签名的内涵并不一样，数字签名是电子签名技术中的一种，不过两者的关系也很密切。

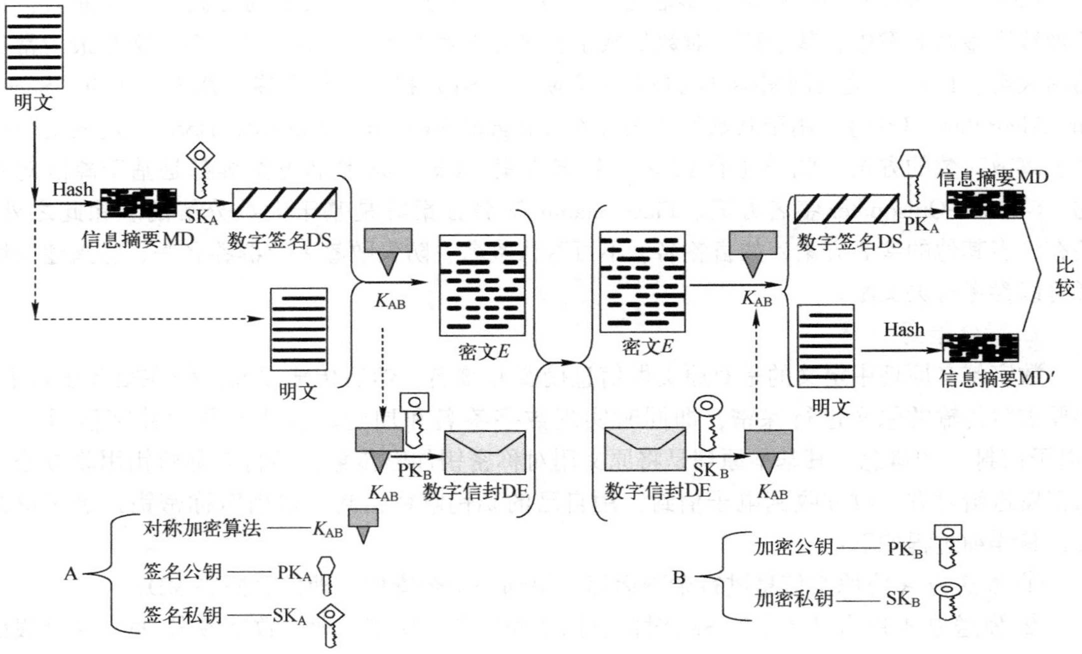

图 3-14　数字信封示意图

要理解什么是电子签名，需要从传统手工签名或盖印章谈起。在传统商务活动中，为了保证交易的安全与真实，一份书面合同或公文要由当事人或其负责人签字、盖章，以便让交易双方识别是谁签的合同，保证签字或盖章的人认可合同的内容，在法律上才能承认这份合同是有效的。而在电子商务的虚拟世界中，合同或文件是以电子文件的形式表现和传递的。在电子文件上，传统的手写签名和盖章是无法进行的，这就必须依靠技术手段来替代。能够在电子文件中识别双方交易人的真实身份，保证交易的安全性、真实性及不可抵赖性，起到与手写签名或者盖章同等作用的签名的电子技术手段，称为电子签名。

从法律上讲，签名有两个功能：即标识签名人和表示签名人对文件内容的认可。联合国贸发会的《电子签名示范法》中对电子签名进行了如下定义："指在数据电文中以电子形式所含、所附或在逻辑上与数据电文有联系的数据，它可用于鉴别与数据电文相关的签名人和表明签名人认可数据电文所含信息"。在欧盟的《电子签名共同框架指令》中就规定："以电子形式所附或在逻辑上与其他电子数据相关的数据，作为一种判别的方法"称电子签名。我国《中华人民共和国电子签名法》对电子签名的定义是："指数据电文中以电子形式所含、所附用于识别签名人身份并表明签名人认可其中内容的数据"。

实现电子签名的技术手段有很多种，除数字签名外，还可以使用以下几种方法。

① 手写签名或图章的模式识别。即将手写签名或印章作为图像，用光扫描经光电转换后在数据库中加以存储，当验证此人的手写签名或盖印章时，也用光扫描输入，并将原数据库中的对应图像调出，用模式识别的数学计算方法，进行二者比对，以确认该签名或印章的

真伪。这种方法曾经在银行会计柜台使用过，但由于需要大容量的数据库存储，以及每次手写签名和盖印章的差异性，证明了它的不实用性，这种方法也不适用于在互联网上传输。

② 生物识别技术。这是一种利用人体生物特征进行身份认证的技术。生物特征是一个人与他人不同的唯一表征，它是可以测量、自动识别和验证的。生物识别系统对生物特征进行取样，提取其唯一的特征进行数字化处理，转换成数字代码，并进一步将这些代码组成特征模板存于数据库中，人们同识别系统交互进行身份认证时，识别系统获取其特征并与数据库中的特征模板进行比对，以确定是否匹配，从而决定确定或否认此人。生物识别技术主要有指纹识别、视网膜识别、声音识别等技术。

2005年7月，北京市海淀区人民法院审理了一起案件，韩某两次发手机短信给朋友杨某，向其借钱应急，杨某根据韩某的要求汇钱之后未要求韩某签署借条，后杨某多次催要未果，于是起诉至法院，并提交了银行汇款单存单两张。但韩某却称这是杨某归还以前欠款的汇款单存单。庭审中，杨某向法庭提交了其手机中留存的短信息内容。后经法官核实，杨某提供的发送短信的手机号码拨打后接听者是韩某本人，而韩某本人也承认该手机号码为自己所有。法院经审理认为，依据《中华人民共和国电子签名法》中的规定，经法院对杨某提供的手机短信息生成、储存、传递数据电文方法的可靠性，保持内容完整性方法的可靠性，用以鉴别发件人方法的可靠性进行审查，可以认定该手机短信息内容作为证据的真实性。经对照手机短信息内容中载明的款项往来金额、时间与银行个人业务凭证中体现的杨某给韩某汇款的金额、时间，法院认定手机短信息可以认定为真实有效的证据，予以采纳。这个案例说明，只要符合了《中华人民共和国电子签名法》中规定的书面形式、原件形式、文件保存要求及证据效力，都可以作为获得法律承认的电子签名，包括手机短信息。

当然，目前比较成熟的，世界先进国家普遍使用的电子签名技术还是“数字签名”技术。由于保持技术中立性是制定法律的一个基本原则，目前还没有任何理由说明公钥密码理论是制作电子签名的唯一技术，因此法律中规定了更一般化的“电子签名”概念以适应今后技术的发展。大多数情况下，人们提到的电子签名一般指的都是“数字签名”。

3.5.2 公钥基础设施（PKI）

大多数公钥密码系统都容易受到“中间人”（man-in-the-middle）攻击。如考虑A和B进行通信的情况。假设C能够拦截公钥的交换，C可以向A发送他自己的公钥，但故意将其表示成B的公钥。然后，他还可以向B发送了自己的公钥，故意表示成A的公钥。那么现在C便可以拦截A和B之间的所有通信了。如果A向B发送了一条加密的消息，由于实际上使用的是C的公钥，C获得消息后解密并进行存储，这样就可以稍后读取这条消息了。这之后，使用B的公钥加密其篡改后的消息，继续将其发送给B。B获得消息后能够为其译码，但不知道它实际上是来自C而非B。

上面的问题的实质是A没办法确定其得到的密钥是否真的属于B。公钥是公开的，因此不需确保秘密性。然而，却必须确保公钥的真实性和完整性，绝对不允许攻击者替换或篡改用户的公钥。如果公钥的真实性和完整性受到危害，则基于公钥的各种应用的安全将受到危害。这实际上是一种信任问题。A和B可以相互信任，但他们如何能够知道与其通信的人到底是不是对方所声称的人呢？他们如何才能确保所收到的公钥真正属于他们要发消息的人呢？在一个小的团体内部，这个问题很容易解决，但在互联网这样的环境中，显然需要建立一种信任机制。

这就是公钥基础设施（PKI）要解决的核心问题。它是一种可信的第三方，保持着对每个用户密钥的跟踪，其两种基本操作是：证明（将公钥值与所有者绑定的过程）和验证（验证证书依然有效的过程）。当前，PKI 已经成为一种用公钥概念和技术实施、提供安全服务的具有普适性的安全基础设施，以核心的密钥和证书管理服务为基础，PKI 及其相关应用保证了网上数字信息传输的保密性、完整性、真实性和不可否认性。

在电子商务应用环境中，交易双方互不隶属，仅仅依靠交易双方无法实现信任凭证，必须要依靠一个交易双方都认可的可信第三方机构来提供信任证明，PKI 便提供了第三方信任机制。但是，特别需要引起注意的是，社会活动中还有很多不需要引入第三方信任的场合，如在一个单位的内部。在这种情况下，虽然也需要使用证书与公钥技术，但不必引入 PKI 架构，否则有可能带来巨大的资源浪费。

1. PKI 的组成和功能

从广义上讲，PKI 体系是一个集网络建设、软硬件开发、网络安全技术、策略管理和相关法律政策为一体的大型的、复杂的、分布式的综合系统。在这里仅讨论狭义范围的 PKI。一般而言，一个比较完整的 PKI 至少应包括以下 7 个部分的内容。

（1）认证机构（CA）

PKI 的核心是信任关系的建立和管理。假设甲国公民 A 和乙国公民 B 互相不认识，更不信任对方，如果存在公正的可信任的第三方 C（如护照签发机关），使 A 和 B 都直接信任 C，那么此时公民 A 和 B 就可以信任对方了，这就是所谓的第三方信任。由此可以看出，在建立第三方信任时，公正、可信任的第三方 C 对于信任关系的建立和巩固起到至关重要的作用。而认证机构就扮演着一个具有权威性的第三方角色，是 PKI 的主要组成部分之一，它的核心职责就是完成证书的管理（证书的概念请参考后面的介绍）。CA 使用自己的私钥对 RA（证书注册机构）提交的证书申请进行签名，来保证证书数据的完整性，任何对证书内容的非法修改，用户都会使用 CA 的公钥进行验证，这是证书合法性的基础。

广义的认证中心还应包括 RA，它是数字证书申请注册、签发和管理的机构，是 CA 和最终用户之间的接口。这项功能通常由人工完成，也可以由机器自动完成。在实际应用中，有些 PKI 的 RA 功能并不独立存在，而是合并在 CA 之中。

对 CA 来说最重要的事情是对自己的一对密钥的管理，CA 的私钥必须高度保密，以防止他人伪造证书。CA 的公钥在网上公开，因此整个网络系统必须保证完整性。CA 在为用户颁发数字证书时，用户的公钥有两种产生的方式：一是用户自己生成密钥对，然后将公钥以安全的方式传送给 CA，该过程必须保证用户公钥的验证性和完整性；二是 CA 替用户生成密钥对，然后将其以安全的方式传送给用户。该方式下由于用户的私钥为 CA 产生，所以对 CA 的可信性有更高的要求。

（2）证书和证书库

证书是数字证书或电子证书的简称，是构成 PKI 的基本元素。它是参与网上信息交流及商务交易活动的各个实体（如持卡人、企业、商家、银行等）的身份证明，证明该用户的真实身份和公钥的合法性，以及该用户与公钥的匹配关系。它相当于护照，而且是一种“电子护照”。

证书库是网上的一种公共信息存储仓库，用于存储、撤销CA已签发证书及公钥，可供公众进行开放式查询。一般而言，查询的目的有两个：一是获得商务活动时对方的公钥，以便加密数据并通过网络传送，完成商务活动；二是验证对方的证书是否已经作废，即该证书是否已经不再被使用。

（3）密钥备份及恢复系统

密钥备份及恢复是PKI密钥管理的重要内容之一。如果某用户由于某种原因不慎丢失解密密钥，则意味着加密数据的完全丢失，那么就有可能造成合法的数据大量丢失，导致不可挽回的巨大经济损失。为了避免灾难的发生，PKI提供了密钥备份及恢复系统。当用户证书生成的同时，解密密钥就被CA备份并存储起来，当需要恢复时，用户只需要向CA提出申请，CA就会为用户自动进行恢复。当然，签名私钥为确保其唯一性则不能够做备份和恢复。

（4）密钥和证书的更新系统

与日常生活中使用的各种各样的身份证件相似，证书也有自己的使用期限，而且由于某种原因，证书在有效期内也可能作废，例如，密钥丢失、用户的个人身份信息发生改变、CA对用户不再信任或者用户对该CA不再信任等各种情况。为此，证书和密钥必须保持一定的更新频率。证书的更新一般可以有3种方式：更换一个或多个主题的证书；更换由某一对密钥签发的所有证书；更换某一个CA签发的所有证书。即使在用户正常使用证书的过程中，PKI也会自动不定时到目录服务器中检查证书的有效期，当有效期将满时，CA会自动启动更新程序，将旧证书列入作废证书列表（俗称黑名单），同时生成一个新证书来代替原来的旧证书，并通知用户。

（5）证书历史档案

经过若干时间以后，每一个用户都会形成多个旧证书和一个当前证书。这些旧证书及相应的私钥就组成了用户密钥和证书的历史档案。记录整个密钥历史是非常重要的。例如，某用户几年前用自己的公钥加密的数据或者其他人用自己的公钥加密的数据就无法用现在的私钥解密，那么该用户就必须提出申请，从他的密钥历史档案中，查找到当年使用的私钥来解密这些数据，保证数据使用的连贯性。

（6）应用接口系统

为方便用户操作，解决PKI的应用问题，一个完整的PKI还必须提供良好的应用接口系统，以实现数字签名、加密传输数据等安全服务，使得各种应用能够安全、一致、可信地与PKI交互，确保安全网络环境的完整性、易用性和可信度。

（7）交叉认证

交叉认证是为了解决公共PKI体系中各个CA机构互相分割、互不关联的“信任孤岛”问题，实现多个PKI域之间互联互通，从而满足安全域可扩展性的要求。目前，比较典型的交叉认证的模型有：树状认证模型、网状认证模型、桥式模型、信任列表模型、相互承认模型等。

2. 数字证书

如前所述，在 PKI 系统中，数字证书简称为证书。它是一个数据结构，是一种由一个可信任的权威机构签署的信息集合。PKI 系统中的公钥证书是一种包含持证主体标识、持证主体公钥等信息，并由可信任的 CA 签署的信息集合，主要用于确保公钥与用户的绑定关系，它的持证主体可以是人、设备、组织机构或其他主体。

任何一个用户只要知道签证机构 CA 的公钥，就能检查证书签名的合法性。如果检查正确，那么用户就可以相信那个证书所携带的公钥是真实的，而且这个公钥就是证书所标识的那个主体的合法的公钥。

由于 PKI 适用于异构环境中，所以证书的格式在所使用的范围内必须统一。目前应用最广泛的证书格式是国际电信联盟 ITU 提出的 X. 509 版本 3 格式。X. 509 标准最早于 1988 年颁布，在此之后又于 1993 年和 1995 年进行过两次修改，此后，互联网工程任务组（IETF）针对 X. 509 在互联网环境的应用，颁布了一个作为 X. 509 子集的 RFC2459，从而使 X. 509 在 Internet 环境中得到广泛应用。

一个标准的 X. 509 数字证书包含以下内容。

① 证书的版本信息。

② 证书的序列号，每个证书都有一个唯一的证书序列号。

③ 证书所使用的签名算法。

④ 证书的发行者名称，命名规则一般采用 X. 500 格式。

⑤ 证书的有效期。

⑥ 证书持有人的名称，命名规则一般采用 X. 500 格式。

⑦ 证书持有人的公开密钥。

⑧ 证书发行者对证书的签名。

X. 509 证书的标准格式如图 3-15 所示。

我国于 2006 年 8 月发布了国家标准《信息安全技术 公钥基础设施 数字证书格式》，这一标准主要根据 RFC2459 制定，并结合我国数字证书应用的特点进行了相应的扩充和调整。

3. PKI 应用示例

PKI 技术的广泛应用能满足人们对网络交易安全保障的需求。当然，作为一种基础设施，PKI 的应用范围非常广泛，并且在不断发展之中，这里给出 PKI 在安全电子邮件中的应用示例。

电子邮件方便快捷的特性已使其成为重要的沟通和交流工具，但目前的电子邮件系统却存在着较大的安全隐患：邮件内容以明文形式在网上传送，易遭到监听、截取和篡改；无法确定电子邮件的真正来源，也就是说，发信者的身份可能被人伪造。因此，安全电子邮件协议 S/MIME（安全/多用途互联网邮件扩展，The Secure Multipurpose Internet Mail Extension）应运而生。S/MIME 为电子邮件提供了数字签名和加密功能，其实现需要依赖于 PKI 技术。

目前，S/MIME 已经被广泛应用于各种客户端和平台，大多数电子邮件客户端软件都支持 S/MIME 协议的最新版本，因此大多数不同的电子邮件客户程序彼此之间都可以收发安全电子邮件。

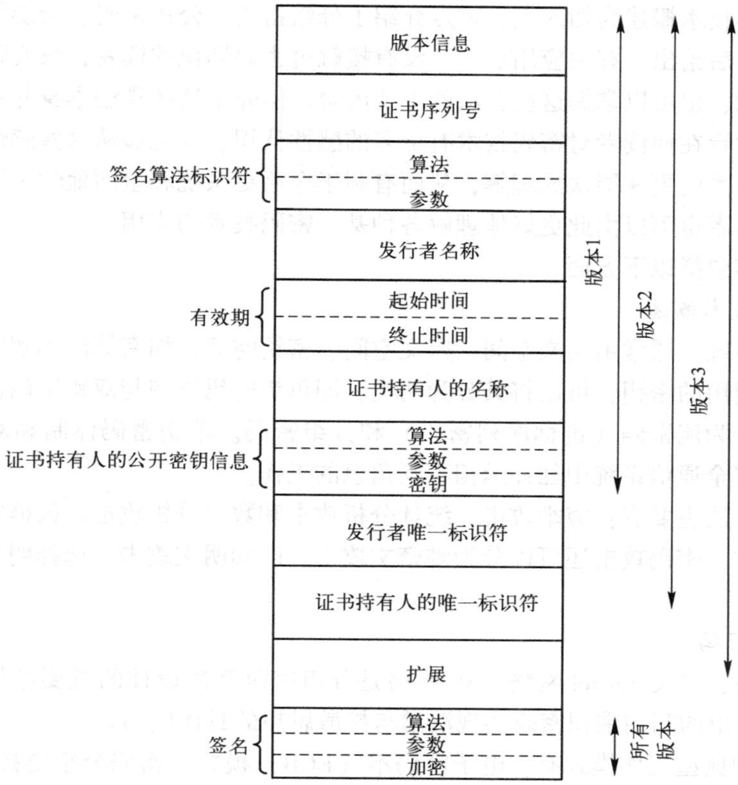

图 3-15 X.509 证书的标准格式

Outlook Express 是户常用的客户端电子邮件收发软件，能够自动查找安装在计算机上的数字证书，将这些证书同邮件账号相绑定，并自动将别人发送的数字证书添加到通讯簿中。

在使用 Outlook 安全电子邮件功能之前，用户需要有自己的数字标识。数字标识可以从证书颁发机构 CA 那里获得，它包含一个私钥（该私钥一直保留在用户的计算机上），以及一个证书（含有公钥）。

为了发送签名邮件，用户必须有自己的数字证书；为了发送加密电子邮件，用户需要有收件人的数字证书。获得收件人数字证书的方法可以是让对方发送带有其数字签名的邮件，将该邮件打开后，在右边会看到对方的证书标志，单击该标识，找到“安全”项，单击“查看证书”按钮，可以查看“发件人证书”；单击“添加到通讯簿”按钮后，在通讯簿中保存发件人的加密首选项，这样对方数字证书就被添加到通讯簿中了。有了对方的数字证书后，就可以向对方发送加密邮件。

本章小结

本章围绕一些主要的密码算法及其应用进行介绍。密码技术包含很多知识，对数学基础也有一定的要求，在一个章节中全面介绍密码技术是不可能的，而且这也超出了本书的目标。本章以密码技术概述为切入点，重点介绍了分组密码、公钥密码、杂凑函数中几个著名的算法，并在最后给出了有关应用示例。没有接触过密码知识的读者，只要耐心阅读，即使不参考其他文献，也可以掌握这些算法的主要内容。但介绍这些算法本身并不是编写本章的目的，编写本章旨在使读者对密码技术有更多的感性认识，并能够从这些感性认识上升到对网络安全技术体系的更深层次的理解，从而有利于今后更系统和全面地学习网络安全专业知识，非专业的读者也可以由此更好地理解各种基于密码技术的应用。

本章的内容包括以下方面。

(1) 密码技术概述

一个密码系统，通常由明文空间、密文空间、密钥空间、加密算法和解密算法组成。根据密码体制所使用的密钥，可以将其分为两类，即单钥密码体制与双钥密码体制。单钥密码体制又进一步分为流密码（也称序列密码）和分组密码。单钥密码体制和双钥密码体制各有优缺点，在安全通信系统中往往承担不同角色的工作。

密码攻击方法主要有：穷举攻击、统计分析攻击和数学分析攻击。根据密码分析者可利用的数据来分类，密码攻击还可以分为唯密文攻击、已知明文攻击、选择明文攻击和选择密文攻击。

(2) 分组密码

Feistel 网络、广义 Feistel 网络、SP 网络是分组密码算法设计的重要结构，它们的思想都是 Shannon 提出的利用乘积密码实现混淆与扩散思想的具体应用。

分组密码的典型工作模式有：电子密码本（ECB）模式、密码分组链接（CBC）模式、密文反馈（CFB）模式和输出反馈（OFB）模式。

(3) 公钥密码

在公钥密码中，介绍了 RSA 算法和椭圆曲线 SM4 算法。

(4) 杂凑函数

杂凑函数在网络安全领域具有重要应用，它是实现数据完整性和身份认证的核心技术，本章介绍了常用的 MD5 算法、SM3 算法，包括算法的详细描述及有关安全性的说明。

(5) 密码技术应用

本章介绍了密码技术在数字签名方面的应用及公钥基础设施（PKI）技术。数字签名方案比较多，本章仅以 RSA 算法为例介绍了数字签名的基本原理，还介绍了能够同时实现数字签名和加密功能的“数字信封”技术，此外还结合《中华人民共和国电子签名法》，说明了数字签名与电子签名之间的区别和联系。

在 PKI 部分，介绍了 PKI 的基本组成和功能，说明了数字证书的标准格式，并以安全电子邮件为例介绍了 PKI 在实际生活中的应用。

习题

1. 密码学经过了几个发展阶段？
2. 概述一个安全保密系统的主要组成。

3. DES 密码体制中的 f 函数如何将 32 比特扩展成 48 比特?

4. 概述公钥密码产生的原因。它有哪些优势和不足?

5. 在一个 RSA 加密的系统中，假如截获了一个密文 $C=10$，它对应的公钥是 $e=5$，$n=35$，请问明文是什么?

6. 为了加强 RSA 的安全性，对 p 和 q 的选取有哪些要求?

7. 杂凑函数为什么可以用于消息完整性的验证?

8. 杂凑函数有哪些特征?

9. 数字签名的基本原理是什么?

10. 概述数字信封的应用过程。

11. PKI 应用的信任环境是什么?它由哪些部分组成?

第4章　信息系统安全

本章要点

- BLP 模型
- Biba 模型
- 安全操作系统主要技术
- 应用安全主要技术
- 骨干网安全技术要求

4.1 信息系统安全模型

信息系统安全模型也称信息系统安全策略模型。安全策略在本质上可以是非形式化的（如以严格的数学语言描述），也可以是形式化的（如以自然语言描述）。安全策略根据保密性、完整性和可用性的具体需求而提出，并通过访问控制机制实现。

安全模型实质上就是访问控制模型，其之所以重要，是因为它决定了访问的规则。在操作系统中，一个进程能不能访问某个文件，对这个文件是否具有读、写、修改等权限，都是由操作系统的安全模型（即访问控制规则）决定的。因此，安全模型是信息系统安全的基本问题。

本节介绍几个典型的形式化安全策略模型，包括 BLP 安全策略模型、Biba 安全策略模型，并简单介绍了其他具有一定影响的安全策略模型。

4.1.1 BLP 安全策略模型

Bell-LaPadula 安全模型，简称 BLP 安全模型，是第一个有数学基础的访问控制模型，也是最著名的安全策略模型。它是由 Bell 和 LaPadula 在 1973 年提出的，Denning 于 1975 年针对 BLP 模型提出了一个基于格的严格数学描述。该模型影响了许多其他模型的发展，甚至很大程度上影响了计算机安全技术的发展。

信息系统中的所有实体都可以分为主体和客体。所谓主体，就是系统中具有主动性的实体，如用户、进程等，它们可以主动发起操作；所谓客体，则是被动的、作为操作对象的实体，如文件、存储设备等，我们可以把它们看成存储信息内容的容器。访问是主体对客体的读、写、执行等操作，会导致信息在主客体之间流动。权限则规定了特定主体对特定客体能够做何种访问。

BLP 安全模型结合了强制访问控制和自主访问控制。所谓自主访问控制，是指对某个客体具有拥有权的主体能够将对该客体的访问权自主地授予其他主体，并可在随后的任何时刻收回权限。例如，用户在计算机中生成了某个文件，可以通过“文件属性”对话框定义其他用户对该文件的权限，如图 4-1 所示。

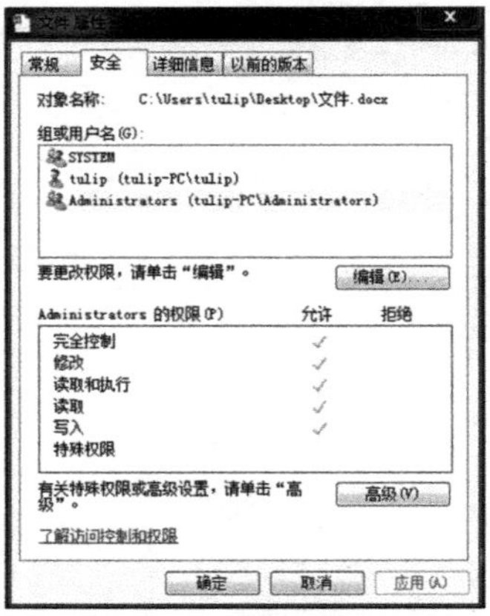

图 4-1　自主访问控制示例

自主访问控制是保护计算机资源不被非授权访问的有效手段。但其缺点是：这种控制是自主的，虽然给了用户很大的灵活性，但同时也削弱了安全性。为此，人们意识到，对高安全等级系统而言，必须采取更强有力的访问控制手段，这就是强制访问控制。

强制访问控制是由系统本身决定系统中任一主体对任一客体的访问权。这往往依靠为主体、客体赋予安全标记来实现。系统在裁决主体对客体是否具有访问权限时，需要根据其采用的具体安全模型的访问控制规则，比较主客体的安全标记。

我们在这里主要讨论 BLP 安全策略模型的强制访问控制部分。

BLP 模型是因军队保密需求而来的。在现实世界中，保密文档一般需要划分密级，假设一个部门的文档其密级由高到低分为绝密、机密、秘密和公开四类，则保密需求就是高密级的信息不能流向低密级的文档。BLP 安全模型的目的就是实现这一信息流安全策略。

在 BLP 模型中，安全级包括两个部分，保密级别（称等级分类）和范畴（称非等级分类）。

① 保密级别：如绝密、机密、秘密等。

② 范畴（按“应需可知”，即“need to know”的规则来定义）：信息的类别及接触信息的人的类别。

所谓范畴（即非等级的安全类别），简言之就是对主客体所处的部门的一种描述。为什么需要用非等级类别与等级分类组合来作为主客体的安全标识呢？这在现实生活中很容易找到例证：一个人也许拥有很高的密级，但不一定允许他查阅不属于其工作范围的其他部门的低密级信息，这就是著名的“应需可知”原则。例如，国防部长密级很高，但其不能查阅农业部的很低密级的文件，因为不在范畴内。

在系统设计时，安全级的一般形式为保密级别后跟一个范畴名表。安全级的授予遵循最小特权原则：主体只应访问完成工作所需的最少客体，防止用户取得其不应得到的、密级较高的信息。

BLP 的基本规则可以表述为图 4-2。

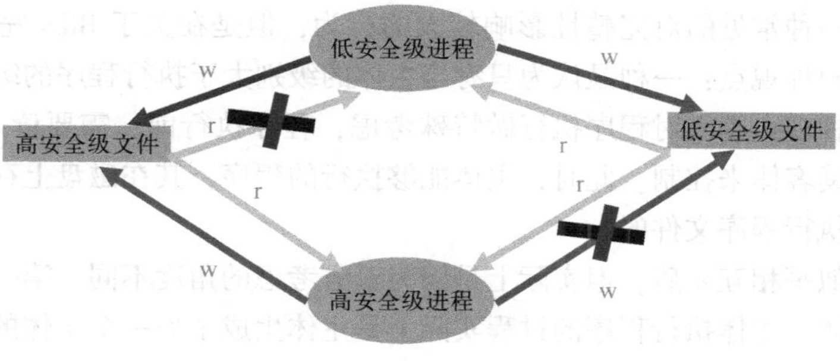

图 4-2 BLP 模型的基本规则

图 4-2 中，w 表示写操作，r 表示读操作。其基本规则可陈述如下。

规则 1：一个主体对客体进行读访问的必要条件是主体的安全级大于或等于客体的安全级，即主体的保密级别不小于客体的保密级别，主体的范畴集合包含客体的全部范畴。

规则 2：一个主体对客体进行写访问的必要条件是客体的安全级大于或等于主体的安全

级，即客体的保密级别不小于主体的保密级别，客体的范畴集合包含主体的全部范畴。

规则 1 称为简单安全规则，规则 2 称为 *-属性（星属性）。

BLP 模型的强制访问控制规则实际上是一种信息流策略。在一个系统中，信息可以被认为是从一个客体流到另一个客体，而客体间的信息流动则可以看成通过主体的读写操作实现的。如果系统中所有访问都遵循 BLP 模型的两条规则，可以证明，信息将不会从高安全级别的客体流到低安全级别的客体中。

BLP 模型中，安全标识与其间的支配、包含关系形成一个数学上的有限格，BLP 模型的两条规则也可以转化为格中信息的单向流动规则。通过格模型，可以形式化地描述 BLP 模型的安全策略。Biba 模型、中国墙模型等也可以通过有限格来描述，这些模型均属于基于格的访问控制模型，简称 LBAC 模型。

BLP 模型实现了一个单向的信息流策略，合法的信息流从低安全级别主体/客体流到高安全级别的主体/客体，逆向的信息流动是被禁止的。但是，在实际信息系统中，经常有逆向信息流动的实际需求，如上级向下级发布通知，下达命令等。在实际工程实践中，逆向信息流一般都是通过划定可信主体，并授予其特权来实现的。

4.1.2 Biba 安全策略模型

Biba 模型是一个针对完整性安全需求的模型。1977 年，Biba 对系统的完整性进行了研究，他提出了三种策略，其中一种是 Bell-LaPadula 模型在数学上的对偶。

Biba 模型隐含地融入了“信任”这个概念。事实上，用于衡量完整性等级的术语是“可信度”。例如，一个进程所处等级比某个客体的等级要高，则可以认为进程比该客体更“可信”。

Biba 模型用线性的完整性等级标识主体和客体，其访问规则为：

① 当主体完整性级别低于客体完整性级别时，主体可以读客体；

② 当主体完整性级别高于客体完整性级别时，主体可以写客体。

程序执行是一种常见的对完整性影响较大的行为，但是在关于 Biba 完整性模型的学术文章中，对其有两种观点：一种是认为只有当主体的级别大于执行程序的级别时，主体才能执行程序；另一种观点则不对程序执行做特殊考虑，程序执行前，需要读入执行程序文件，对这一行为按照读客体来控制。此时，主体能够执行的程序，其在磁盘上存储的文件必然是级别不低于它的执行程序文件的。

这两个观点似乎相互矛盾，但实际上是因为双方考虑的角度不同。第一种观点把执行程序看成另一个主体，主体执行程序的过程实际上是主体生成了另一个主体的过程，而执行程序的行为影响的是所执行程序的完整性，因此，主体的完整性级别要高于执行程序的完整性级别，防范低完整性的主体影响执行程序。而第二种观点则把执行程序在磁盘上的存储对象视为客体，当主体读入客体后，执行该客体的行为是原有主体行为的延伸，而读入客体的行为影响的是主体的完整性。因此，主体的完整性级别要低于执行程序文件的完整性级别，防范低完整性的执行程序文件影响主体的完整性。

依据这两个观点来标识执行程序时，按照第一种观点，标识的是执行程序本身，控制的行为是执行这个动作，执行程序的安全级别也是根据执行程序的运行情况来确定的；按照第二种观点，标识的是执行程序文件，控制的行为是读入执行程序文件这个动作，其安全级别是根据这些数据的来源而确定的。因此，这两种观点实际上并没有矛盾之处。

认真观察 Biba 模型，发现其与 BLP 模型的规则是完全相反的。这意味着，如果在一个系统中同时实现 BLP 与 Biba 模型，那么这个系统中的信息流动只能发生在同级别的主体和客体之间，这样的系统实际上是没有意义的。一般情况下，Biba 模型不会用到安全操作系统设计中，但大多数完整性保障机制都是基于 Biba 模型的基本属性构建的。

4.1.3 其他安全策略模型

本节简单介绍 Clark-Wilson 模型、中国墙模型和 RBAC 模型。

1. Clark-Wilson 模型

Clark-Wilson 模型是 1987 年由 David Clark 和 David Wilson 开发的一种完整性模型，它以事物处理为基本操作，比较符合商业系统的建模。

商业系统中最关键的问题是：系统数据的完整性及对这些数据操作的完整性。Clark-Wilson 模型将从属于其完整性控制的数据定义为约束型数据项，而不从属于其完整性控制的数据定义为非约束型数据项。另外，模型还定义了两组过程：一组是完整性验证过程，它检验约束型数据项是否符合完整性约束；另一组过程是转换过程，它们将系统数据从一个有效状态转换为另一个有效状态。根据一系列证明规则和实施规则，来确保系统的完整性。

Clark-Wilson 模型将证明规则和实施规则区分开来，证明规则需要外界介入，要假设某些东西是可信的，其证明过程一般比较复杂，同时容易出错或不完整。但这个模型明确进行了假设，而 Biba 模型没有证明规则，只能通过“可信”的断言来保证系统的操作遵守模型的规则。

2. 中国墙模型

中国墙模型是一种同等考虑保密性与完整性的安全策略模型。该策略模型主要解决商业利益冲突问题，是基于商业领域的特点（有别于军用系统）而提出的，通常用于股票交易所或者投资公司的经济活动等环境中。在这种环境下，中国墙模型的目标就是防止利益冲突的发生。例如，在投资银行中，当交易员代理两个客户的投资，并且这两个客户的利益相冲突时，交易员就可能利用其掌握两个客户信息的便利条件，帮助其中一个客户赢利，而导致另一个客户损失。这时候，其同时访问互为竞争者客户的信息的行为就应该被禁止。中国墙模型的两个属性是：用户必须选择一个其可以访问的区域；用户必须自动拒绝来自其他与用户所选区域的利益冲突的区域的访问。

在 BLP 中，数据的访问以数据的级别为依据，在中国墙模型中，数据的访问受主体已拥有哪些数据的访问权限所限制。该模型的基本思想是将数据集（Dataset）分成不同的“利益冲突类”，强制规则规定：所有主体只可以访问每个利益冲突类中至多一个数据集，至于选择哪个数据集则没有限制，只要满足强制规则即可。

Brower 等提出了一个实现中国墙模型的方法：信息以层次化的形式存储，底层是不同的单个客体，第二层次将这些客体分类为不同的“公司数据集”（Company Datasets），如Company-A 和 Company-B。最高层再将所有的数据集分类，每一类代表相互竞争的公司集合，即利益冲突类。该模型中具有两个基本访问规则：简单安全规则和星属性。前者表示：(主体）一旦访问了某个数据集，那么他将不能再访问与该数据集处于同一利益冲突类的其他任何数据集。后者表示：仅当同时满足下面两个条件时才可执行写访问，一是访问满足简单安全规则，二是写请求访问一个公司数据集，另一个不同的公司数据集中的客体（包含有未过滤的信息）不可被读入到此数据集中。

中国墙模型结合了自主访问控制与强制访问控制。例如，银行家可以选择为谁工作（自主）；但一旦选定，他就不能为该客户的竞争者工作（强制）。

3. RBAC 模型

与前述模型不同，基于角色的访问控制（RBAC）模型，是一种安全策略的实施方法，基于 RBAC 模型，可以实现自主访问控制，也可以实现多种强制访问控制机制。RBAC 模型通过角色概念来表达访问控制策略的语义结构，角色对应于组织中某一特定职能岗位，代表特定的任务范畴。用户和权限之间通过角色间接发生联系，实现了用户与权限的逻辑分离。这种方式更便于授权管理、角色划分及职责分担。

RBAC 的理论模型于 1993 年提出；1996 年，Sandhu 提出了被普遍接受的 RBAC 理论模型；2004 年，NIST 提出了 RBAC 的标准，该标准从功能上对 RBAC 进行了四个级别的划分，即：扁平的（Flat）、多级的（Hierarchical）、限制的（Constrained）和对称的（Symmetric）。

RBAC 提供了一个非常有用的抽象层次，以便于在企业级别而非个别用户级别去提升安全管理。它是一个已被证实可用于大规模授权控制应用的技术。

4.1.4 安全策略模型面临的挑战

安全策略模型在网络安全的理论研究和工程开发中起到了非常重要的作用，但是，在复杂的实际安全需求面前，安全策略模型仍有很多局限之处。Zdancewic 于 2004 年提出了信息流安全策略面临的三项挑战。由于大多数安全策略模型都是信息流模型，因此也可以把它视为安全策略模型普遍面临的挑战。

Zdancewic 提出的三项挑战如下。

① 信息流安全理论和现有体系结构的融合问题。当前的操作系统和软件库并不是按照信息流策略设计的，而是基于支持信息流控制的语言来重写所有这些代码，这显然是不现实的工作。

② 信息流模型需要避免绝对的无干扰限制，在许多应用中，合适的安全策略允许存储秘密信息的实体到普通观察者之间的信息流，而信息流技巧将阻止这些信息流。因此，一个过于严格的信息流分析将禁止一些符合安全需求的程序的执行。

③ 信息流模型需要能够解释和管理复杂的安全策略。一个实际的策略往往不能用简单的无干扰形式的模型来解释，而实际系统还存在与现存的安全体系结构，如由操作系统提供的访问控制机制进行交互的需求，这都需要信息流模型能够对复杂的安全策略有表示和管理的能力。

4.2 安全操作系统

我们日常见到的一般是防火墙、防病毒、入侵检测等安全产品，其实，安全操作系统在网络安全中具有非常重要的地位。安全操作系统在20世纪60年代已经出现，其出现时间远远早于防火墙等安全产品。在国外，安全操作系统始终是科学研究和产品开发的重要方向。国外军方有大量的安全操作系统产品，但由于技术封锁等原因，国内得到的相关信息很少。

安全操作系统最终的目标是保障其上应用的安全乃至最终信息系统的安全，但它的安全思路，则是从加强操作系统自身的安全功能和安全保障出发，对应用采用“量体裁衣”式的保护方法，在操作系统层面实施保护措施，并为应用层的安全提供底层服务。由于安全操作系统对操作流程和使用方式的约束较大，它主要针对生产型信息系统，即系统流程比较固定、安全需求明确、应用软件来源清晰的系统。针对这类系统，安全操作系统相比较后验式的安全保护方法，具有明显的优势。

安全操作系统是在操作系统层面实施保护措施，这些保护措施可以在应用层实施。那么，如果直接在应用层实施这些保护措施，不是更直接吗？

答案并非如此简单。操作系统的功能是管理信息系统内的资源，应用软件则通过操作系统提供的界面——系统调用接口来访问资源。应用层提供的保护措施可以防止从本应用中发起的非法资源访问行为，但并不能控制通过其他程序发起的攻击行为。如果攻击者通过使用应用外的工具软件、编程攻击等手段发起攻击，应用软件中的安全机制就将被旁路而无法起到保护作用。而操作系统中的安全机制则对所有应用都可以生效，因此难以被攻击者从应用层旁路。同时，它还可以为特定应用提供资源封装和自身保护，限制其他应用访问某应用特定的资源，防止攻击者篡改应用程序，确保应用保护措施的有效性。因此，应用的保护措施，不但不能代替操作系统的安全保护机制，而且需要操作系统的安全保护机制作为其正确实施的基石。

4.2.1 安全操作系统基本概念

对于安全操作系统，并没有一个统一的定义，但访问控制机制是安全操作系统的核心内容，这是安全操作系统领域专家的共识。

安全模型/策略在安全操作系统设计中具有重要地位，它是操作系统一系列安全需求的规范性说明。一般地，我们从保密性、完整性和可用性三个方面来考虑操作系统的安全需求。

保密性一般要求敏感信息仅允许部分有相应授权的人访问，而禁止他人访问。有时，保密性的要求会更进一步，禁止非授权者了解信息的属性，如信息修改时间、信息长度、信息属主，甚至信息是否存在。

完整性指的是数据或资源的可信度，通常使用防止非法的或者未经授权的数据改变来表达完整性。完整性机制可以分为两大类：预防机制和检测机制。预防机制阻止任何未经授权的改写数据企图，或者阻止任何使用未经授权的方法来改写数据的企图；检测机制并不阻止完整性的破坏，它检查出完整性的破坏，并向系统报告数据已不再可信。

可用性是指对信息或资源的期望使用能力。可用性不仅仅是一个安全问题。对一个安全操作系统而言，必须首先支持应用对信息和资源的合理使用，同时，要考虑防止信息或资源合理使用能力遭到人为的、蓄意的破坏。相比于保密性需求和完整性需求，可用性需求最为复杂，最难以描述。

安全策略中的规范性说明为安全操作系统的访问行为提供了一系列准则。根据这些准则，可以判断一个主体对客体的访问是否符合安全策略。如果符合，则安全操作系统允许该访问；否则，安全操作系统禁止该访问。这就是安全操作系统的访问控制机制。

操作系统使用的访问控制也分两种主要类型：自主访问控制和强制访问控制。自主访问控制类型基于用户身份，确认身份的个人用户可以对所属的资源设置访问控制机制来许可或拒绝对客体的访问；强制访问控制类型基于授权，如果系统内的机制可以控制对客体的访问，而个人用户不能改变这种控制，这就是强制型访问控制。自主访问控制是安全操作系统普遍实现的安全功能，而高安全级别的操作系统，一般都需要有强制型访问控制机制实施保护。

Anderson 于 1972 年提出的引用监视器模型为系统的访问控制提供了一个基础的抽象模型。这一模型成为访问控制机制的基本模型。Gligor 甚至提出：“引用监视器模型将始终是未来的方向”。

引用监视器对所有系统调用所导致的访问控制进行裁决，其功能可以用图 4-3 表示。

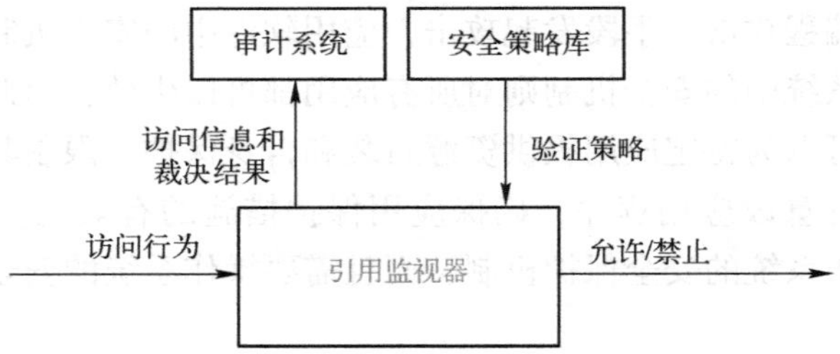

图 4-3　引用监视器原理图

图 4-3 中，引用监视器接收安全策略作为输入，根据安全策略，对访问行为进行裁决，确定该访问行为应当是允许还是禁止，并将访问信息与裁决结果写入审计记录，发送给审计系统。

一般认为，引用监视器需要一个有效的验证机制，这一机制应当具有以下特征：

① 该机制应当是独立的，并且具有自我防护或防篡改功能；

② 该机制应当是不可旁路的，应可保证所有主体对客体的访问需要由某些策略来裁决；

③ 该机制应当被设计得足够小，使其保护功能可以被充分分析和测试。

考虑到实际系统的复杂性，Gligor 提出，引用监视器是一个理想化的模型，我们只能用它们去逼近实际情况中有用的安全策略。而在安全操作系统的相关标准中，也只有在较高级的系统中要求实现一个最小化的引用监视器，而其他级别的安全操作系统对引用监视器并无形式上的要求。

在一个安全操作系统中，与安全相关的部分的全体被定义为可信计算基，即TCB。可信计算基是由计算机系统中所有安全保护机制构成的。我国国家标准GB 17859—1999《计算机信息系统安全保护等级划分准则》定义可信计算基为：计算机系统内保护装置的总体，包括硬件、固件、软件和负责执行安全策略的组合体。它建立了一个基本的保护环境并提供一个可信计算系统所要求的附加用户服务。

可信计算基是安全操作系统自身安全性的基石。为了确保安全操作系统自身的安全性，就需要确保TCB的设计遵循一些原则。高安全级别的操作系统要求TCB独立于系统的其他部分，要求TCB中不含有和安全无关的内容，并且要求TCB的设计具有引用监视器的特性。这些要求的目的是简化TCB的复杂度，使TCB的安全性可以被比较严格地进行分析和测试。

4.2.2 安全操作系统的发展

从最早的安全操作系统到现在，已经有40多年的历史了，安全操作系统开发的指导思想也经历了几次演变，但每一次演变都是以往安全操作系统知识的继承和发展。回顾这段历史，有助于更好地理解安全操作系统的概念。

安全操作系统的历史可以从1967年Adept-50操作系统项目启动之时开始。二十世纪六七十年代，可以看成安全操作系统的“奠基”时期，在这段时期，安全操作系统的基本思想、理论、技术和方法逐步建立。1969年，B. W. Lampson提出了访问控制矩阵模型，1972年，J. P. Anderson提出了引用监控机、引用验证机制、安全核和安全建模等重要思想，1973年，B. W. Lampson提出了隐通道概念，同年，D. E. Bell和L. J. Lapadula提出了第一个可证明的安全系统的数学模型——Bell - LaPadula安全模型。1975年，J. H. Saltzer和M. D. Schroeder给出了信息保护机制的八条设计原则。1976年，M. A. Harrison、W. L. Ruzzo和J. D. Ullman提出了操作系统保护（Protection）的第一个基本理论——HRU理论。1979年，G. H. Nibaldi在描述一个基于安全核的计算机安全系统的设计方法时给出了TCB的定义。在这段时期，诞生了Adept-50、Multics、Mitre安全核、UCLA数据安全UNIX、KSOS和PSOS等安全操作系统。

在这些研究成果和工程实践的基础上，1983年，美国国防部颁布了历史上第一个计算机安全评价标准，这就是著名的可信计算机系统评价标准，简称TCSEC，又称橙皮书。1985年，美国国防部对TCSEC进行了修订。TCSEC提供了D、C1、C2、B1、B2、B3和A1共七个等级的可信系统评价标准，每个等级对应有确定的安全特性需求和保障需求，高等级需求建立在低等级需求的基础之上。TCSEC标准针对的是操作系统安全，成为安全操作系统发展中一个里程碑式的成果，是20世纪80年代多数安全操作系统范型的基础。此后，美国国防部又针对数据库、网络给出了TCSEC的数据库解释、网络解释。

TCSEC的出台也对后来的各类安全评价准则产生了深远影响。如欧洲的ITSEC（《IT安全评估准则》）、六国七方发布的CC（《通用准则》，后演化成ISO/IEC 15408标准），都受到了TCSEC的影响。我国的网络安全保护强制标准GB 17859—1999也是以TCSEC为蓝本制定的。

随着20世纪90年代初Internet影响的迅速扩大，分布式应用的迅速普及，单一安全策略的范型与安全策略多种多样的现实世界之间拉开了很大的差距。在这一背景下，美国国防部于1993年提出的国防部目标安全体系结构（DGSA）明确指出，国防部的信息系统必须支持多种安全策略下的信息处理，必须支持在拥有不同的安全属性、按照不同的安全保护程度使用资源的用户之间进行信息处理。1997年完成的DTOS（分布式可信操作系统）项目就实现了对多级安全（MLS）策略、基于标识的访问控制（IBAC）策略和类型裁决（TE）策略等的支持。1999年诞生的Flask系统则在DTOS项目的基础上，实现了对多安全策略的动态支持。2001年发布的SE-Linux将在Mach微内核上实现的Flask项目移植到了单内核的Linux操作系统中，并向开源社区完全公布了源码。

我国也早在20世纪90年代就开始了高安全操作系统的研究。GB 17859—1999《计算机信息系统安全保护等级划分准则》在TCSEC的基础上，发展了信息系统的概念，它按照安全性由低到高的顺序，规定了计算机系统安全保护能力的五个等级，一些机构已经实现了满足第三级（安全标记保护级）要求的操作系统，并在满足第四级（结构化保护级）要求的操作系统研究方面取得许多重大进展。但由于国内在信息产业方面的相对弱势和资金投入等方面的限制，国内的安全操作系统在实际应用中还有较大差距。

4.2.3　安全操作系统主要安全技术

本节介绍安全操作系统中主要的安全功能技术和安全保障技术，并说明不同安全保护级别对这些技术的不同要求。

1. 身份鉴别

身份鉴别是系统确认实体身份的重要手段。它通过对实体特征信息的检查，确定实体的身份。身份鉴别包括对用户的鉴别和对设备的鉴别。身份鉴别有多种途径，常用的是口令鉴别（包括静态口令鉴别与动态口令鉴别）、安全硬件鉴别和生物特征识别（虹膜、指纹等）。

身份鉴别之前，首先要对用户进行标识。根据用户标识和鉴别的不同要求，用户标识的要求分为以下3类。

① 基本标识：应在可信计算基实施所要求的动作之前，先对提出该动作要求的用户进行标识。

② 唯一性标识：应确保所标识用户在信息系统生存周期内的唯一性，并将用户标识与安全审计相关联。

③ 标识信息管理：应对用户标识信息进行管理、维护，确保其不被非授权地访问、修改或删除。

其中，基本标识和唯一性标识是操作系统五个级别都要求的，而标识信息管理则是二到五级的共同要求。

用户鉴别则有如下一些具体要求。

① 基本鉴别：应在可信计算基实施所要求的动作之前，先对提出该动作要求的用户成功地进行鉴别。基本鉴别是五个保护级别的共同要求。

② 不可伪造鉴别：应检测并防止使用伪造或复制的鉴别信息。一方面，要求可信计算基应检测或防止由任何别的用户伪造的鉴别数据；另一方面，要求可信计算基应检测

或防止当前用户从任何其他用户处复制的鉴别数据的使用。这一要求适用于二级以上的保护系统。

③ 一次性使用鉴别：应提供一次性使用鉴别数据的鉴别机制，即可信计算基应防止与已标识过的鉴别机制有关的鉴别数据的重用。这一要求适用于三级以上的保护系统。

④ 多机制鉴别：应提供不同的鉴别机制，用于鉴别特定事件的用户身份，并根据所描述的多种鉴别机制提供鉴别的规则，来鉴别任何用户所声称的身份。四级以上的保护系统，都要求有至少两种身份鉴别机制。

⑤ 重新鉴别：应有能力规定需要重新鉴别用户的事件，即在需要重新鉴别的条件成立时，对用户进行重新鉴别。例如，终端用户操作超时被断开后，重新连接时需要进行重新鉴别。四级以上的保护系统，要求有重新鉴别的功能。

⑥ 鉴别信息管理：应对用户鉴别信息进行管理、维护，确保其不被非授权的访问、修改或删除。四级以上的操作系统，要求用户有鉴别信息管理的功能。

对一个已标识和鉴别的用户，应通过用户—主体绑定，将该用户与为其服务的主体（如进程）相关联，从而将该用户的身份与该用户的所有可审计行为相关联，以实现用户行为的可查性。

2. 标识

标识是强制访问控制的依据。例如，BLP安全策略模型的实施必须以等级分类和非等级类别组合的敏感标记作为其基础。必须为实施强制访问控制的主体和客体指定敏感标记，才可以依据敏感标记，对访问行为进行强制访问控制裁决。系统的标记可以以与主体和客体绑定在一起的方式存在，也可以存放在数据表中，需要使用时，根据主体和客体的特征字段进行查找。

当数据从安全操作系统安全机制控制范围之内向控制范围之外输出时，根据需要可以保留或不保留数据的敏感标记。根据对标记的不同要求，标记的输出内容如下。

① 不带敏感标记的用户数据输出。输出用户数据到安全操作系统安全机制控制范围之外时，不带有与数据相关的敏感标记。

② 带有敏感标记的用户数据输出。输出用户数据到安全操作系统安全机制控制范围之外时，应带有与数据相关的敏感标记，并确保敏感标记与所输出的数据相关联。

当数据从安全机制控制范围之外向其控制范围之内输入时，应有相应的敏感标记，以便输入的数据能受到保护。根据对标记的不同要求，标记的输入内容如下。

① 不带敏感标记的用户数据输入。安全机制应做到：

在安全机制的控制下，从安全机制控制区域之外输入用户数据时，应执行访问控制；

略去任何与从安全机制控制区域之外输入的数据相关的敏感标记；

执行附加的输入控制规则，为输入数据设置敏感标记。

② 带有敏感标记的用户数据输入。安全机制应做到：

在安全机制的控制下，从安全机制控制区域之外输入用户数据时，应执行访问控制；

安全机制应使用与输入的数据相关的敏感标记；

安全机制应在敏感标记和接收的用户数据之间提供确切的联系；

安全机制应确保对输入的用户数据的敏感标记的解释与原敏感标记的解释是一致的。

三级以上的操作系统都需要主体标记、客体标记、不带敏感标记的用户输出、带敏感标记的用户输出，以及不带敏感标记的用户输入。四级以上的系统则要求实现带有敏感标记的用户输入。

3. 审计

审计是事后认定违反安全规则行为的分析技术。在检测违反安全规则方面、准确发现系统发生的时间及对事件发生的事后分析方面，审计发挥着巨大的作用。这就使得有效的审计子系统成为所有系统安全的关键组成部分。二级以上系统都要求具有审计功能。

审计是基于日志进行的。日志记录系统事件及行为；审计则分析日志记录，并以清晰的、能理解的方式表述系统信息。一个审计系统包含三个部分：日志记录器、分析器和通告器，它们分别用于搜集数据、分析数据及通报结果。

日志记录器响应系统中发生审计事件，并将审计数据记入审计日志。三级以上系统有实时报警功能的要求，即当检测到有安全侵害事件发生时，生成实时报警信息，并根据报警开关的设置，有选择的报警；四级以上系统则有违例进程终止的要求，要求当检测到有安全侵害事件发生时，将违例进程终止；五级系统则要求当检测到有安全侵害事件发生时，取消当前的服务，并将当前的用户账号断开，使其失效。

分析器对审计数据进行分析，它用一系列规则监控审计事件，并根据这些规则指出事件对系统安全功能的潜在侵害。

三级以上操作系统要求基于异常检测的描述，该描述维护用户所具有的质疑等级——历史使用情况，以表明该用户的现行活动与已建立的使用模式的一致性程度。当用户的质疑等级超过门限条件时，能指出将要发生的安全性威胁。

四级以上操作系统要求对简单攻击的探测能力，它要求能检测到对系统安全功能的实施有重大威胁的事件的出现。为此，对安全功能可能遇到的侵害，可信计算基应保存其特征，并将检测到的系统行为记录与之进行比较，当发现两者匹配时，应指出一个攻击即将到来。

五级以上操作系统要求对复杂攻击的探测，它提出在四级所要求的简单攻击探测的基础上，能检测到多步入侵情况，并根据已知的事件序列模拟出完整的入侵情况，指出发现对安全攻击的潜在侵害的签名事件或事件序列的时间。

安全审计记录应包含客体身份、用户身份、主体身份、主机身份、事件类型等内容。

4. 自主访问控制

如前所述，自主访问控制机制将访问控制的权限交给访问对象的拥有者来自主决定，或者给那些已经被授权控制对象访问的人来决定。拥有者能够决定谁应该拥有对其对象的访问权及内容。自主访问控制是所有级别的安全操作系统都需要具备的安全功能。

根据对自主访问控制的不同要求，自主访问控制的覆盖范围分为子集访问控制和完全访问控制。子集访问控制要求每个确定的自主访问控制，应覆盖由安全操作系统所定义的主体、客体及其之间的操作；完全访问控制则要求每个确定的自主访问控制应覆盖操作系统中所有的主体、客体及其之间的操作。四级以上的操作系统要求完全自主访问控制。

自主访问控制可以有不同的实现粒度。粗粒度的主体为用户组/用户级，客体为文件、数据库表级；中粒度的主体为用户级，客体为文件、数据库表级和/或记录、字段级；细粒度的主体为用户级，客体为文件、数据库表级和/或记录、字段和/或元素级。一级系统要求粗粒度的自主访问控制，二到四级操作系统要求中粒度的自主访问控制，五级操作系统则需要细粒度的自主访问控制。

自主访问控制的实现可以基于主体或者客体进行。常用的自主访问控制实现方式是基于客体进行的，像 UNIX 系统为每个文件提供了一个所属用户、用户组和其他用户对该文件访问权限的标记，Windows 系统则可以维护一个文件自主访问权限的 ACL 表。

5. 强制访问控制

强制访问控制通过系统机制控制对客体的访问，个人用户不能改变这种控制。强制访问控制往往基于一些预设的规则进行，因此偶尔也称基于规则的访问控制。强制访问控制策略应包括策略控制下的主体、客体，以及由策略覆盖的、被控制的主体与客体间的操作。可以有多个访问控制安全策略，但它们必须独立命名，且不能相互冲突。

强制访问控制策略一般是根据一个具体的安全模型实施的，最常用的是用于保密性保护的 BLP 访问控制策略模型，在完整性保护要求比较高的场合，常用 Biba 模型保障系统的完整性。

与自主访问控制类似，强制访问控制的覆盖范围也可分为子集访问控制和完全访问控制。三级操作系统要求强制访问控制的覆盖范围达到子集访问控制的要求，四级、五级操作系统则要求强制访问控制的覆盖范围达到完全访问控制的要求，更具体地说，四级操作系统要求可信计算基对外部主体能够或直接访问的所有资源（如主体、存储客体和输入/输出资源）实施强制访问控制。

强制访问控制的粒度分为中粒度和细粒度，中粒度要求主体为用户级，客体为文件、数据库表级和/或记录、字段级；细粒度要求主体为用户级，客体为文件、数据库表级和/或记录、字段和/或元素级。三级、四级操作系统要求中粒度的强制访问控制，五级操作系统则要求细粒度的强制访问控制。

6. 客体重用

计算机系统控制着资源分配，当一个资源被释放，操作系统将会允许下一个用户或者程序访问这个资源。但是，已被释放的资源还可能残留着上次使用时的信息，如果一个对某客体没有授权的用户通过资源申请获取了该客体曾经使用过的资源，就有可能获取这些信息。这种攻击被称为客体重用。客体重用可能发生在磁盘、主存、处理器的寄存器和存储器、其他磁介质（如磁带）或者其他可重用的存储媒体上。

为了防止客体重用导致的信息泄露，操作系统在允许下一个用户访问资源之前，需要清除（也就是重写）所有将要重新分配的空间。客体重用攻击对磁介质而言尤为严重，一些精密的仪器可以将最近写入的数据与其先前记录的数据分开，然后再将后者与后者之前的数据分开，以此类推。为防止这类攻击，需要对将要重新分配的空间进行多次重写。另一种解决办法是对磁介质上存储的所有数据进行加密保护，以防止客体重用窃取秘密信息。

二级以上操作系统都需要客体重用保护。

7. 可信路径

恶意用户获得不合适访问的一种途径就是“欺骗”用户，使其认为自己正在和一个合法的安全系统通信，实际上此时他们输入的内容及命令已经被截获且加以分析了。因此，对于关键的操作，如设置口令或者更改访问许可，用户希望能够进行可以信任的通信，以确保他们只向合法的接收者提供这些重要的、受保护的信息。这就是可信路径的需求。

可信路径为用户与可信计算基之间提供一条可信任的通信途径，保护通信数据免遭修改和泄露。利用可信路径的通信可以由可信计算基自身、本地用户或远程用户发起。例如，系统启动时，向用户提供的登录界面应由可信计算基发起；一些操作系统为用户提供了一个唯一的键序列，用户可以通过这个键序列请求一条可信路径；远程用户则可以通过密码机制与本地终端之间建立可信路径。

四级与五级操作系统要求可信路径功能。

8. 隐蔽通道分析

隐蔽通道的概念最初是由 Lampson 于 1973 年提出的。他在论文《关于限制问题的注释》中这样定义隐蔽通道："如果一个通道既不是设计用于通信，也不是用于传递信息，则称该通道为隐蔽通道"。

隐蔽通道可以分为隐蔽存储通道和隐蔽定时通道。如果隐蔽通道实现的场景是：一个进程直接或间接地写一个存储单元，另一个进程直接或间接地读该存储单元，则称这种隐蔽通道为隐蔽存储通道。如果隐蔽通道实现的场景是：一个进程通过调节它对系统资源（如 CPU 时间）的使用，来影响另外一个进程观察到的真实响应时间，实现一个进程向另一个进程传递信息，则称这种隐蔽通道为隐蔽定时通道。

四级以上的操作系统要求能够识别系统中的隐蔽存储通道并计算其带宽。

9. 形式化分析与验证

形式化方法在高安全级别操作系统的实现中有着重要的地位。四级操作系统要求安全策略的形式化模型，高层设计与低层设计的半形式化说明，五级操作系统则要求高层设计与低层设计的形式化说明。

形式化验证技术分为两大类：归纳验证技术与模型验证技术。一般而言，归纳验证技术在本质上更为通用。归纳验证技术通常需要若干独立步骤来创建公式，以声明系统规范满足属性需求。公式创建完成之后，将被提交给某个定理证明器，定理证明器中使用了诸如谓词演算的高阶逻辑。定理证明器试图通过一系列的证明步骤，从定理的前提开始，最终演化得到定理的结论，从而证明前提和结论是等价的。一些归纳验证技术也用于产品或系统的开发阶段，以便在设计过程中能够找到缺陷。还有一些归纳验证技术用于验证计算机程序的属性。

模型验证技术同样需要确定系统规范与属性集之间需要满足的关系。模型描述的系统是状态转换系统，同一个公式在某些状态下可能是正确的，而在另外一些状态下有可能是错误的。在系统从一个状态转化到另一个状态时，公式的真值也可能随之改变。模型检验器验证的属性通常表示为时态逻辑公式。在时态逻辑中，公式的真假是动态变化的，不像在命题逻辑和谓词逻辑中的公式那样真值固定不变。

一般情况下，模型检验器针对单一模型，试图证明系统模型与期望属性的语义等价性。为描述这种等价性，可通过说明模型与属性分别显示出相同的真值表。模型检验方法经常用于产品开发完成之后，推向市场之前，其检验方法的设计针对于并发系统及那些与环境交互，并且永不终止的系统。

形式化验证方法有两个主要困难。

① 时间：形式化验证方法执行费时。每一步给出断言及验证断言的逻辑流过程均很慢。

② 复杂性：形式化验证是一个复杂的过程。对某些大的系统没有办法建立和验证断言。对于那些在设计时没有考虑形式化验证方法的系统尤其如此。

在非形式化方法和形式化方法之间，有一个过渡的方法：半形式化方法。半形式化方法有较清晰的定义形式和部分语义定义，其中一些基本性质可通过开发工具进行检查和分析。半形式化方法一般以图、表和结构化英语等方式来表达。

4.3 通信网络安全

计算机通信网络（区别于公用电话网和广播电视传输网）是由两台或两台以上的计算机通过网络设备连接起来，所组成的一个系统，在这个系统中计算机与计算机之间可以进行数据通信、数据共享及协同完成某些数据处理工作。计算机网络有三大功能：数据通信、资源共享与分布处理。就网络本身而言，其核心的功能是通信。本节从通信安全的角度看待网络安全问题，对于不由网络完成的很多其他安全功能，如主机安全、边界安全等，则可通过介绍信息系统安全的相关章节进行学习。

一般而言，网络支持三种不同的数据流：用户数据流、控制数据流和管理数据流。

用户数据流即在网上传输的用户信息，而控制数据流则是为建立用户连接而在网络组件之间传送的各种信息，包括编址、路由信息等。网络基础设施的正确编址是用户通信流的基础，它确保了数据能被传送到目的地址。因此，路由信息的安全性很重要，其作用是保障用户信息能正确传送，并确保用户信息采用的路径不被控制。同样，信令也必须受到保护，以保障用户连接能被正确建立。

管理数据流是网络数据流的第三种类型，用来配置网络组件或表明网络组件状态的信息，它对于确保网络组件没有被非授权用户改变非常重要。如果网络组件管理遭到破坏，则该组件可能被恶意配置成执行攻击者希望的功能。攻击者只要简单地在网络组件上观察配置信息，就可能得到网络连接、编址方案或其他可能的敏感信息。与管理数据流有关的网络管理协议包括简单网络管理协议（SNMP）、公共管理信息协议、超文本传输协议（HTTP）、Rlogin 和 Telnet 命令行接口，或者其他附属的管理协议。

目前，网络技术发展迅速，各类不同的网络所需的网络安全保护也不完全一样。本节重点介绍通信网络的安全，其基本原理也适用于其他网络的安全。

4.3.1 通信网络安全要素

最常用的通信网是 Internet 网。按照通信网的模型，可以将影响通信网安全的因素划分为 9 个主要方面：网络与网络的通信、设备与设备的通信、设备管理和维护、用户数据接口、远程操作员与 NMC（网络管理中心）的通信、NMC 与设备的通信、NMC、制造商交付与维护、制造商环境。如图 4-4 所示。

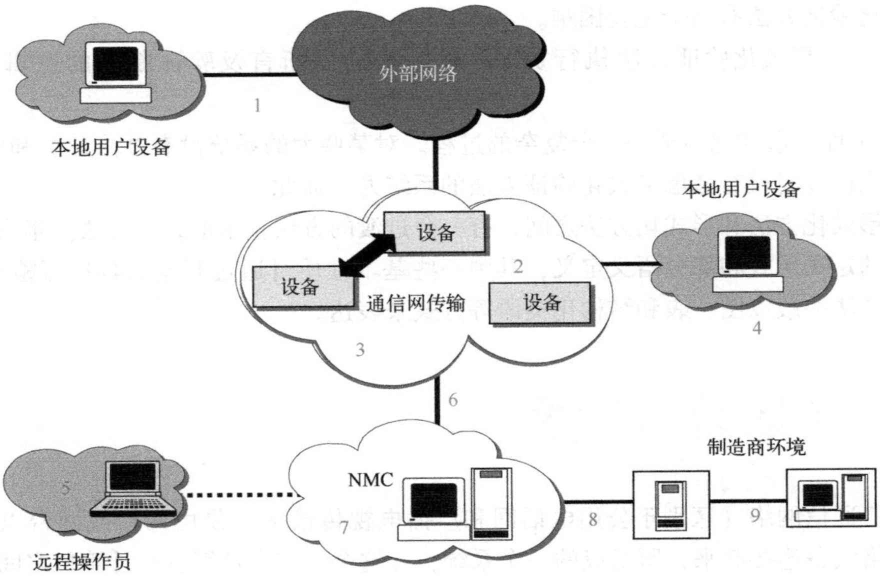

图 4-4　影响通信网安全的主要因素

以下是对图 4-4 所示的 9 个安全因素的进一步描述。

① 网络与网络的通信：这里主要关心两类网络通信数据，一类是传输的用户数据，另一类是控制数据，它用来完成骨干传输设备和外部传输设备之间的通信。一般说来，设备与设备的通信是一个已得到定义良好的协议，它提供面向网络的数据，而这些数据对于传输用户数据很重要。

② 设备与设备的通信：即考虑通信网内部设备的通信。通常，为了提供最优的性能并支持在线维护，通信网要求设备之间的管理和控制数据能够无间断地实现信息交换。

③ 设备管理和维护：主要讨论通过配置和参数调整来维护通信网上的各个设备，以及维护网络管理信息传输。一般而言，每种设备都有自己的一套操作需求和规范，为了使设备不至于在网络上失效，这些操作需求和规范必须由网络管理中心或维护人员控制。

④ 用户数据接口：用户接口是用户数据进入和流出通信网的通道。用户数据接口可能出现在任何连接处，这些接口应该能够抵抗对用户连接处的进攻。

⑤ 远程操作员与 NMC 的通信：主要涉及操作员的物理安全。例如，这台设备在哪里使用，有什么保护措施等。

⑥ NMC 与设备的通信：所有的管理操作都需要 NMC 与组成骨干传输的设备进行互连，因此，需要分析骨干传输及 NMC 的参数。这种互连可能通过带内或带外信令来实现，并使用主通道或辅助通道。这样就向外提供了访问通信网设备和网络管理中心设备及其数据的可能性，并使得网络管理数据暴露。

⑦ NMC：网络管理对于通信网的可用性来说是相当重要的，故其应该与用户数据分离开来。为了成功地管理好通信网，需要保护管理设备和数据的安全，以免受到攻击。

⑧ 制造商交付与维护：NMC 接收的设备或软件可能用于骨干传输网，且制造商可能被要求直接向骨干传输网设备提供产品服务和维护，即 NMC 可能间接或直接接收来自制造商

的信息。因此，确认信息和设备的有效性，防止其被制造商恶意控制，这在通信网的可用性方面意义重大。

⑨ 制造商环境：包括从产品（设备或软件）开发到交付的整个制造过程。安全考虑必须贯穿整个过程，以便确保外部的产品可信并进行正确操作。

在描述了通信网安全的几个主要因素后，有必要继续讨论其通用功能和日常操作。通信网的特点之一是：存在内部和外部的区别。用户通常从通信网传输部分的外部进行连接，所有内部连接是在骨干传输网的内部或与骨干 NMC 相连的。即 NMC 可以认为是在通信网的内部。通信网的另一个特征：用户认为是实现目的的途径。用户的需求往往是要与另一个实体而不是通信网本身通信。换言之，用户的信息经过通信网，但并不保存在通信网上。

4.3.2 安全要求

可用性是通信网安全的核心问题。通信网可用性的基本需求是：当需要通过通信网来完成通信任务时，通信网能够切实发挥作用。通信网必须提供充分的响应、连续性服务、通信服务中的抗意外和抗故意中断服务。但是，通信网不需要提供用户数据的安全服务（如保密性和数据完整性），这应该是用户自己的责任，而通信网的核心责任是保证信息不拖延、误传递或不传递。此外，作为端到端的信息传输系统，通信网提供的服务必须对用户透明。而作为透明需求的一部分，通信网与其他通信网或本地网络必须无缝连接。

具体而言，对通信网的安全要求如下。

1. 访问控制

访问控制必须能够区分用户对数据传输的访问和管理员对网络管理与控制的访问。例如，用户对状态信息进行访问时，必须实施比访问配置信息时更强的访问控制措施。

访问控制必须能够限制对 NMC 的访问。

2. 鉴别

网络设备必须能鉴别从其他网络设备处发出的所有通信的来源，如路由信息。

网络设备必须鉴别网络管理人员的所有连接要求。

网络管理系统必须在同意访问之前鉴别网络管理人员。

NMC 必须鉴别从外网进入 NMC 的所有通信源，且必须鉴别制造商提供的材料的来源。此外，NMC 还必须鉴别制造商提供的软件的来源。例如，操作系统的新版本在网络上使用之前必须先行鉴别。

在所有外部用户进入 NMC 之前，必须对其鉴别。

3. 可用性

硬件和软件（如用户代理和服务器）对用户必须是可用的。服务商必须向用户提供高级别的系统可用性。

4. 保密性

网络管理系统必须确保路由信息、信令信息、网络管理通信流的保密性，以保障这些数据的安全。

5. 完整性

必须保护网络设备之间通信的完整性。

必须保护网络设备的硬件和软件的完整性。

必须保护网络设备和 NMC 之间通信的完整性。

必须保护制造商提供的硬件和软件的完整性。

必须保护向 NMC 通信的完整性。

6. 不可否认性

网络人员不得否认对网络设备的配置所做的改动。此外，制造商不得否认由其提供或开发的软、硬件。

4.3.3 安全威胁

网络可用性的威胁可以分为以下 3 种。

1. 可用带宽损耗

之所以会出现这种威胁，是因为每一个网络都只有有限的带宽。黑客的攻击可以减少可用带宽，使合法用户的网络资源受到限制，从而降低网络的可用性。这种攻击通常并不危害网络的操作控制，即网络照常运行，NMC 仍然保持对网络全部资源的管理。可用带宽攻击经常出现在图 4-4 中的 1、2、4 和 6 部分。

2. 网络管理通信的破坏

这种攻击将严重威胁网络运行。本质上，网络的功能是通过通信信道将一个用户的信息传给另外一个用户。这种攻击通过破坏通信信道，从而威胁正常的信息传输。例如，攻击者可以割断通信线路或者向 NMC 提供错误的路由信息。这些攻击的重点是网络管理信息，以控制信息在网络上的流动。这类攻击常出现在图 4-4 中的 1、2 和 6 部分。

3. 网络基础设施失去管理

这种类型的攻击一般是最严重的。它主要表现在使网络基础设备失控。一旦网络管理人员失去对 NMC 或网络基础设施的控制，此时的网络资源便有可能被攻击者用来达到其恶意目的。这类攻击经常出现在图 4-4 中的 3、7 和 9 部分，其结果是导致通信网控制失灵。

上述每类攻击都表现为使网络的可用性降低。攻击损害的严重程度主要是从网络控制的损失程度来讲的，这是因为对网络的控制意味着网管对攻击的响应能力。

4.3.4 攻击类型

1. 被动攻击

被动攻击指监测和收集网络中传输的信息。最初，很多通信网供应商不把对网络管理数据的被动拦截视为网络面临的威胁，除非攻击者利用收集到的信息发动更危险的主动攻击。例如，截获用户账号或口令后，通过对网络基础设施的控制实施攻击。但目前，通信网供应商对被动攻击越来越重视，逐步意识到网络的拓扑结构是敏感的信息，对其实施有效的保护能减少黑客对网络管理通信的攻击。

2. 主动攻击

主动攻击是典型的网络外部的攻击。在图 4-4 通信网的可用性模型中，外部人员要么是网络用户，要么是通过外部网络进入系统的黑客（区别于作为网络管理员的内部人员）。前面讨论的 3 种威胁都可以通过主动攻击来实现。

（1）对可用网络带宽的攻击

网络带宽最终决定了网络传输信息的能力。因此，对网络有效带宽的攻击将对合法用户带来重大影响。常见的对可用带宽的攻击方式如下。

① 拒绝服务攻击。这种攻击通过大量假冒的数据包来消耗网络资源，从而“淹没”网络，使网络通信量出现超负荷。由于网络管理系统很难分辨数据包的真假，所以这种攻击很难预防。通常有两种预防的方法：一是给特定的用户优先使用带宽的权利，二是给每个接入点一定的带宽。这种攻击常用在图4-4中的1、2、4部分。

② 服务的窃取攻击是有效带宽攻击中危害较轻的一种。这种攻击虽然也消耗带宽，但它与正常网络管理操作没有区别。攻击者就像合法用户一样，建立连接，利用网络资源传输信息。大多数时候，网络管理人员只有在合法用户收到他们的账单，但否认他们使用了这些服务时才能发现这种攻击。典型的预防措施是用户在使用该项业务时先进行鉴别，另外一种预防措施是建立可靠的检测技术，例如，在系统中事先建立客户的资料，当网络检测到用户的异常活动时启动警告信息。这种攻击常出现在图4-4模型中的1和4部分，也会出现在2和6部分。

（2）对网络管理通信的破坏攻击

这种主动攻击可以破坏网络通信，旨在通过攻击网络基础设施设备的控制指令并设法干扰网络中的信息流。与此相反，前述带宽的可用性攻击不会影响网络的正常操作。它们只是消耗带宽，限制了网络的可用性，但是并不修改网络基础设施设备的指令和操作。在这种攻击中，网络管理员仍在控制网络，但是网络接收的是会导致服务中断的错误信息。例如，路由器之间传递的网络拓扑信息如果被修改，路由器将无法正常传递用户信息，使网络可用性大大降低。

这种类型的攻击是专门针对通信网的，专门向建立和维护通信路径下手。例如，以前的语音网络利用7号信令信道管理语音线路，对这种网络的攻击可以通过插入一个用户挂断话机的信号，从而使传输停止。这个领域的攻击要考虑图4-4中的1、2、4、5和6部分。

预防网络管理通信的破坏攻击常用的有两种方法：第一，所有的网络管理信息流都产生于本网络之内，这就需要对进入网络的通信信息进行监测，以确保没有网络管理命令从外部进入，这种防御措施关键是建立一个安全的接口；第二，对通信的完整性和权限进行鉴别，如数字签名可以用于网络通信管理。这种机制通过将时间戳和序列号嵌入通令流以防止信息流的重放攻击。

（3）使网络基础设施失控的攻击

最严重的网络攻击是使网络基础设施操作控制失灵的攻击。对网络基础设施控制发动的攻击可以有以下3种。

① 针对网络操作员和设备之间通信的攻击。这种攻击的目的是切断网络操作员与网络设备之间的联系。例如，网络操作员可能需要通过单一的接入点访问网络，如果接入点遭到攻击将使操作员无法访问网络。这种攻击的最好对策是提供尽量多的接入点，允许网络管理员与网络基础设备之间的自由通信，该对策对后面的攻击方式也有效。

② 直接针对网络设备的网络控制攻击。这种攻击主要是攻击者先登录到设备之上，然后对设备进行控制。例如，大部分的网管人员都是通过Telnet和其他的网络通信协议远程登

录到设备上进行管理的，一旦网络操作员有了系统访问权限，便可能改变设备的配置，如改变设备的登录口令。攻击者有很多方法来实现这种攻击，例如，攻击者可以通过口令嗅探工具来攻击访问控制机制。对此类攻击有两种可行的对策：在进入网络系统之前进行严格鉴别或者在网络操作员和设备之间建立一条受保护的通道，如加密的虚拟专用网络。

③ 针对 NMC 的攻击。如果 NMC 因受攻击而无法操作，网络操作员将无法访问网络，也就失去了对网络设备的控制权。每条能够访问 NMC 的通道都是潜在的攻击路径，病毒便是 NMC 面临的一种威胁。可通过如下对策来保护其免遭攻击：可用防火墙监测进入 NMC 的通信，以防止非法通信的访问，阻止病毒的侵入和防范其他的网络威胁；加强网络安全管理，包括建立 NMC 的灾备中心。

3. 内部人员攻击

此时的内部人员指有意或无意造成通信网可用性降低的用户或网管操作员。在通信网中，有两种内部人员的攻击：一种是通过远程通信控制通信网 NMC 的操作员，另外一种是通过网络组件的开发者和程序员。通信网中常见的内部人员攻击如下。

通信网 NMC 内部人员能够直接访问 NMC 资源，他们有权访问和修改网络资源。因此，这些人可以对网络资源控制信息进行恶意的修改。最有效的对策是建立策略机制和严格的访问控制机制。策略机制能把网络访问权限分为关键网络功能，诸如配置、维护和资源提供，以及非关键功能，如电子邮件和网页的访问。此外，可以使用审计机制来检查网络操作的执行过程。

远程操作人员是一种特殊的网络内部人员。这些操作者往往是维护网络的技术专家，但也像其他内部人员一样，是潜在的网络攻击者。很多安全系统往往缺乏对此类人员的鉴别机制，但内部人员完全有可能实施不安全的操作命令。对此类安全问题的常用解决方案是加强鉴别机制，如对任何远程连接，必须鉴别远程用户的权限，且传输数据的完整性必须得到保护。关于此类攻击，可以参考图 4-4 中的 5 部分。

软件供应商和开发商可以控制很大一部分通信设备，是一类危险的内部人员，这也是近年来外包服务安全得到高度重视的原因。一些商业软件在开发时缺乏可信软件开发控制机制，或者某些开发商本身存有恶意，软件中很有可能嵌入恶意攻击代码。除此之外，为了开发的便利，一些开发商会在软件中留有后门。如果这些后门在软件应用后没有及时除去，这些开发人员便有能力攻击网络系统。

对这种内部人员攻击的最有效的对策是在流程上下功夫，包括强有力的软件生产过程流程化管理，标明每个模块的需求及检测方法，并实施强有力的系统配置管理。图 4-4 中的 9 部分显示了这种攻击。

4. 分发攻击

分发攻击是通过改变供应商提供的软件和硬件，从而实现攻击网络的目的。这类攻击的目标并不局限于开发人员，还可能发生在软件和硬件从开发商到 NMC 的安装分配过程中。分发威胁需要考虑到新软件从开发商到安装至通信网 NMC 时的变化过程。有效的对策是利用数字签名技术，使网络管理人员能够鉴别被交付软件的完整性和真实性。分发攻击可参考图 4-4 中的 8 部分。

4.3.5 安全措施

1. 网络管理通信的保护

虽然网络管理通信流的内容有时并不敏感，但其完整性和真实性却至关重要。因此，可以使用数字签名技术，且其使用范围应该涵盖所有的关键网络管理通信流。如果还关注网络管理通信流的信息泄露问题，则应该提供保密性机制。

2. 网络管理数据的分离

通信网的可用性不是依赖于用户数据的保护，而是依赖于网络管理通信流的保护。因此，应该采取措施分离网络管理通信流和用户数据，如使用带外的或专用的通信信道。这样做的意义是使得网络基础设施在对用户数据提供保护的同时只对网络性能造成最小的影响。

3. NMC 的保护

NMC 是维护网络控制的重要组件。NMC 可以利用适当的流程、物理控制或网络安全设备进行保护。此外，NMC 还应该约束对网络管理的操作，严格限制操作权限，加强对操作过程的审计。

4. 配置管理

系统管理人员应该加强配置管理操作，以此避免不当的网络配置威胁到网络的安全，便于网络管理人员在受到攻击之后能快速有效地恢复网络操作。配置管理还应支持新版本网络软件的正确实现和安全系统的升级，并支持严格的安全设计和系统分析。

本章小结

本章介绍了信息系统安全的基础知识，主要由以下内容组成。

（1）信息系统安全模型

BLP 安全模型是历史上第一个有数学基础的访问控制模型，也是最著名的安全策略模型之一。BLP 安全模型中结合了强制型访问控制和自主型访问控制，该模型影响了其他许多模型的发展，甚至很大程度上影响了计算机安全技术的发展。Biba 模型是一个针对完整性安全需求的模型。简单地将 BLP 模型和 Biba 模型结合在一起，将导致系统中的信息只能在单一的安全等级之间流动，最终使系统无法使用。在 BLP 模型和 Biba 模型结合方面，人们进行了大量的研究工作。

（2）安全操作系统

操作系统安全是信息系统安全的基础。安全操作系统是指安全级别达到 TCSEC 中 B1 级安全要求的操作系统，其核心的特征是强制访问控制。可信计算基（TCB）是安全操作系统的重要概念，这个概念同样也可以延伸到信息系统中。它是系统内保护装置的总体，包括硬件、固件、软件和负责执行安全策略的组合体，是安全操作系统自身安全性的基石。高安全级别的操作系统要求 TCB 独立于系统的其他部分，要求 TCB 中不含有和安全无关的内容，并且要求 TCB 的设计遵循结构化和模块化的准则。这些要求的目的是简化 TCB 的复杂度，可以比较严格地分析和测试 TCB 的安全性。

安全操作系统的主要安全机制有身份鉴别、标识、审计、自主访问控制、强制访问控制、客体重用、可信路径、隐通道分析、形式化分析与验证等。

(3) 通信网络安全

网络中有三种不同的数据流：用户数据流、控制数据流和管理数据流。本章重点介绍了通信网的安全问题。按照通信网的通用模型，可以将影响通信网安全的因素划分为 9 个主要的方面：网络与网络的通信、设备与设备的通信、设备管理和维护、用户数据接口、远程操作员与 NMC（网络管理中心）的通信、NMC 与设备的通信、NMC、制造商交付与维护、制造商环境。通信网受到的威胁一般有三种：可用带宽损耗、网络管理通信的破坏、网络基础设施失去管理。

通信网的安全措施涉及以下方面：网络管理通信的保护、网络管理数据的分离、NMC 的保护、配置管理。

习题

1. 概述 BLP 模型的主要内容。
2. 在 BLP 模型中，安全标识为什么是非等级类别与等级分类的组合？
3. 概述 Biba 模型的主要内容，并阐述 BLP 模型与 Biba 模型的区别。
4. Zdancewic 提出的安全策略模型面临的主要挑战是什么？
5. 为什么说安全操作系统是网络安全的基础？
6. 什么是可信计算基？
7. 安全操作系统主要有哪些安全技术？
8. 自主访问控制与强制访问控制的区别是什么？
9. 概述客体重用及可信路径的概念。
10. 通信网主要面临哪些安全威胁？
11. 对通信网的攻击有哪些方式？安全措施是什么？

第 5 章　可信计算技术

本章要点

- 国内外可信计算发展现状
- 主动免疫的可信计算体系结构
- 可信计算平台密码方案
- 可信平台控制模块
- 可信软件基
- 可信网络连接

5.1 可信计算概述

5.1.1 对当前网络安全保护思路的反思

当前大部分网络安全系统主要是由防火墙、入侵检测、病毒防范等组成。常规的安全手段只能在网络层设防，在外围对非法用户和越权访问进行封堵，以达到防止外部攻击的目的。由于这些安全手段缺少对访问者源端——客户机的控制，加之操作系统的不安全导致应用系统的各种漏洞层出不穷，其防护效果越来越不理想。此外，封堵的办法是捕捉黑客攻击和病毒入侵的特征信息，而这些特征是已发生过的滞后信息，不能科学预测未来的攻击和入侵。由于恶意用户的攻击手段变化多端，防护者只能把防火墙越砌越高、入侵检测越做越复杂、恶意代码库越做越大，误报率也随之增多，使得安全的投入不断增加，维护与管理变得更加复杂和难以实施，信息系统的使用效率大大降低，而对新的攻击却毫无防御能力。随着时间的发展，以防火墙、入侵检测、病毒防范这“老三样”为主要手段的网络安全保护思路已经越来越显示出被动性，迫切需要标本兼治的新型的网络安全保护框架。

事实上，产生安全事故的技术原因在于，现在的计算机体系结构在最初设计时只追求计算速度，并没有考虑安全因素，如系统任务难以隔离、内存无越界保护等。这直接导致网络化环境下的计算服务存在大量安全问题，如源配置可被篡改、恶意程序可被植入执行、缓冲区（栈）溢出可被利用、系统管理员权限被非法接管等。网络安全防护需要构建主动免疫防御系统，就像是人体免疫一样，能及时识别“自己”和“非己”成分，从而破坏与排斥进入机体的有害物质，使系统缺陷和漏洞不被攻击者利用，进而为网络与信息系统提供积极主动的保护措施。可信计算技术就是这样一种具有积极防御特性的主动免疫技术。

5.1.2 可信免疫的计算模式与结构

可信计算是指在计算运算的同时进行安全防护，计算全程可测可控，不被干扰，只有这样方能使计算结果总是与预期一样，从而改变只讲求计算效率，而不讲安全防护的片面计算模式。

在图 5-1 所示的双体系结构中，采用了一种运算和防护并存的主动免疫的新计算模式，以密码为基因实施身份识别、状态度量、保密存储等功能，及时识别“自己”和“非己”成分，从而破坏与排斥进入机体的有害物质，相当于为计算机信息系统培育了免疫能力。

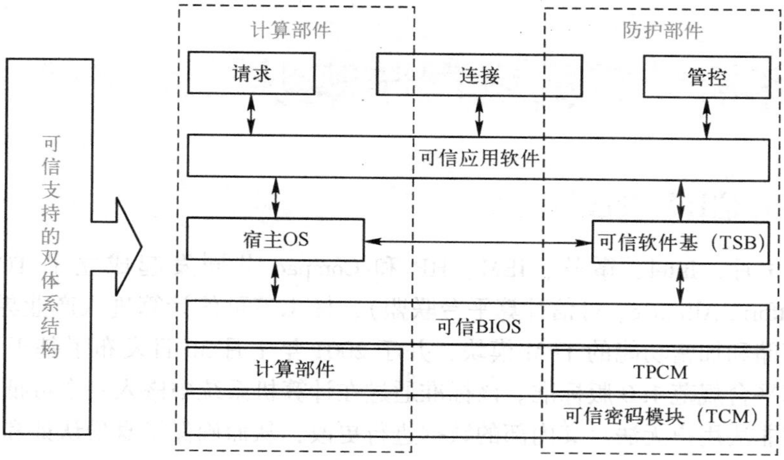

图 5-1 可信支持的双体系结构

5.1.3 安全可信的系统架构

网络化军事设施、云计算、大数据、工业控制、物联网等新型计算环境必须进行可信度量、识别和控制，确保体系结构可信、资源配置可信、操作行为可信、数据存储可信和策略管理可信。在可信计算支撑下，将信息系统安全防护体系划分为安全计算环境、安全边界、安全通信网络三部分，从技术和管理两个方面进行安全设计，建立可信安全管理中心支持下的主动免疫三重防护框架。实现了国家等级保护标准要求（见第 6 章），做到可信、可控、可管，如图 5-2 所示。

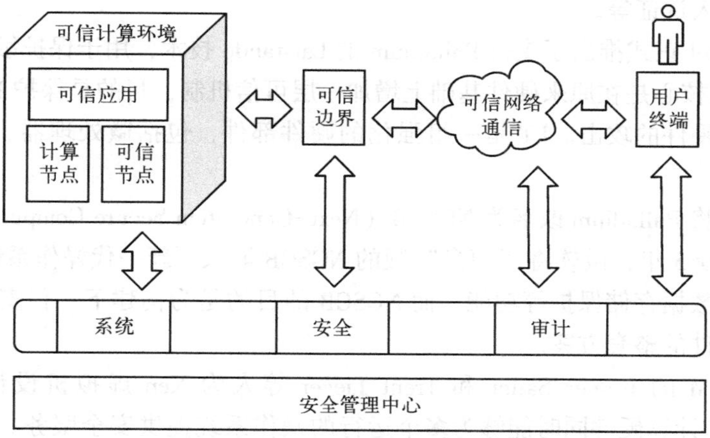

图 5-2 可信安全管理中心支持下的主动免疫三重防护框架

按照可信安全管理中心支持下的主动免疫三重防护框架构建积极主动的防御体系，可以达到攻击者进不去、非授权者重要信息拿不到、窃取保密信息看不懂、系统和信息篡改不了、系统工作瘫不成和攻击行为赖不掉的防护效果。"Mirai"、"黑暗力量"、"震网"、"火焰"、"心脏滴血"、"WannaCry 勒索病毒" 等将不查杀而自灭。

5.2 可信计算的发展与现状

5.2.1 国际可信计算发展与现状

1999 年 10 月，Intel、微软、IBM、HP 和 Compaq 共同发起成立了 TCPA（Trusted Computing Platform Alliance，可信计算平台联盟），标志着可信计算进入产业界。TCPA 定义了具有安全存储和加密功能的 TPM 模块，并于 2001 年 1 月 30 日发布了基于硬件安全子系统的可信计算平台规范 1.0 版标准。该标准通过在计算机系统中嵌入一个可抵制篡改的独立计算引擎，使非法用户无法对其内部的数据进行更改，从而确保了身份认证和数据加密的安全性。

2003 年 TCPA 改组为 TCG（可信计算组织），标志着可信计算技术和应用领域的扩大。TCG 提出可信计算平台的概念，并把这一概念具体化到 PC、服务器、PDA（个人数字助理）、手机和网络连接，提出了可信计算平台的体系结构和技术路线，并推出了以可信平台模块 TPM 为基础的一系列规范，内容包括可信平台模块、软件栈、主机、网络连接等，这些规范描述了以 TPM 为核心的可信计算平台体系结构。

TCG 提出的可信计算平台体系结构将一个具有密码运算功能的专用密码芯片 TPM 嵌入到计算机主板，通过一系列密码技术和信任链技术，实现计算平台的完整性、身份可信性和安全存储等功能，增加了计算平台的安全性。这种结构除强调信息的保密性，更强调信息的真实性和完整性。但在工程实践中，发现这种结构存在一些问题，如可信根构成、信任链建立、可信网络接入认证等。

2003 年，Intel 正式推出了支持 Palladium 的 LaGrande 技术，用于保护敏感信息的硬件架构，简称 LT。其核心是在原来硬件基础上增加一层可信机制，目的是保护 PC 可能遭受的基于软件甚至基于硬件的攻击。LT 是一组强化的硬件部件，包括微处理器、芯片组、I/O 设备及其相应软件。

同年，微软将 Palladium 改名为 NGSCB（Next-Generation Secure Computing Base，下一代安全计算基）。2005 年，微软将“瘦身”版的 NGSCB 嵌入到新一代操作系统 Vista 中，其中包括安全启动和数据存储保护等功能。而 NGSCB 的目的是为构建下一代安全计算平台环境提供基于软、硬件的整套方案。

2006 年，IBM 的 Reiner Sailer 和 Trent Jaeger 等人为 Xen 虚拟机设计实现了“虚拟 TPM”，一个可信计算硬件同时能够为多个运行的操作系统提供安全服务。为此，他们扩展了现有 TPM 规范的指令集，使多个用户能透明地使用一个 TPM，并大大提高了可信计算硬件的使用效率。

2007 年，Intel 正式发布了可信执行技术（Trusted Extension Technology，TXT）。该技术主要是通过硬件内核和子系统来控制被访问的计算机资源。TXT 技术具备以下保护功能：处理器执行内存、处理器事件处理、系统内存、内存和芯片组路径、存储子系统、人为输入设备和显卡输出等。此后，在 2013 年继续推出了 SGX 技术，在计算平台上实现可信空间增强软件的安全性。此技术可为合法软件提供一个可信执行环境，保护合法软件不受恶意软件的攻击。

ARM 芯片也广泛采用了 TrustZone 技术，为应用提供可信安全的计算环境，当应用需要执行安全服务时，TrustZone 会将 ARM 切换到安全世界，再执行重要服务，TrustZone 保障了安全世界是一个可信的执行安全环境。

微软在 Vista 系统以后就引入了可信计算技术作为其安全保护技术，在 Windows 8.1 以后更是强制使用可信计算技术，在 Windows 10 系统彻底加强了可信计算的使用。微软在最新发布中说道："所有新设备和电脑，运行所有 Windows 10 都必须有 TPM 2.0 支持，而且必须要默认激活。"

5.2.2 国内可信计算发展与现状

相比于国外可信计算的发展，我国在可信计算技术研究方面起步较早。早在 1992 年，我国专家发明了微机保护卡，利用了密码技术解决 DOS 运行环境中的 PC 安全保护问题，达到了无病毒、自我免疫的效果。其核心技术是采用了二进制可执行代码的加密保护，加载运行时进行完整性校验，不符合合法授权的程序将无法运行，病毒自然也无法进来。即使恶意代码或病毒进入系统，也无法破坏关键的应用程序和系统文件，因为关键的可执行代码通过密码机制进行了保密性和完整性保护。在这一思想的影响下，国内当时还出现了许多类似的基于硬件的防病毒卡。这可以认为是我国早期对可信计算的研究。

2000 年 6 月，武汉瑞达和武汉大学合作，开始研制安全计算机，并且在专家的指导下，将平台认证、代码保护、密码校验等机制加入安全计算机方案，其核心思想是采用了可信计算。该成果在 2004 年 10 月通过鉴定，被认为是"国内第一款可信计算机"。

2005 年 4 月，联想集团的 TPM 芯片和可信计算机相继研制成功。同年，兆日公司的 TPM 芯片也研制成功，同方、方正、浪潮、长城等公司也推出了可信计算机样机，加入了可信计算的行列。至此，中国的可信计算产业揭开了序幕。但此后很快发现，国内在技术上盲目跟踪 TCG，我国可信计算产业的发展受到很大局限。

2005 年 12 月，国内组织了知名芯片厂商和从事可信计算产品研发的公司及科研单位，成立了"可信计算密码支撑平台联合工作组"，开始对可信计算密码标准进行预研。2006 年，联合工作组在北京工业大学多次集中攻关，研究编写可信计算平台密码方案，完成了"可信计算密码规范"和"可信计算平台密码规范测评规范"编制任务。这些成果被当时的验收专家组认为对形成我国可信计算平台密码相关标准和专利奠定了良好基础，为推动我国可信计算 3.0 产业发展提供了有力的密码技术支撑。

2007 年 2 月，北京工业大学、电子四所、华为、长城、中标软等 13 家单位，在"可信计算平台密码"基础上，研究制定"可信平台控制模块规范"等 4 个面向主机的标准，完成了《可信平台控制模块规范》、《可信平台主板功能接口规范》、《可信基础支撑软件规范》、《可信网络连接架构规范》标准草案，形成了可信计算 3.0 标准系列的主体框架，解决了芯片、软件栈、主机平台和网络连接基本结构等主要问题。同时，研究起草完成了 4 个配套标准草案，分别为《可信计算规范体系结构》、《可信服务器支撑平台规范》、《可信存储规范》、《可信计算机可信测评规范》。

2007 年 12 月，国家密码管理局发布了《可信计算密码支撑平台功能与接口规范》，该规范以上述“可信计算密码规范”为指导，描述了可信计算密码支撑平台的功能原理与要求，并定义了可信计算密码支撑平台为应用层提供服务的接口规范。可信计算密码规范与标准的制定，为我国可信计算的发展方向和广泛应用起到了基础性引导和促进的作用。

2007 年之后，包括 973、863、国家自然科学基金等科研基金，以及原信息产业部、发展改革委等部委的产业发展基金，都对可信计算相关技术研究和产品开发进行了大力支持。

2008 年 4 月，为促进我国可信计算技术发展，由企事业、科研单位、相关用户和个人组成的中国可信计算联盟（CCTU）成立，旨在以企业为主体，产学研用联合，促进我国可信计算产业链的形成和发展，增强企业竞争力。

2014 年 4 月 16 日，中关村可信计算产业联盟成立，联盟是经北京市民政局批准，具有法人资格的社会团体。目前，联盟发展到 180 多家会员单位，涉及国内可信计算产业链的各个环节，覆盖了“产学研用”各界。联盟旨在依托联盟成员构建高效、互补、良性循环发展的可信计算 3.0 产业链。同月，中国电子信息产业集团旗下北京可信华泰信息技术有限公司推出了可信计算 3.0 旗帜性产品——“白细胞”操作系统免疫平台，宣告了可信计算 3.0 产业化时代的正式到来。

5.3 中国可信计算革命性创新

5.3.1 全新的可信计算体系构架

相对于国外可信计算被动调用的外挂式体系构架，中国可信计算革命性地开创了以自主密码为基础、控制芯片为支柱、双融主板为平台、可信软件为核心、可信连接为纽带、策略管控成体系、安全可信保应用的可信计算体系构架，如图 5-3 所示。

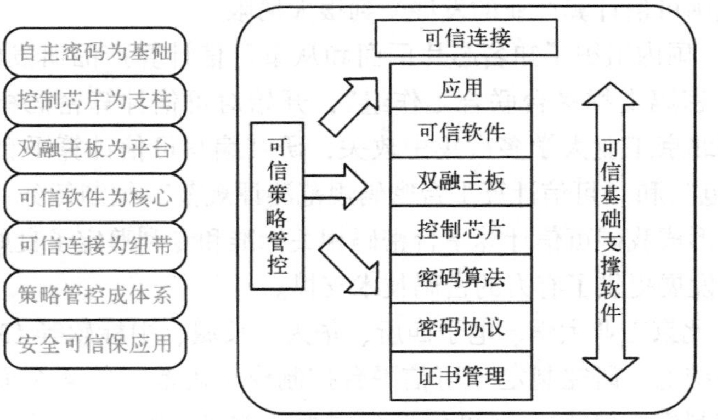

图 5-3 全新的可信计算体系构架

在该体系构架指引下，我国在 2010 年前完成了核心的 9 部国家标准和 5 部国军标的研究起草工作。到目前为止，已发布国家标准 3 项和国军标 3 项，即将发布国家标准 2 项，已发布团体标准（中关村可信计算产业联盟标准）4项，授权国家专利上百项。

5.3.2 跨越了国际可信计算组织（TCG）可信计算的局限性

1. 密码体制的局限性

TCG原版本只采用了公钥密码算法RSA，杂凑算法只支持SHA-1系列，回避了对称密码。由此导致密钥管理、密钥迁移和授权协议的设计复杂化（5类证书、7类密钥），也直接威胁着密码的安全。TPM 2.0采用了我国对称、非对称结合的密码体制，并申报成为了国际标准。

2. 体系结构的不合理

TCG采用外挂式结构，未从计算机体系结构上做变更，把可信平台模块（TPM）作为外部设备挂接在外总线上。软件上，可信软件栈（TSS）是TPS的子程序库，被动调用，无法动态主动度量。中国可信计算创新采用双系统体系架构，变被动模式为主动模式，使主动免疫防御成为可能。

5.3.3 创新可信密码体系

可信计算平台密码方案的创新之处主要体现在算法、机制和证书结构三方面。在密码算法上，全部采用国有自主设计的算法，定义了可信计算密码模块（TCM）；在密码机制上，对称密码与公钥密码相结合，提高了安全性和效率；在证书结构上，采用双证书结构，简化了证书管理，提高了可用性和可管性。

5.3.4 创建主动免疫体系结构

主动免疫是中国可信计算革命性创新的集中体现。在双系统体系框架下，采用自主创新的对称、非对称相结合的密码体系，作为免疫基因；通过主动度量控制芯片（TPCM）植入可信源根，在TCM基础上添加信任根控制功能，实现密码与控制相结合，将可信平台控制模块设计为可信计算控制节点，实现了TPCM对整个平台的主动控制；在可信平台主板中增加了可信度量节点，实现了计算和可信双节点融合；软件基础层实现宿主操作系统和可信软件基的双重系统核心，通过在操作系统核心层并接一个可信的控制软件接管系统调用，在不改变应用软件的前提下实施主动防御；网络层采用三元三层对等的可信连接架构，在访问请求者、访问控制者和策略仲裁者之间进行三重控制和鉴别，对访问请求者和访问控制者实现统一的策略管理，提高系统整体的可信性，如图5-4所示。

5.3.5 开创可信计算3.0新时代

可信计算1.0以世界容错组织为代表，主要特征是主机可靠性，通过容错算法、故障诊查实现计算机部件的冗余备份。可信计算2.0以TCG为代表，主要特征是节点安全性，通过外部挂接的TPM芯片实现被动度量。中国的可信计算3.0的主要特征是系统免疫性，其保护对象为节点虚拟动态链，通过“宿主+可信”双节点可信免疫架构实现对信息系统的主动免疫防护，如图5-5所示。

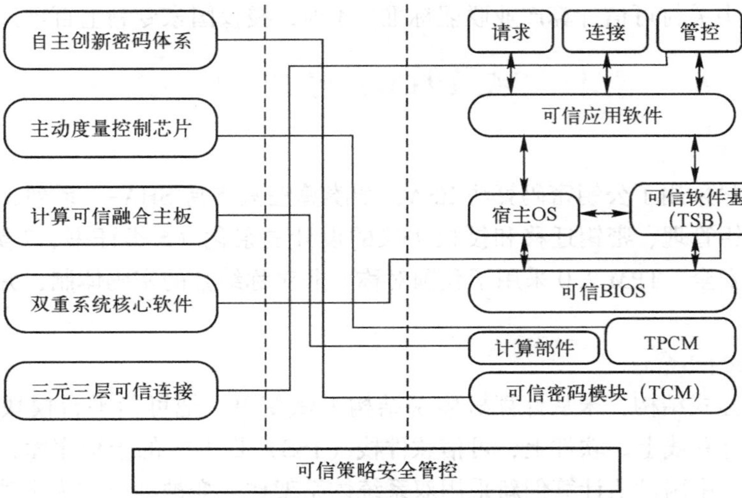

图 5-4　主动免疫体系结构

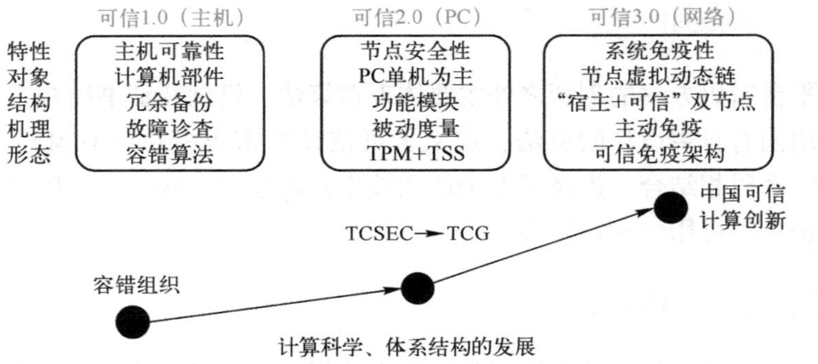

图 5-5　可信计算发展路径

可信计算 3.0 的理论基础为计算复杂性理论及可信验证。它针对已知流程的应用系统，根据系统的安全需求，通过“量体裁衣”的方式，针对应用和流程制定策略来适应实际安全需要，特别适合为重要生产信息系统提供安全保障。可信计算 3.0 防御特性如表 5-1 所示。

表 5-1　可信计算 3.0 防御特性

分　项	特　性
理论基础	计算复杂性，可信验证
应用适应面	适用服务器、存储系统、终端、嵌入式系统
安全强度	强，可抵御未知病毒、未知漏洞的攻击，智能感知
保护目标	统一管理平台策略支撑下的数据信息处理可信和系统服务资源可信
技术手段	以密码为基因，主动识别，主动度量，主动保密存储
防范位置	行为的源头，网络平台自动管理
成本	低，可在多核处理器内部实现可信节点
实施难度	易实施，既可适用于新系统建设，也可进行旧系统改造
对业务的影响	不需要修改原应用，通过制定策略进行主动实时防护，业务性能影响 3%以下

可信计算 3.0 是传统访问控制机制在新型信息系统环境下的创新发展，符合事物的螺旋式上升发展规律。它以密码为基因，通过主动识别、主动度量、主动保密存储，实现统一管理平台策略支撑下的数据信息处理可信和系统服务资源可信。可信计算 3.0 在攻击行为的源头判断异常行为并进行防范，其安全强度较高，可抵御未知病毒、未知漏洞的攻击，能够智能感知系统运行过程中出现的规律安全问题。

可信计算 3.0 通过独立的可信架构实现主动免疫，目前只加芯片和软件即可，对现有软、硬件架构影响小。可以利用现有计算资源的冗余，也可在多核处理器内部实现可信节点，实现成本低，可靠性高。同时，可信计算 3.0 提供可信 UKey 接入、可信插卡及可信主板改造等不同方式的产品，既可适用于新系统建设，也可用于旧系统改造；系统通过对应用透明的主动可信监控机制保障应用可信运行，不需要修改原应用程序代码，而是通过制定策略进行主动实时防护，这种防护机制对业务性能影响很小，应用实例表明系统性能影响在3%以下。

5.4 可信计算平台技术规范

5.4.1 可信计算平台密码方案

密码技术是可信计算平台的基础。TCG 的密码技术在密码算法、授权协议方面存在不安全的问题，并且密钥和证书类型繁多。针对这些不足，我国的“可信计算密码规范”课题设计了与 TCG 不同的密码方案，构成了我国的自主可信计算标准的基础。该方案使用对称算法与非对称算法相结合的密码算法，精简了授权协议，简化了密钥和证书类型。

本节首先讲述可信计算平台的主要功能和密码之间的关系，包括平台完整性度量与报告、平台身份可信、平台数据安全保护三个功能，以及 SCH、ECC、SMS4 三个密码算法。然后分别针对可信计算密码方案中密钥管理和证书管理等方面进行讲解。

1. 密码与可信计算平台功能的关系

密码技术是可信计算平台的基础，为可信计算平台实现其安全功能提供密码支持。可信计算平台实现了如下三大功能。

（1）平台完整性度量与报告

利用密码机制，通过对系统平台组件的完整性度量，确保系统平台完整性，并向外部实体可信地报告平台完整性。

（2）平台身份可信

利用密码机制，标识系统平台身份，实现系统平台身份管理功能，并向外部实体提供系统平台身份证明和应用身份证明服务。

（3）平台数据安全保护

利用密码机制，保护系统平台敏感数据。其中数据安全保护包括平台自身敏感数据的保护和用户敏感数据的保护。另外也可为用户数据保护提供服务接口。

密码与平台功能关系如图 5-6 所示。

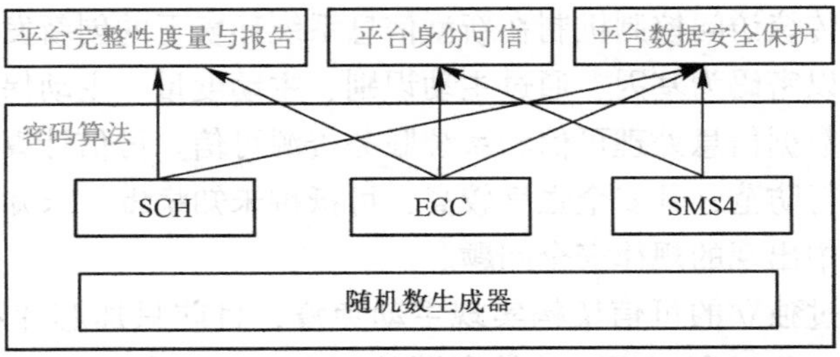

图 5-6　密码与平台功能

2. 密钥管理

(1) 种类和用途

根据密钥的使用范围，平台中的密钥可以分为以下三类：

平台身份类密钥，如密码模块密钥（Endorsement Key，EK）、平台身份密钥（Platform Identity Key，PIK）、平台加密密钥（Platform Encryption Key，PEK）；平台存储类密钥，如存储主密钥（Storage Master Key，SMK）；用户类密钥，如用户密钥（User Key，UK）。

密钥种类如表 5-2 所示。

表 5-2　密钥种类

平台身份类密钥	密码模块密钥（EK）
	平台身份密钥（PIK）
	平台加密密钥（PEK）
平台存储类密钥	存储主密钥（SMK）
用户类密钥	用户密钥（UK）

① 密码模块密钥（EK）：是可信密码模块的初始密钥，是平台可信度的基本元素。

② 平台身份密钥（PIK）：是可信密码模块的身份密钥。平台身份密钥用于对可信密码模块内部的信息进行数字签名，实现平台身份认证和平台完整性报告。

③ 平台加密密钥（PEK）：与平台身份密钥配对构成双密钥（及双证书）。平台加密密钥可用于平台间的密钥迁移及平台间的其他数据交换。

④ 存储主密钥（SMK）：用于保护平台身份密钥和用户密钥的主密钥。

⑤ 用户密钥（UK）：用于实现用户所需的密码功能，包括保密性、完整性保护和身份认证等。

(2) 密钥存储保护

密码模块密钥、存储主密钥、平台所有者的授权数据直接存放在可信密码模块内部，通过可信密码模块的物理安全措施保护。

平台身份密钥、平台加密密钥、用户密钥等可以加密保存在模块外部。

平台通过设置密钥实体的权限数据来控制用户对密钥的访问。权限数据必须被加密存储保护。

(3) 密钥的生命周期

平台生命周期可以分为以下几个阶段。

① 制造。包括可信密码模块生产、集成和计算机系统的制造过程。

② 初始化。取得平台所有者权限过程。

③ 部署。平台所有者将平台部署到应用系统的过程。

④ 应用。平台用户使用平台完成平台完整性度量、平台身份证明和数据安全保护的过程。

⑤ 撤销。即平台的销毁过程。

在平台的生命周期中，各种密钥的生成、使用和销毁过程如表 5-3 所示。

表 5-3 密钥的生成、使用和销毁过程

<table>
<tr><th></th><th>制　造</th><th>初 始 化</th><th>部　署</th><th>应　用</th><th>撤　销</th></tr>
<tr><td>密码模块密钥</td><td>生成</td><td>重新生成、使用</td><td></td><td></td><td>销毁</td></tr>
<tr><td>平台身份密钥</td><td colspan="2"></td><td>生成</td><td>生成、使用</td><td>销毁</td></tr>
<tr><td>平台加密密钥</td><td colspan="2"></td><td>生成</td><td>生成、使用</td><td>销毁</td></tr>
<tr><td>存储主密钥</td><td></td><td>生成</td><td colspan="2">使用</td><td>销毁</td></tr>
<tr><td>用户密钥</td><td colspan="3"></td><td>生成、使用、迁移</td><td>销毁</td></tr>
</table>

3. 证书管理

平台设置密码模块证书和平台证书两种数字证书。平台证书采用“双证书”机制，平台证书包含平台身份证书和平台加密证书，平台身份证书用于平台身份的证明，平台加密证书执行加密运算，用于平台间密钥迁移，以及其他敏感数据的交换保护。

(1) 密码模块证书

① 证书的签发：密码模块证书可以在平台的生产阶段由可信方颁发，也可以在平台的部署阶段由用户委托可信方颁发。

② 证书的使用：密码模块证书用于建立密码模块密钥与可信密码模块的绑定关系。平台一旦确定了所有者，必须在取得所有者授权后才可以访问该证书，以保护平台所有者的隐私。

③ 证书的撤销和废止：密码模块证书的有效期是可选属性。密码模块证书一般不需要更新，但是很多因素可能引起证书的撤销和废止，例如，平台弃用或丢失，重新生成密码模块密钥等。

④ 证书的内容：密码模块证书为公钥证书，符合 X. 509 V3 标准。包含的具体内容如表 5-4 所示。

表 5-4 密码模块证书包含的内容

字 段 名	描　述	字段状态
证书类型标签	用以区分其他证书类型	必须
密码模块密钥对的公钥	可信密码模块密钥对的公钥值	必须
可信密码模块型号	生产商定义的信息	必须
规范版本号	标识该可信密码模块所遵循的规范	必须
证书发布者	标识该证书的发布者	必须

续表

字段名	描述	字段状态
签名值	签发者对证书的签名值	必须
可信密码模块声明	与可信密码模块安全相关的声明	可选
有效期	证书的有效期限	可选
相关策略	相关策略	可选
撤销定位	标识撤销状态信息的查询位置	可选

(2) 平台证书

平台证书采用“双证书”机制，包含平台身份证书和平台加密证书。

① 证书的签发：平台身份证书和平台加密证书签发实体必须是可信方。证书生成要求如下。

- 平台身份证书的 ECC 密钥对在可信密码模块内部生成。
- 平台加密证书的 ECC 密钥对由密钥管理中心（KMC）生成，用安全方式传送给平台。
- 可信方为平台签发平台身份证书和平台加密证书。
- 平台解密得到平台身份证书和平台加密证书，以及平台加密密钥的私钥。

② 证书的使用：平台身份证书的用途是验证平台身份密钥（PIK）私钥对 PCR 值的签名；平台加密证书用于平台间密钥迁移，以及其他数据的交换。

③ 证书的撤销和废止：以下几种情况可能引起平台身份证书的撤销。

- 密码模块密钥或平台身份密钥的安全性受到威胁。
- 密码模块证书被撤销。
- 证书签发实体的签名根密钥丢失。
- 密码模块证书和平台身份证书间的联系暴露。
- 与同一个密码模块证书关联的平台身份证书间的联系暴露。

如果证书被撤销，证书签发实体应及时发布证书的状态以供验证者查询。

④ 证书的内容：平台身份证书包括平台身份密钥（PIK）的公钥和证书签发者认为必要的信息，符合 X.509 V3 标准。包含的具体内容如表 5-5 所示。

表 5-5　平台身份证书包含的内容

字段名	描述	字段状态
证书类型标签	用以区分其他证书类型	必须
PIK 的公钥	平台身份密钥对的公钥值	必须
可信密码模块型号	生产商定义的信息	必须
规范版本号	标识该可信密码模块所遵循的规范	必须
证书发布者	标识该证书的发布者	必须
密钥用途	标识密钥的用途	必须
签名值	签发者对证书的签名值	必须
身份标签	由发布者给出的与 PIK 相关的字符串	必须
有效期	证书的有效期限	可选
相关策略	相关策略	可选
撤销定位	标识撤销状态信息的查询位置	可选

除“密钥用途”属性外，平台加密证书的信息与平台身份证书一致。

5.4.2 可信平台控制模块

我国可信计算创新地提出了 TPCM 作为自主可控的可信节点植入可信源根，在 TCM 基础上加以信任根控制功能，实现了以密码为基础的主动控制和度量，是一种集成在可信计算平台中，用于建立和保障信任源点的硬件核心模块。TPCM 先于 CPU 启动，并对 BIOS 进行验证，由此改变了 TPM 作为被动设备的传统思路，将可信平台模块设计为主动控制节点，实现了 TPCM 对整个平台的主动控制。可信平台控制模块还新增了输入/输出桥接单元，在修改单元中实现了自主密码算法。实现了 TPCM 对整个平台的主动控制，为可信计算提供完整性度量、安全存储、可信报告及密码服务等功能。

1. 硬件体系结构

图 5-7 为 TPCM 硬件结构图，TPCM 硬件结构的要求如下。

① TPCM 组成单元应包括：微处理器、非易失性存储单元、易失性存储单元、定时器、密码模块管理单元、输入/输出单元。

② 统一编址：非易失性存储单元、易失性存储单元、密码算法模块、输入/输出桥接器和定时器统一映射到执行引擎的地址空间。

③ 地址访问：地址空间中的映射关系由设计者自行定义。

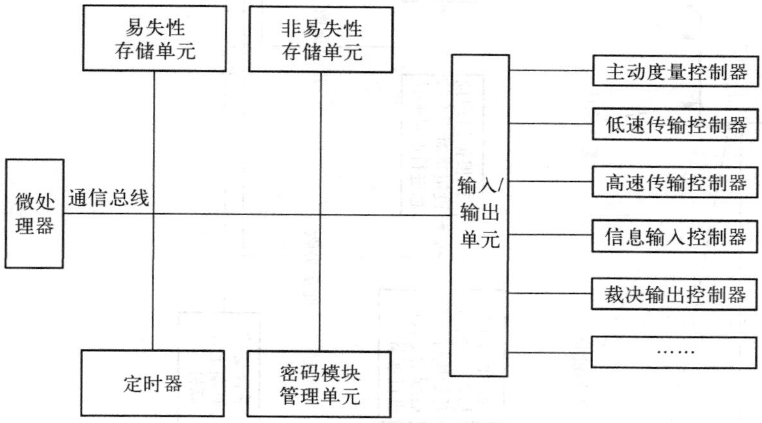

图 5-7 TPCM 硬件结构图

2. 主要功能及流程

图 5-8 为 TPCM 主动度量流程图，其工作流程如下。

① 由待机电源为 TPCM 提供电能。

② TPCM 执行状态检查。

③ 如果 TPCM 处于使能状态，则 TPCM 为启动代码芯片上电，对启动代码进行度量。

④ 如果启动代码度量结果正确，则 TPCM 发出平台上电信号，平台上电，启动代码开始执行。

⑤ 启动代码根据用户预设策略对平台信息进行度量确认。

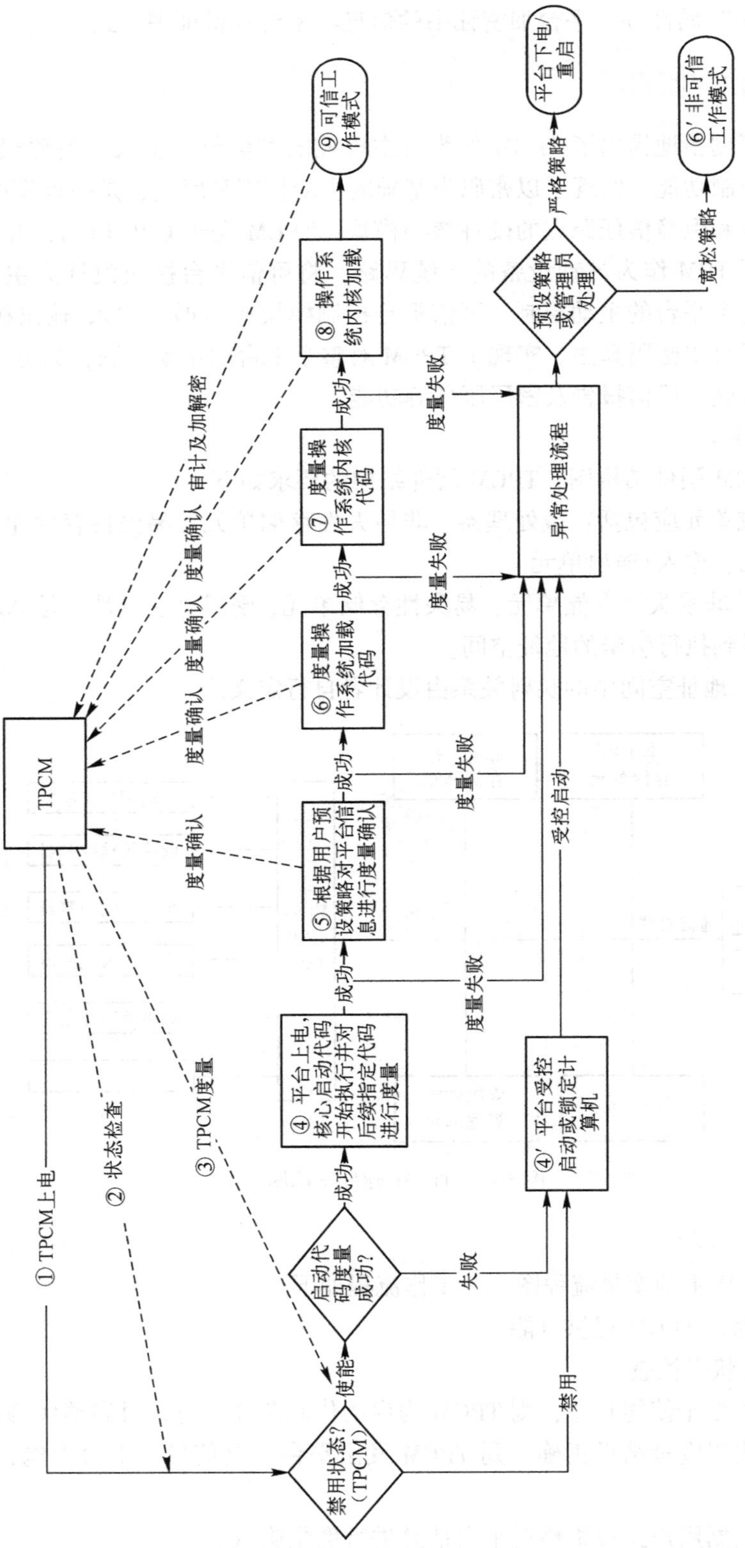

图5-8 TPCM主动度量流程图

⑥ 如果平台信息可信，则对操作系统加载代码进行度量。

⑦ 如果操作系统加载代码度量成功，则操作系统内核加载。

⑧ 系统进入可信工作模式。如果启动代码或平台信息度量不成功，则平台受控启动，TPCM 进入异常处理流程，执行预定管理策略或者由平台管理员现场操作，选择进入非可信工作模式、平台下电或重启。如果 TPCM 处于禁用状态，则平台正常上电，启动代码上电工作，系统不经过度量环节，依照传统启动步骤，使平台进入非可信工作模式。

⑨ 启动之后，系统运行过程中，TPCM 实施动态主动可信功能。

5.4.3 可信计算平台主板

可信平台控制模块安装在可信主板上。可信主板构成了可信计算的舞台。可信主板创新地在可信平台主板中增加了可信度量节点，实现了主动度量与控制。提出了多级代理度量方式，利用多级度量代理（EMM）建立信任链。在主板上构成“TPCM+TCM”的双节点，信任链在“加电第一时刻”开始建立，并对外设资源实行总线级硬件控制，为上层提供可信硬件环境平台，提高系统安全性。以多级度量代理方式建立信任链，实现到操作系统的信任链传递，为 TCB 扩展提供安全保障，为动态和虚拟度量提供支撑。

1. 体系结构

可信计算平台主板由 TPCM 和其他通用部件组成，以 TPCM 自主可信根（RT）为核心部件实现完整性度量和存储机制，并实现平台可信引导功能。

主板主要组成部件包括：可信平台控制模块（TPCM）、中央处理器（CPU）、随机存取存储器（RAM）、视频控制设备、外部辅助存储器、用户输入/输出接口（I/O）与设备、BIOS/UEFI BIOS 等 Boot ROM 固件、操作系统装载器和操作系统内核等，如图 5-9 所示。

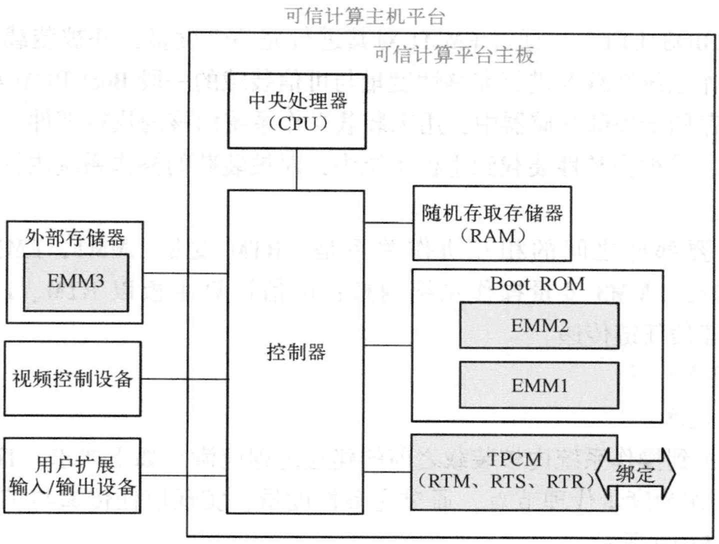

图 5-9 可信计算平台主板组成结构

① 可信平台控制模块（TPCM）：包括 TPCM 物理硬件与嵌入式系统，以及对外提供的驱动程序等实体。

② 可信计算平台主板是基于TPCM模块的计算机主板，包括CPU、动态存储器、显示控制器、TPCM硬件设备、Boot ROM固件层支撑模块及其设备驱动程序和TPCM嵌入式系统等实体。

③ 计算机主板构建原则需确保TPCM模块与主板的一一对应绑定关系。TPCM与计算机主板其他部件的协作关系上应满足如下要求：TPCM先于计算机主板其他部件启动，包括CPU，为实现RTM度量Boot ROM的起始代码EMM1构造必要条件；TPCM能够通过物理电路连接，可靠地读取主机BIOS/EFI BIOS的初始引导代码EMM1，并对其实施完整性度量和存储操作；扩展度量模块EMM代理RTM度量平台代码的装载过程，通过功能接口访问TPCM。

④ 可信根（RT）：TPCM模块实体是主板平台的可信根，包括可信度量根（RTM）、可信存储根（RTS）和可信报告根（RTR）。

⑤ 可信度量根（RTM）：TPCM嵌入式系统中用于度量Boot ROM程序中的Boot Block或一段程序代码的执行部件。

⑥ 可信存储根（RTS）：维护完整性摘要的值与摘要序列的加密引擎和加密密钥。

⑦ 可信报告根（RTR）：报告可信计算平台寄存器（PCR）所持有数据的计算引擎和加密密钥。

⑧ 扩展度量模块（EMM）：接受了完整性度量检查并被装载到当前执行环境中，度量后续代码装载的部件。作为RTM度量引擎的扩展度量模块，实现对执行部件的完整性度量，确保信任传递。

⑨ EMM1：通过RTM对其进行完整性度量并被装载到系统的一段Boot ROM初始引导程序，作为主板开机引导中装载执行部件对Boot ROM其他部件执行完整性度量的扩展度量模块。

⑩ EMM2（BIOS/UEFI）：通过EMM1对其进行完整性度量，并被装载到扩展度量模块实体，负责对操作系统装载器进行完整性度量与可信装载的一段Boot ROM程序。

⑪ EMM3：存储于外部存储器中，用来装载操作系统内核的执行部件，通过EMM2对其进行完整性度量，并被完整性装载到主板系统中，对被装载的操作系统内核执行完整性度量的扩展度量模块。

信任链上主要部件之间的相互协作关系是：RTM度量EMM1，EMM1度量EMM2，EMM2度量EMM3，EMM3度量操作系统内核；可信计算主板以RTM、EMM1、EMM2和EMM3为节点搭建信任链传递。

2. 主要功能及流程

(1) 信任链建立

信任链从开机到操作系统内核装载之前的建立过程应满足如下要求：TPCM作为信任链的信任根，EMM作为度量代理节点，通过完整性度量，实现信任传递与扩展。信任链建立的一般流程如图5-10所示。

① TPCM先于Boot ROM被执行前启动，由TPCM中的RTM度量Boot ROM中的初始引导模块（Boot Block），生成度量结果和日志，并存储于TPCM中。

② TPCM发送控制信号，使CPU、控制器和动态存储器等复位；平台加载并执行Boot

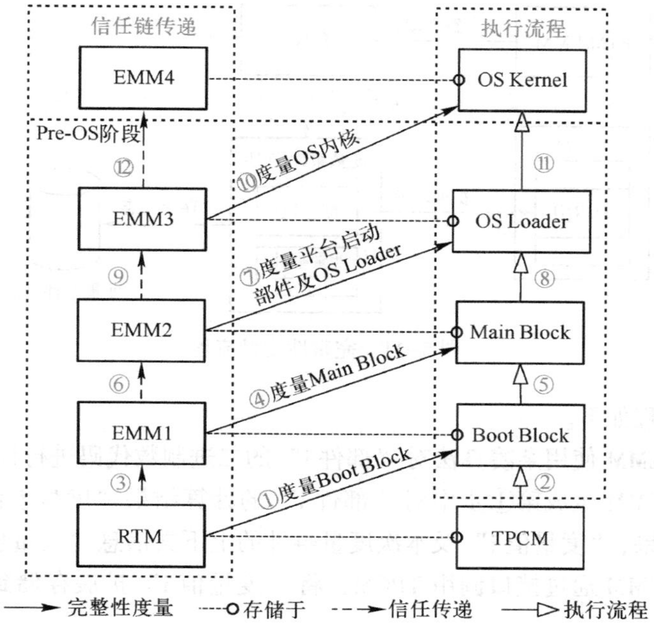

图 5-10　信任链建立流程

ROM 中的 Boot Block 代码。

③ Boot Block 中的 EMM1 获得系统执行控制权，信任从 RTM 传递到 EMM1。

④ EMM1 度量 Boot ROM 版本信息和 Main Block 中的 EMM2 代码；EMM1 存储度量结果到 TPCM 中的 PCR，存储度量日志到 Boot Block 中。

⑤ 平台加载并执行 Main Block 的代码。

⑥ Main Block 中的 EMM2 获得系统执行控制权，信任从 EMM1 传递到 EMM2。

⑦ EMM2 将①步骤中存储在 TPCM 中的日志存储到 ACPI 中；EMM2 将④步骤中存储在 Boot Block 中的日志存储到 ACPI 中；EMM2 度量平台启动部件，包括显示卡、硬盘、网卡等外部设备；在完成对平台启动部件度量后，EMM2 度量存储在外存的操作系统装载器（OS Loader）中；EMM2 生成对平台启动部件和 OS Loader 的度量结果和日志，度量结果存储到 TPCM 的 PCR 中，度量事件日志保存到 ACPI 中。

⑧ 平台加载并执行 OS Loader 的代码。

⑨ OS Loader 中的 EMM3 获得系统执行控制权，信任从 EMM2 传递到 EMM3。

⑩ EMM3 度量操作系统内核，生成度量结果和日志，度量结果存储到 TPCM 的 PCR 中，度量事件日志保存到 ACPI 中。

⑪ 平台加载并执行 OS Kernel 的代码。

⑫ OS Kernel 中的 EMM4 获得系统执行控制权，信任从 EMM3 传递到 EMM4。

（2）完整性度量

信任链基于可信度量根（RTM）建立，通过扩展度量模块（EMM）实现信任传递。RTM 和 EMM 采用杂凑算法对部件代码进行完整性计算，并存储度量结果，实现完整性度量。一次完整的度量流程如图 5-11 所示。

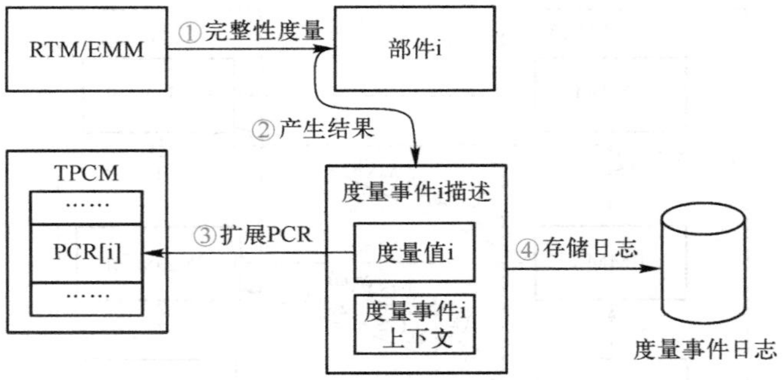

图 5-11　完整性度量流程

完整性度量流程如下。

① RTM 或者 EMM 使用杂凑算法对“部件 i”的二进制数代码进行计算。

② RTM 或者 EMM 生成第①步中对“部件 i”的计算结果“度量事件 i 描述”；该描述包括杂凑算法的结果，“度量值 i”及本次度量事件的上下文信息“度量事件 i 上下文”。

③ RTM 或者 EMM 通过接口调用 TPCM，将“度量值 i”扩展存储到预先定义与部件 i 相关的 PCR[i]中。

④ RTM 或者 EMM 将“度量事件 i 描述”存储于度量事件日志中。

完成上述 4 个步骤的整个过程为一次完整性度量事件。

5.4.4　可信软件基

可信软件基是可信计算体系的重要组成部分，基于运算和防护并存的双系统体系结构思想设计。软件层面的双系统即宿主基础软件和可信软件基（TSB）。可信软件基在宿主基础软件运行时进行主动拦截和度量，不需要修改原应用，通过制定策略进行主动实时防护，从而破坏和阻止进入系统的病毒或木马等恶意软件，达到主动免疫防御的安全效果。

TSB 是 TPCM 的操作系统，位于 TPCM 和宿主基础软件之间，承担对 TPCM 的管理，以及 TPCM 对宿主基础软件可信支撑的功能。从系统启动开始，TSB 以 TPCM 为可信根，通过信任链传递机制，实施逐级主动度量，保证系统启动、运行和网络连接等各阶段的可信，从而建立“无缝”的主动防御体系，实现系统的主动免疫。

TSB 嵌入到宿主基础软件中，在 TPCM 等可信硬件及固件的支撑下，与宿主基础软件并列运行，分别实现各自的功能，共同构成双系统体系结构。双系统体系结构是指宿主软件系统和 TSB。宿主软件系统是可信计算平台中实现正常系统功能的部分。TSB 是可信计算平台中实现可信功能的可信软件元件的全体，它不是一个独立的系统，而是由宿主系统内部多个可信软件元件逻辑上互联而成，融为一体。双系统体系结构通过在操作系统核心层加一个可信的控制软件接管系统调用，在不改变应用的前提下实施主动防御。

1. 体系结构

TSB 由基本信任基、主动监控机制和支撑机制等主要部件组成，其组成架构如图 5-12 所示。

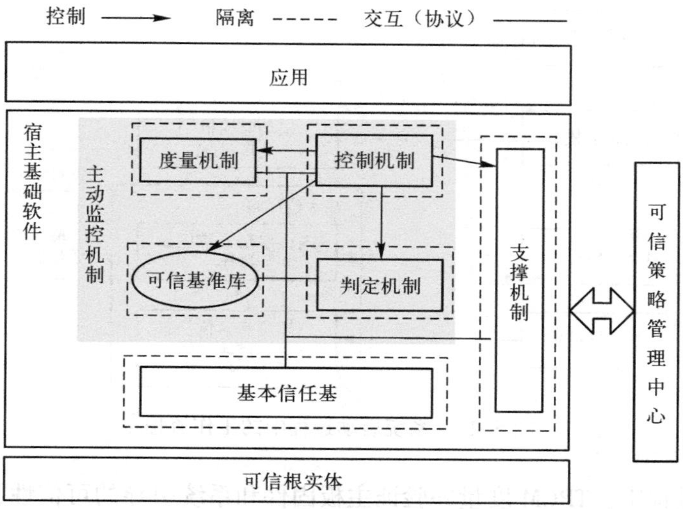

图 5-12 TSB 组成架构

TSB 功能机制如下。

① 基本信任基：度量操作系统启动环境的可信性，度量和加载主动监控机制及支撑机制。

② 主动监控机制：由控制机制、度量机制、判定机制和可信基准库组成。

- 控制机制：对应用的系统行为进行主动拦截，获取行为相关的主体、客体、操作、环境等信息发送给度量机制，并依据判定结果实施控制。
- 度量机制：依据可信策略对应用的行为信息进行度量。
- 判定机制：依据可信基准值对度量结果的可信性进行判定。
- 可信基准库：存储和管理可信基准值，为判定机制提供依据。

③ 支撑机制：支持对 TPCM 的访问和管理、可信策略的加载、配置和可信基准值的管理。

可信策略管理中心是负责 TSB 可信策略制定、下发、维护和存储等的统一管理平台。

2. 工作原理

TSB 以度量机制为核心，为度量机制自身及控制机制、判定机制和可信基准库分别配置度量策略、控制策略、判定规则和基准策略等可信策略。在系统启动开始，TSB 对系统实施主动控制，并对系统度量点处的受度量对象进行主动度量。TSB 依据可信基准库中的基准信息对度量结果进行综合判定，以确认系统是否可信。

3. 主要功能及流程

TSB 工作流程包括系统启动过程中的工作流程和系统运行过程中的工作流程。

（1）系统启动过程中的工作流程

在系统启动过程中，TSB 完成对系统的静态度量，具体过程如图 5-13 所示。

如图 5-13 所示，基本信任基包括引导层基本信任基模块和内核层基本信任基模块两部分。引导层基本信任基模块对系统镜像和内核层基本信任基实施度量；内核层基本信任基模块对控制机制、度量机制、判定机制、支撑机制和可信基准库进行度量。主动监控机制对应用进行度量。

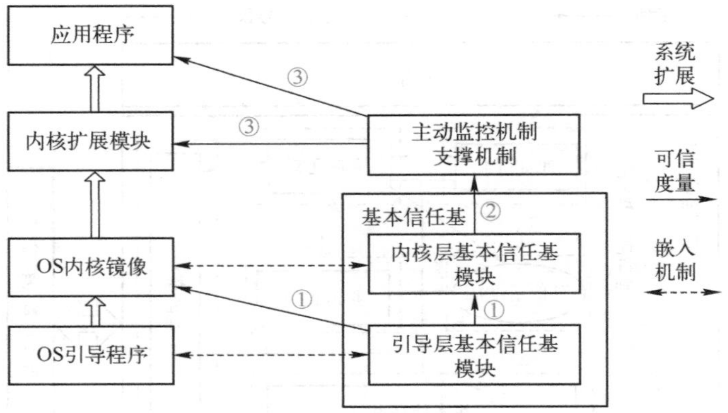

图 5-13　系统启动过程中的工作流程

在系统启动过程中，TPCM 度量并验证主板固件和系统引导的可信性，将信任从硬件平台传递至引导层。随后，基本信任基开始工作，具体流程如下。

① 引导层基本信任基模块嵌入到 OS 引导程序中。引导层基本信任基模块度量并验证 OS 内核镜像和内核层基本信任基模块的完整性。度量完成后，信任传递到 OS 内核镜像。

② 内核层基本信任基模块嵌入到 OS 内核中，被引导层基本信任基模块度量。内核层基本信任基模块度量并验证控制机制、度量机制、判定机制、支撑机制、可信基准库的完整性。度量完成后信任传递至主动监控机制和支撑机制。

③ 主动监控机制和支撑机制作为 OS 扩展模块存在，被内核层基本信任基模块度量。在支撑机制的支撑下，主动监控机制度量内核扩展模块及应用的完整性，度量完成后信任传递至应用。

(2) 系统运行过程中的工作流程

如图 5-14 所示，在系统运行过程中，TSB 在 TPCM 的支撑下完成对系统的动态度量。

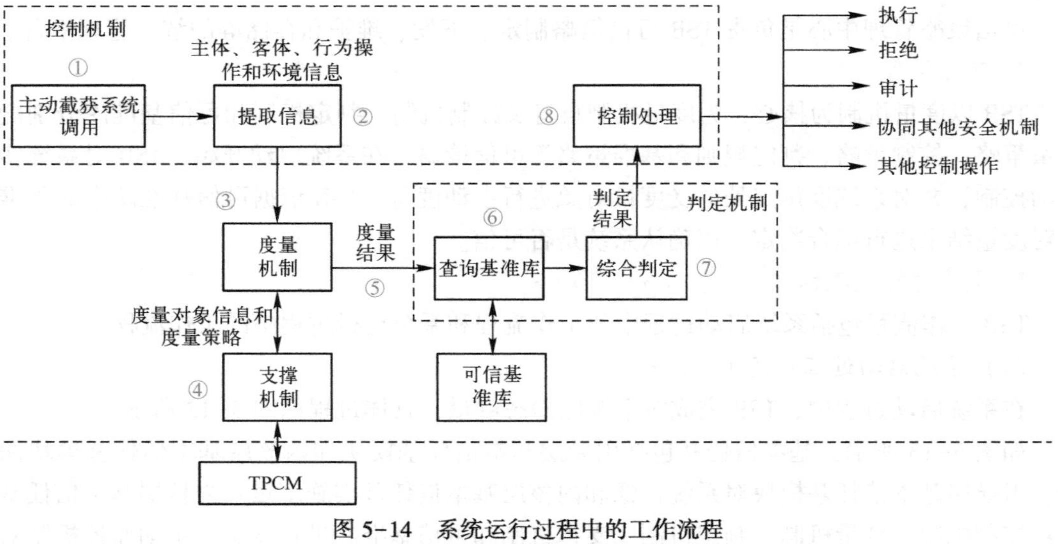

图 5-14　系统运行过程中的工作流程

① 控制机制依据控制策略主动截获系统调用。

② 控制机制获取行为相关的主体、客体、行为操作、环境等信息，并发送给度量机制。

③ 度量机制依据度量策略，利用控制机制发送的信息，生成相关信息（度量的位置、参数、度量的方法、度量时机等）。

④ 度量机制通过支撑机制将度量信息传递给 TPCM，并调用 TPCM 进行度量。在度量过程中 TPCM 作为度量的执行者，TPCM 会协同其他安全机制，并将度量结果反馈给度量机制。

⑤ 度量机制将度量结果发送至判定机制。

⑥ 判定机制依据判定策略，访问可信基准库，获取相应可信基准值。

⑦ 判定机制依据判定策略，利用可信基准值，对度量机制产生的度量结果进行综合判定，并将判定结果反馈给控制机制。

⑧ 控制机制根据判定机制返回的判定结果进行处置，包括允许该系统调用的执行、拒绝该系统调用、审计该系统调用、协同其他安全机制等。

5.4.5 可信网络连接

可信网络连接（Trusted Network Connection，TNC）是指终端连接到受保护网络的过程。可信计算 3.0 在 TNC 方面的突破是：提出了三元三层对等的可信连接架构，在访问请求者、访问控制者和策略仲裁者之间进行三重控制和鉴别；通过服务器集中控管，提高了架构的安全性和可管理性；对访问请求者和访问控制者实现统一的策略管理，提高系统整体的可信性。

1. 体系结构

可信网络连接架构建立了具有 TPCM 的终端与计算机网络间的可信网络连接，其架构如图 5-15 所示。

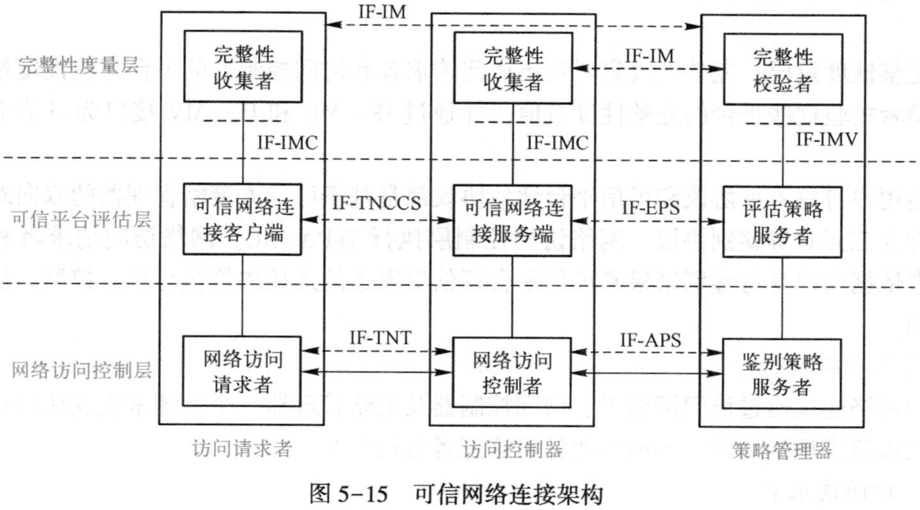

图 5-15 可信网络连接架构

在如图 5-15 所示的可信网络连接架构中，存在三个实体：访问请求者、访问控制器和策略管理器，从上至下分为三个层次：完整性度量层、可信平台评估层和网络访问控制层。

① 访问请求者（Access Requestor，AR）。访问请求者是请求接入受保护网络的实体，功能为：发出访问请求，完成与访问控制器的双向用户身份鉴别；收集完整性度量值，并发送给访问控制器，完成与访问控制器之间的双向可信平台评估，依据策略管理器在用户身份鉴别和可信平台评估过程中生成的结果执行访问控制。

② 访问控制器（Access Controller，AC）。访问控制器是控制访问请求者访问受保护网络的实体，功能为：完成与访问请求者之间双向用户身份鉴别和可信平台评估；接收访问请求者的完整性度量值，收集自身的完整性度量值，将这些完整性度量值发送给策略管理器；依据策略管理器在用户身份鉴别和可信平台评估过程中生成的结果执行访问控制。

③ 策略管理器（Policy Manager，PM）。策略管理器负责制定可信平台评估策略，协助访问请求者和访问控制器实现双向用户身份鉴别，验证访问请求者和访问控制器的 PIK 证书有效性，校验访问请求者和访问控制器的平台完整性，生成访问请求者与访问控制器在用户身份鉴别过程和可信平台评估过程中的结果。

访问请求者和访问控制器都具有 TPCM，访问请求者请求接入保护网络，访问控制器控制访问请求者对保护网络的访问。策略管理器对访问请求者和访问控制器进行管理。

在网络访问控制层，网络访问请求者、网络访问控制者和鉴别策略服务者执行用户身份鉴别协议，实现访问请求者和访问控制器之间的双向用户身份鉴别。

在可信平台评估层，可信网络连接客户端、可信网络连接服务端和评估策略服务者执行可信平台评估协议，实现访问请求者和访问控制器之间的双向可信平台评估（包括平台身份鉴别和平台完整性校验）。在可信平台评估过程中，若平台身份未成功鉴别，则断开连接；否则，验证平台完整性校验是否成功通过。若平台完整性校验未成功通过，则接入隔离域，对终端平台进行修补，修补后可重新进行可信平台评估过程；否则，访问请求者接入保护网络。

在完整性度量层，完整性收集者收集访问请求者和访问控制器的平台完整性度量值，完整性校验者校验这些平台的完整性度量值，并通过 IF-IMC 和 IF-IMV 接口为可信平台评估层服务。

上述用户身份鉴别协议和可信平台评估协议都是基于可信方策略管理器的双向对等鉴别协议，称为三元对等鉴别协议。网络访问控制层执行 TePA-AC，网络访问请求者和网络访问控制者依据用户身份鉴别结果和可信平台评估层发送的连接决策执行端口控制，从而实现访问控制。

2. 主要功能及流程

可信网络连接通过访问请求者、访问控制器及策略管理器三个实体来实现访问请求、访问控制及策略管理的功能。下面主要针对这三者进行介绍。

(1) 访问请求者

该实体包括以下部件：网络访问请求者、可信网络连接客户端和完整性收集者。

① 网络访问请求者

负责向访问控制器发起访问请求，与网络访问控制者和鉴别策略服务者执行用户身份鉴别协议，以实现访问请求者和访问控制器在网络访问控制层上的双向用户身份鉴别。

负责向访问控制器和策略管理器转发上层协议数据。

依据鉴别策略服务者生成的用户身份鉴别结果及可信网络连接客户端生成的连接决策，对自身的端口进行控制，实现对访问控制器的连接控制。

② 可信网络连接客户端

通过 IF-IMC 接口向完整性收集者请求并接收完整性度量值，与可信网络连接服务端和评估策略服务者执行可信平台评估协议，实现访问请求者和访问控制器的双向可信平台评估。

依据评估策略服务者生成的可信平台评估结果，生成连接决策并发送给网络访问请求者。

③ 完整性收集者

利用可信计算平台提供的完整性服务，收集访问请求者和访问控制器的平台完整性信息。

(2) 访问控制器

该实体包括以下部件：网络访问控制者、可信网络连接服务端和完整性收集者。

① 网络访问控制者

负责激活网络访问控制层的用户身份鉴别协议，与网络访问请求者和鉴别策略服务者执行用户身份鉴别协议，以实现访问请求者和访问控制器的双向用户身份鉴别。

负责向访问请求者和策略管理器转发可信平台评估层的协议数据。

依据鉴别策略服务者生成的用户身份鉴别结果及可信网络连接服务器生成的连接决策，对自身的端口进行控制，实现对访问请求者的接入控制。

② 可信网络连接服务端

负责激活可信平台评估层上的可信平台评估协议，通过 IF-IMC 接口向完整性收集者请求并接收完整性度量值，与可信网络连接客户端和评估策略服务者执行可信平台评估协议，实现访问请求者和访问控制器的双向可信平台评估。

依据评估策略服务者生成的可信平台评估结果，生成接入决策并发送给网络访问控制者。

③ 完整性收集者

与（1）中③相同。

(3) 策略管理器

该实体包括以下部件：鉴别策略服务者、评估策略服务者和完整性校验者。

① 鉴别策略服务者

与网络访问请求者和网络访问控制者执行用户身份鉴别协议，并作为该协议中的可信方，实现访问请求者和访问控制器之间的双向用户身份鉴别。

② 评估策略服务者

与可信网络连接客户端和可信网络连接服务器执行可信平台评估协议，并作为该协议中的可信方，实现访问请求者和访问控制器的双向可信平台评估。

评估策略服务者验证访问请求者和访问控制器的平台身份证书的有效性，平台身份证书有效性确认后，通过 IF-IMV 接口向完整性校验者发送访问请求者和访问控制器的平台完整性度量值，并接收由完整性校验者返回的访问请求者和访问控制器的平台完整性度量值的校验结果，最后生成可信平台评估结果（平台身份证书有效性验证结果和平台完整性校验结果）发送给访问请求者和访问控制器。

③ 完整性校验者

利用完整性管理中的平台部件的完整性基准值校验访问请求者和访问控制器的平台完整性信息。

本章小结

网络安全问题是由设计缺陷引起的，传统的计算机体系结构只强调了计算功能，而没有考虑安全防护，这相当于一个人没有免疫系统，只能生活在无菌状态下。当前大部分网络安全系统由防火墙、入侵检测和病毒防范等组成，消极被动的“封堵查杀”是防不胜防的。可信计算就是为计算机建立起免疫系统机制。我国的可信计算 3.0 体系是一种运算和防护并存的、主动免疫的新计算模式，具有身份识别、状态度量、保密存储等功能，能及时识别“自己”和“非己”成分，从而破坏与排斥进入机体的有害物质。

本章主要包括以下内容。

(1) 可信计算概述

研究了当前网络安全防护存在的问题，重点强调了中国可信计算的革命性创新，阐述了“自主密码为基础、控制芯片为支柱、双融主板为平台、可信软件为核心、可信连接为纽带、策略管控成体系、安全可信保应用”的可信计算体系构架，可信计算 3.0 使计算机拥有了自己的“免疫系统”。

(2) 中国可信计算创新

中国可信计算在体系结构、密码体系上革命性地进行了创新，跨越了国际可信计算组织（TCG）可信计算的局限性，创建了主动免疫的体系结构。中国可信计算 3.0 的主要特征是系统免疫性，其保护对象为节点虚拟动态链，通过“宿主+可信”双节点可信免疫架构实现信息系统的主动免疫防护。具有易部署、低成本、不需要修改应用，能够抵御未知病毒、未知漏洞攻击的特点，开创了可信计算 3.0 的新时代。

(3) 可信计算平台密码方案

密码技术是可信计算平台的基础，为可信计算平台实现安全功能提供密码支持。可信计算密码支撑平台中配备的密码算法包括：随机数产生算法、杂凑算法、消息验证码算法、对称密码算法和公钥密码算法。可信计算平台对密码的使用涉及密钥迁移、授权协议、DAA 数字签名等。根据密钥的使用范围，平台中的密钥可以分为三类：平台身份类密钥、平台存储类密钥、用户类密钥。密码模块密钥、存储主密钥、平台所有者的授权数据直接存放在可信密码模块内部，通过可信密码模块的物理安全措施保护；平台身份密钥、平台加密密钥、用户密钥等可以加密保存在模块外部。平台通过设置密钥实体的权限数据来控制用户对密钥的访问。权限数据必须被加密存储保护。平台设置密码模块证书和平台证书两种数字证书。平台证书采用“双证书”机制，平台证书包含平台身份证书和平台加密证书，平台身份证书用于平台身份的证明，平台加密证书执行加密运算，用于平台间密钥迁移，以及其他敏感数据的交换保护。

（4）可信平台控制模块

可信平台控制模块是可信应用的核心控制模块，它为可信应用提供物理上的三个根功能：可信度量根、可信报告根与可信存储根。以可信平台控制模块为基础，可以扩展出可信计算平台的可信度量功能、可信报告功能与可信存储功能。在TPCM内部应包括如下单元：微处理器、非易失性存储单元、易失性存储单元、随机数发生器、密码算法引擎、密钥生成器、定时器、输入/输出桥接单元和各种输入/输出控制器模块。可信平台控制模块实现了主动免疫的根，尤其是动态主动的支撑。

（5）可信平台主板

可信平台控制模块安装在可信主板上。可信主板构成了可信计算的平台。可信计算主板涉及的功能主要包括信任链的建立。可信链的建立基于可信度量，可信度量的方法是代码的完整性度量。完整性度量功能检查运行前后软硬件代码的一致性，从而保证代码不被外部篡改。可信计算平台主板是由TPCM和其他通用部件组成的，以TPCM自主可信根（RT）为核心部件实现完整性度量和存储机制，并实现平台可信引导功能。

（6）可信软件基

可信软件基在可信计算体系框架中处于承上启下的核心地位，是TPCM操作系统的延伸，并行于宿主操作系统，在宿主操作系统内部主动拦截，实现应用程序不加指令改造就可实施可信支撑，形成了主动免疫的软件双系统结构。TSB由基本信任基、控制机制、度量机制、支撑机制、判定机制和可信基准库等主要部件组成。基本信任基为TSB和宿主软件系统提供最基础的可信功能。可信基准库存储可信基准信息，供TSB的控制、度量、判定等功能使用。度量机制依据度量策略对宿主基础软件进行可信度量，判定机制依据判定规则对度量结果进行综合判定，得出系统是否可信的结论。控制机制依据控制策略对系统进行主动控制，为度量机制传递受度量信息，并执行判定机制的判定结果。支撑机制支持TSB对TPCM的访问和管理、支持TSB与可信策略管理平台的交互，以及支持可信基准信息的管理和更新。

（7）可信网络连接

在可信网络连接架构中，存在三个实体：访问请求者、访问控制器和策略管理器，从上至下分为三个层次：完整性度量层、可信平台评估层和网络访问控制层。它通过访问请求者、访问控制器及策略管理器实现访问请求、访问控制及策略管理的功能。

习题

1. 如何理解可信计算的概念，可信计算和传统的网络安全保护机制的不同点是什么？
2. 概述可信计算平台的体系结构和主要功能。
3. 描述密码算法与可信密码支撑平台的关系。
4. 概述可信平台控制模块的三大功能。
5. 描述信任链的建立过程。
6. 概述可信软件基三个基础功能机制。
7. 概述可信网络连接架构中三个实体完成的主要功能。

第6章　等级保护

本章要点

- 等级保护基本原理
- 第三级、第四级系统安全设计技术要求
- 一个第三级应用支撑平台的设计实例

6.1 等级保护综述

等级保护是我国网络安全保障的基本制度、基本策略、基本方法，是保护信息化健康发展、维护国家网络空间安全的根本保障。随着我国《网络安全法》的出台，以及云计算、物联网等新技术、新应用的普及，等级保护制度进入了2.0时代，实现了从“信息安全等级保护”到“网络安全等级保护”的变更（除个别固定用法或文件、标准名外，本章均使用“网络安全等级保护”）。

6.1.1 等级保护内涵

网络安全等级保护是指对国家秘密信息、法人和其他组织及公民的专有信息及公开信息和存储、传输、处理这些信息的信息系统分等级实行安全保护，对信息系统中使用的信息安全产品实行按等级管理，对信息系统中发生的信息安全事件分等级响应、处置。

网络安全等级保护对象主要包括：网络基础设施、信息系统、大数据、云计算平台、物联网、工控系统等。根据其在国家安全、经济建设、社会生活中的重要程度，遭到破坏后对国家安全、社会秩序、公共利益及公民、法人和其他组织的合法权益的危害程度等，由低到高划分为五级。

① 第一级：等级保护对象受到破坏后，会对公民、法人和其他组织的合法权益造成损害，但不损害国家安全、社会秩序和公共利益。

② 第二级：等级保护对象受到破坏后，会对公民、法人和其他组织的合法权益产生严重损害，或者对社会秩序和公共利益造成损害，但不损害国家安全。

③ 第三级：等级保护对象受到破坏后，会对社会秩序和公共利益造成严重损害，或者对国家安全造成损害。

④ 第四级：等级保护对象受到破坏后，会对社会秩序和公共利益造成特别严重损害，或者对国家安全造成严重损害。

⑤ 第五级：等级保护对象受到破坏后，会对国家安全造成特别严重损害。

第三级及以上的等级保护对象是国家的核心系统，是国家政治安全、疆土安全和经济安全之所系。等级保护对象应依据其安全保护等级保证它们具有相应等级的安全保护能力，不同安全保护等级的保护对象要求具有不同的安全保护能力。显然，安全等级越高，其安全保护能力要求也就越高。不同等级的保护对象应具备的基本安全保护能力如下。

① 第一级安全保护能力：应能够防护免受来自个人的、拥有很少资源的威胁源发起的恶意攻击、一般的自然灾难，以及其他相当危害程度的威胁所造成的关键资源损害，在自身遭到损害后，能够恢复部分功能。

② 第二级安全保护能力：应能够防护免受来自外部小型组织的、拥有少量资源的威胁源发起的恶意攻击、一般的自然灾难，以及其他相当危害程度的威胁所造成的重要资源损害，能够发现重要的安全漏洞和安全事件，在自身遭到损害后，能够在一段时间内恢复部分功能。

③ 第三级安全保护能力：应能够在统一安全策略下防护免受来自外部有组织的团体、拥有较为丰富资源的威胁源发起的恶意攻击、较为严重的自然灾难，以及其他相当危害程度的威胁所造成的主要资源损害，能够发现安全漏洞和安全事件，在自身遭到损害后，能够较快恢复绝大部分功能。

④ 第四级安全保护能力：应能够在统一安全策略下防护免受来自国家级别的、敌对组织的、拥有丰富资源的威胁源发起的恶意攻击、严重的自然灾难，以及其他相当危害程度的威胁所造成的资源损害，能够发现安全漏洞和安全事件，在自身遭到损害后，能够迅速恢复所有功能。

⑤ 第五级安全保护能力：略。

6.1.2 等级保护工作流程

等级保护工作流程如图6-1所示，分为5个基本步骤：定级、备案、建设整改、等级测评、监督检查。以下是对这5个阶段的定义。

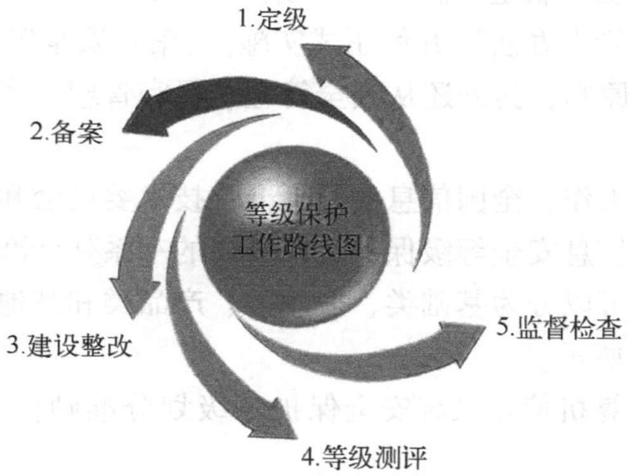

图6-1 等级保护工作流程

定级：等级保护对象的运营、使用单位按照等级保护的管理规范和技术标准，确定其安全保护等级。

备案：等级保护对象的运营、使用单位按照相关管理规定报送本地区公安机关备案。跨地域的等级保护对象由其主管部门向其所在地的同级公安机关进行总备案，分系统分别由当地运营、使用单位向本地地市级公安机关备案。

建设整改：对已有的等级保护对象，其运营、使用单位根据已经确定的安全保护等级，按照等级保护的管理规范和技术标准，采购和使用相应等级的信息安全产品，落实安全技术措施和管理措施，完成系统整改。对新建、改建、扩建的等级保护对象应当按照等级保护的管理规范和技术标准进行规划设计、建设施工。

等级测评：等级保护对象的运营、使用单位按照与其安全保护等级相对应的管理规范和技术标准的要求，定期进行安全状况检测评估，及时消除安全隐患和漏洞。等级保护对象的主管部门应当按照等级保护的管理规范和技术标准的要求做好监督管理工作，发现问题，及时督促整改。

监督检查：公安机关按照等级保护的管理规范和技术标准的要求，重点对第三级、第四级等级保护对象的安全等级保护状况进行监督检查。发现确定的安全保护等级不符合等级保护的管理规范和技术标准的，要通知信息和信息系统的主管部门及运营、使用单位进行整改；发现存在安全隐患或未达到等级保护的管理规范和技术标准要求的，要限期整改，使等级保护对象的安全保护措施更加完善。

6.1.3 等级保护相关标准法规

国家已针对等级保护提出了一系列的标准法规，是各单位建设等级保护系统的依据。最早提及等级保护的法规是1994年国务院颁布的《中华人民共和国计算机信息系统安全保护条例》，其中明确要求“计算机信息系统实行安全等级保护。安全等级的划分标准和安全等级保护的具体办法，由公安部会同有关部门制定”。中办发〔2003〕27号文件《国家信息化领导小组关于加强信息安全保障工作的意见》对等级保护提出了更明确的工作要求：要重点保护基础信息网络和关系国家安全、经济命脉、社会稳定等方面的重要信息系统，抓紧建立信息安全等级保护制度，制定信息安全等级保护的管理办法和技术指南。2006年3月，国家《信息安全等级保护管理办法》开始正式实施。《信息安全等级保护管理办法》给出了国内信息系统级别划分的原则，另外还从安全管理、保密管理、密码管理、法律责任等方面作了具体规定。

为推动我国等级保护工作，全国信息安全标准化技术委员会和公安部信息系统安全标准化技术委员会组织制定了信息安全等级保护工作需要的一系列标准，为开展等级保护工作提供了标准保障。这些标准可以分为基础类、应用类、产品类和其他类，这些标准与等级保护工作之间的关系如图6-2所示。

GB 17859—1999《计算机信息系统安全保护等级划分准则》是强制性国家标准，是其他各标准制定的基础。

《网络安全等级保护基本要求》（以下简称《基本要求》）是在《计算机信息系统安全保护等级划分准则》及各技术类标准、管理类标准和产品类标准基础上制定的，从技术和管理两个方面给出了各级等级保护对象应当具备的安全防护能力，是等级保护对象进行建设整改的安全需求。《基本要求》是由多个部分组成的系列标准，目前主要有6个部分：安全通用要求、云计算安全扩展要求、移动互联安全扩展要求、物联网安全扩展要求、工业控制安全扩展要求、大数据安全扩展要求。

《网络安全等级保护定级指南》规定了等级保护定级的对象、依据、流程和方法及等级变更等内容，同各行业发布的定级实施细则共同用于指导开展等级保护定级工作。

《网络安全等级保护实施指南》和《网络安全等级保护安全设计技术要求》（以下简称《设计要求》）构成了指导等级保护对象安全建设整改的方法指导类标准。前者阐述了在系统建设、运维和废止等各个生命周期阶段中如何按照网络安全等级保护政策、标准要求实施等级保护工作；后者提出了网络安全等级保护安全设计的技术要求，包括安全计算环境、安全区域边界、安全通信网络、安全管理中心等各方面的要求。《设计要求》是由多个部分组成的系列标准，目前主要有5个部分：通用设计要求、云计算安全要求、移动互联安全要求、物联网安全要求、工业控制安全要求。

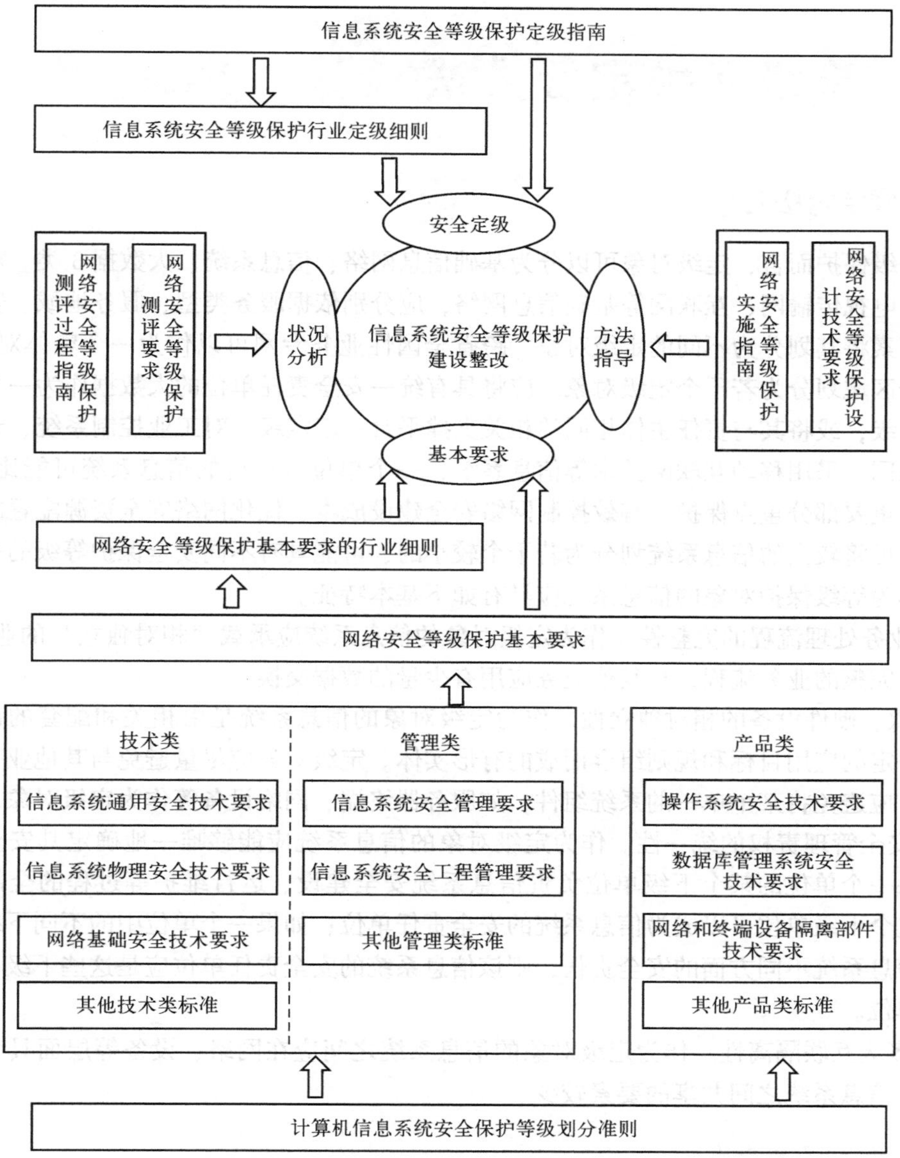

图 6-2　等级保护相关标准与等级保护各工作环节的关系

《网络安全等级保护测评要求》和《网络安全等级保护测评过程指南》构成了指导开展等级测评的标准规范。前者阐述了等级测评的原则、测评内容、测评强度、单元测评、整体测评、测评结论的产生方法等内容；后者阐述了信息系统等级测评的过程，包括测评准备、方案编制、现场测评、分析与报告编制等各个活动的工作任务、分析方法和工作结果等。

以上各标准构成了开展等级保护工作的管理、技术等各个方面的标准体系。

6.2 等级保护定级方法

6.2.1 确定定级对象

对等级保护而言，定级对象可以分为基础信息网络、信息系统、大数据 3 类。对于电信网、广播电视传输网、互联网等基础信息网络，应分别依据服务类型、服务地域、安全责任主体等因素将其划分为不同的定级对象。跨省全国性业务专网可以作为一个整体对象定级，也可以分区域划分为若干个定级对象。应将具有统一安全责任单位的大数据作为一个整体对象进行定级，或将其与责任主体相同的相关支撑平台一起定级。对工业控制系统、云计算平台、物联网、采用移动互联网技术等信息系统，一个单位内运行的信息系统可能比较庞大，为了体现重要部分重点保护、有效控制网络安全建设成本、优化网络安全资源配置的等级保护原则，可将较大的信息系统划分为若干个较小的、可能具有不同安全保护等级的等级保护对象。作为等级保护对象的信息系统应具有如下基本特征。

① 业务处理流程的完整性。作为定级对象的信息系统应承载“相对独立”的业务应用，具备相对完整的业务流程，与其他业务应用有少量的数据交换。

② 软、硬件设备的相对独立性。作为定级对象的信息系统是由相关和配套的设备、设施按照一定的应用目标和规则组合而成的有形实体。定级对象应尽量避免与其他业务应用共享设备，应避免将某个单一的系统组件，如服务器终端、网络设备等作为定级对象。

③ 安全管理责权的统一性。作为定级对象的信息系统应能够唯一地确定其安全责任单位。如果一个单位的某个下级单位负责信息系统安全建设、运行维护等过程的全部安全责任，则这个下级单位可以成为信息系统的安全责任单位；如果一个单位中的不同下级单位分别承担信息系统不同方面的安全责任，则该信息系统的安全责任单位应是这些下级单位共同所属的单位。

④ 多级互联隔离性。作为定级对象的信息系统之间应在网络、设备等层面具备一定的隔离性，信息系统之间共享的要素较少。

6.2.2 确定定级要素

定级对象安全保护等级从业务信息安全保护等级和业务服务安全保护等级两个角度确定。无论业务信息，还是业务服务等级都由两个要素决定：等级保护对象受到破坏时所侵害的客体和对客体造成侵害的程度。

1. 受侵害的客体

等级保护对象受到破坏时所侵害的客体包括以下 3 个方面：

① 公民、法人和其他组织的合法权益；

② 社会秩序、公共利益；

③ 国家安全。

影响公民、法人和其他组织的合法权益是指由法律确认的并受法律保护的公民、法人和其他组织所享有的一定的社会权利和利益。

确定作为定级对象的信息系统受到破坏后所侵害的客体时，应首先判断是否侵害国家安全，然后判断是否侵害社会秩序或公众利益，最后判断是否侵害公民、法人和其他组织的合法权益。

2. 对客体的侵害程度

对客体的侵害程度由客观方面的不同外在表现综合决定。由于对客体的侵害是通过对等级保护对象的破坏实现的，因此，对客体的侵害外在表现为对等级保护对象的破坏，通过危害方式、危害后果和危害程度加以描述。等级保护对象受到破坏后，对客体造成侵害的程度归结为以下 3 种。

① 一般损害：工作职能受到局部影响，业务能力有所降低，但不影响主要功能的执行，出现较轻的法律问题，较低的财产损失，有限的社会不良影响，对其他组织和个人造成较低损害。

② 严重损害：工作职能受到严重影响，业务能力显著下降，且严重影响主要功能执行，出现较严重的法律问题，较高的财产损失，较大范围的社会不良影响，对其他组织和个人造成较严重损害。

③ 特别严重损害：工作职能受到特别严重影响或丧失行使能力，业务能力严重下降或功能无法执行，出现极其严重的法律问题，极高的财产损失，大范围的社会不良影响，对其他组织和个人造成非常严重损害。

在针对不同的受侵害客体进行侵害程度的判断时，应参照以下不同的判别基准。

① 如果受侵害客体是公民、法人或其他组织的合法权益，则以本人或本单位的总体利益作为判断侵害程度的基准。

② 如果受侵害客体是社会秩序、公共利益或国家安全，则应以整个行业或国家的总体利益作为判断侵害程度的基准。

3. 定级要素与等级保护的关系

定级要素与信息系统安全保护等级的关系如表 6-1 所示。

表 6-1　定级要素与信息系统安全保护等级的关系

受侵害的客体	对客体的侵害程度		
	一般损害	严重损害	特别严重损害
公民、法人和其他组织的合法权益	第一级	第二级	第三级
社会秩序、公共利益	第二级	第三级	第四级
国家安全	第三级	第四级	第五级

6.2.3 定级的一般流程

信息系统安全包括业务信息安全和系统服务安全，与之相关的受侵害客体和对客体的侵害程度可能不同，因此，信息系统定级也应由业务信息安全和系统服务安全两方面确定，从业务信息安全角度反映的信息系统安全保护等级称业务信息安全保护等级，从系统服务安全角度反映的信息系统安全保护等级称系统服务安全保护等级。

确定信息系统安全保护等级的一般流程如下：

① 确定作为定级对象的信息系统；

② 确定业务信息安全受到破坏时所侵害的客体；

③ 根据不同的受侵害客体，从多个方面综合评定业务信息安全被破坏对客体造成侵害的程度；

④ 依据表 6-2，得到业务信息安全保护等级；

表 6-2 业务信息安全保护等级矩阵表

业务信息安全被破坏时所侵害的客体	对相应客体的侵害程度		
	一般损害	严重损害	特别严重损害
公民、法人和其他组织的合法权益	第一级	第二级	第三级
社会秩序、公共利益	第二级	第三级	第四级
国家安全	第三级	第四级	第五级

⑤ 确定系统服务安全受到破坏时所侵害的客体；

⑥ 根据不同的受侵害客体，从多个方面综合评定系统服务安全被破坏对客体造成侵害的程度；

⑦ 依据表 6-3，得到系统服务安全保护等级；

表 6-3 系统服务安全保护等级矩阵表

系统服务安全被破坏时所侵害的客体	对相应客体的侵害程度		
	一般损害	严重损害	特别严重损害
公民、法人和其他组织的合法权益	第一级	第二级	第三级
社会秩序、公共利益	第二级	第三级	第四级
国家安全	第三级	第四级	第五级

⑧ 将业务信息安全保护等级和系统服务安全保护等级的较高者确定为定级对象的安全保护等级。

上述步骤如图 6-3 所示。

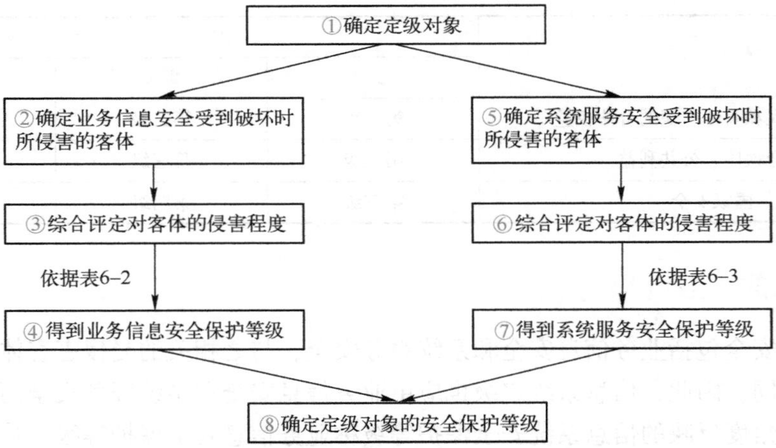

图 6-3 确定等级的一般流程

6.3 等级保护安全设计技术要求

6.3.1　等级保护安全设计技术框架

等级保护对象安全保护环境设计包括各级系统安全保护环境的设计及其安全互联的设计，如图 6-4 所示。各级系统安全保护环境由相应级别的安全计算环境、安全区域边界、安全通信网络和（或）安全管理中心组成。定级系统安全互联由安全互联部件和跨系统安全管理中心组成。

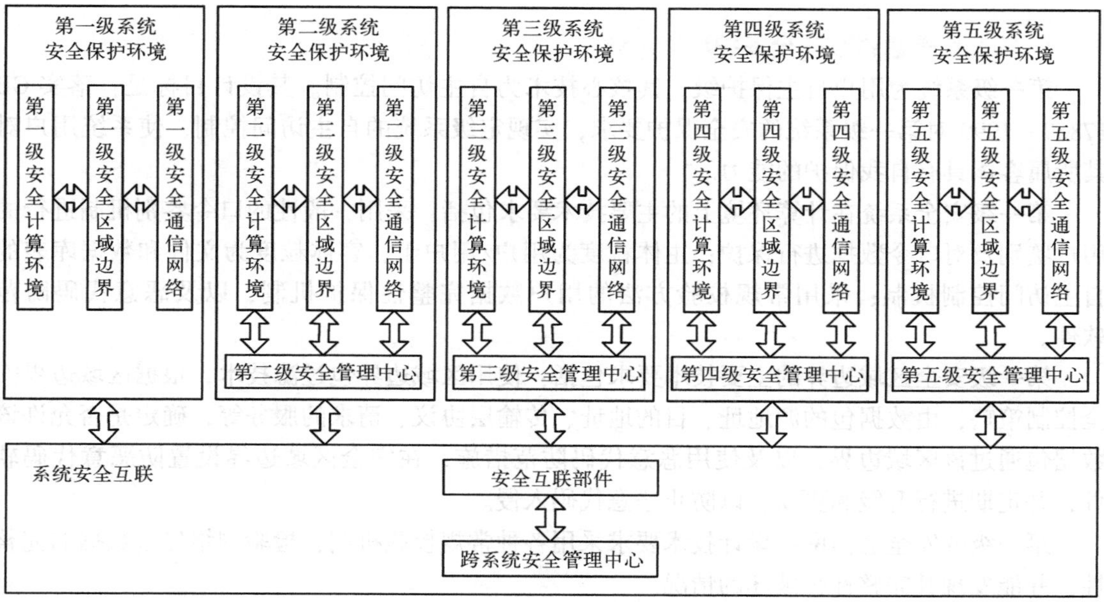

图 6-4　等级保护安全设计技术框架

安全计算环境是对定级系统的信息存储与处理进行安全保护的部件。计算环境由定级系统中完成信息存储与处理的计算机系统硬件和系统软件，以及外部设备及其连接部件组成，也可以是单一的计算机系统。安全计算环境按照保护能力可划分为第一级安全计算环境、第二级安全计算环境、第三级安全计算环境、第四级安全计算环境和第五级安全计算环境。

安全区域边界是对定级系统的安全计算环境的边界，以及安全计算环境与安全通信网络之间实现连接功能进行安全保护的部件。安全保护主要是指对安全计算环境，以及进出安全计算环境的信息进行保护。安全区域边界按照保护能力可划分为第一级安全区域边界、第二级安全区域边界、第三级安全区域边界、第四级安全区域边界和第五级安全区域边界。

安全通信网络是对定级系统安全计算环境之间进行信息传输实施安全保护的部件。安全通信网络按照保护能力可划分为第一级安全通信网络、第二级安全通信网络、第三级安全通信网络、第四级安全通信网络和第五级安全通信网络。

安全管理中心是定级系统的安全策略及安全计算环境、安全区域边界和安全通信网络上的安全机制实施统一管理的平台。第二级及第二级以上的系统安全保护环境通常需要设置安全管理中心，分别称为第二级安全管理中心、第三级安全管理中心、第四级安全管理中心和第五级安全管理中心。

不同级别的等级保护安全技术之间存在层层嵌套的关系，从第一级开始，每一级在继承其低一级别所有安全要求的基础上，增补一些安全要求，或对上一级别的特定安全要求有所加强。每一级都有自己的安全防护目标及对应的关键技术。

6.3.2 不同等级定级系统安全保护环境设计要求

1. 第一级信息系统安全保护环境设计

第一级系统为用户自主保护级，其核心技术为自主访问控制。其设计目标是：落实 GB 17859—1999 对第一级系统的安全保护要求，实现定级系统的自主访问控制，使系统用户对其所属客体具有自我保护的能力。

第一级安全系统在计算环境上的主要技术要求包括：采用一般性的口令鉴别机制进行的用户鉴别及对口令数据进行保护；主体粒度为用户/用户组，客体粒度为文件和数据库表的自主访问控制机制；采用常规校验方法的用户数据完整性保护机制，以及恶意代码防范软件。

第一级安全区域边界的主要技术要求包括：使用区域边界包过滤技术，根据区域边界安全控制策略，由数据包的源地址、目的地址、传输层协议、请求的服务等，确定是否允许该数据包通过该区域边界，以及使用恶意代码防范措施，在安全区域边界设置防恶意代码软件，并定期进行升级和更新，以防止恶意代码入侵。

第一级的安全通信网络设计技术要求采用各种常规校验机制，检验网络传输数据的完整性，并能发现其完整性被破坏的情况。

2. 第二级信息系统安全保护环境设计

第二级的关键技术为审计。与第一级（用户自主保护级）相比，本级的信息系统 TCB（可信计算基）实施一个粒度更细的自主访问控制，并通过登录规程、审计安全相关事件和隔离资源，提供对用户行为追溯的能力。

第二级要求 TCB 定义和控制系统内命名用户对命名客体的访问。实施机制（如访问控制表）应该允许用户以命名个体身份和（或）用户组身份指定和控制对那些客体的共享，应该防止未授权用户读取敏感信息，而且应该限制访问权限的扩散。

自主访问控制机制应该根据用户指定方式或默认方式来防止对客体的非授权访问。访问控制的粒度要细到单个用户。没有存取权的用户只允许由授权用户分配对客体的访问权。

第二级信息系统的 TCB 应该能创建和维护对受保护客体的访问审计轨迹，并能防止未授权用户对它进行修改或破坏。对审计数据的读/取只限于那些被授权的用户。对不能由 TCB 独立分辨的审计事件，审计机制应该提供审计记录接口，可由授权主体调用。这些审计记录区别于 TCB 独立分辨的审计记录。

TCB 应该能记录下述事件：使用身份标识与鉴别机制；将客体导入用户地址空间（如打开文件、程序初始化）；删除客体；由操作员、系统管理员和（或）安全管理员实施的动作；其他安全相关事件。对于每一事件，其审计记录应清晰包括：事件的日期与时间、用户、事件类型、事件是否成功。对于身份鉴别事件，审计记录应该包含请求的起源（如终端标识符）。对于客体导入用户地址空间事件和客体删除事件，审计记录应该包含客体名称。系统管理员应该能够选择性地审计任意一个或多个标识用户的行为。

第二级要求的是更强的自主安全保护能力，而安全系统的审计功能可以视为对自主访问控制机制的加强。第一级中对使用者执行非法授权行为是没有任何制约的。第二级安全系统则可以通过安全审计机制，对用户的非法授权行为提供记录证据，以备日后追查。这对于内部恶意用户是一个有效的威慑。

另外，第二级安全系统还要求有防范客体重用的功能，要求对 TCB 空闲存储客体池中的一个客体进行初始指派、分配或再分配一个主体之前，应撤销对该客体所含信息的所有授权。当主体获得对一个已被释放的客体的访问权时，该主体不能获得原主体活动所产生的任何信息，包括加密信息。这也可以视为对自主访问控制的加强。

第二级安全系统在区域边界上，要求具备区域边界协议过滤功能，能根据区域边界安全控制策略，通过检查数据包的源地址、目的地址、传输层协议、请求的服务等，确定是否允许该数据包进出该区域边界。同时，要求在安全区域边界设置必要的审计机制、防恶意代码网关及边界探测软件，由安全管理中心管理。

第二级安全系统在通信网络上，需要具备网络安全审计、网络数据传输完整性保护及网络数据传输保密性保护等安全要求。

第二级系统要求有集中式的管理中心，该管理中心的系统管理和审计管理需要相互独立，系统管理可通过系统管理员对系统的资源和运行进行配置、控制和管理，包括用户身份和授权管理、系统资源配置、系统加载和启动、系统运行的异常处理、数据和设备的备份与恢复及恶意代码防范等。系统管理员应进行严格的身份鉴别，只允许其通过特定的命令或操作界面进行系统管理操作，并对这些操作进行审计。而审计管理可通过安全审计员对分布在系统各个组成部分的安全审计机制进行集中管理，包括：根据安全审计策略对审计记录进行分类；提供按时间段开启和关闭相应类型的安全审计机制；对各类审计记录进行存储、管理和查询等。安全审计员应进行严格的身份鉴别，并只允许其通过特定的命令或操作界面进行安全审计操作。

3. 第三级信息系统安全保护环境设计

本级的 TCB 具有系统审计保护级的所有功能。此外，还需提供有关安全策略模型、数据标记及主体对客体强制访问控制的非形式化描述。具有准确地标记输出信息的能力。消除通过测试发现的任何缺陷。

第三级系统的 TCB 应维护与主体及其控制的存储客体（如进程、文件、段、设备）相关的敏感标记。这些标记应该当成强制访问决策的基础来使用。敏感标记应该准确地体现与其相关的指定主体或客体的安全级别。当敏感标记被 TCB 输出时，它们应该准确而无歧义地代表内部标记，并且应该与正待输出的信息关联起来。

在对安全管理员进行严格身份鉴别和权限控制的基础上，由安全管理员通过特定操作界面对主、客体进行安全标记；应按安全标记和强制访问控制规则，对确定主体访问客体的操作进行控制；强制访问控制主体的粒度应为用户级，客体的粒度应为文件或数据库表级；应确保系统安全计算环境内的所有主、客体具有一致的标记信息，并实施相同的强制访问控制规则。第三级信息系统的强制访问控制规则不仅需要在安全计算环境上部署，也需要在安全边界上实施。

在安全管理上，第三级安全系统需要遵循系统管理员、安全管理员和审计管理员三权分立的要求。

系统管理应通过系统管理员对系统的资源和运行进行配置、控制和管理，包括：用户身份管理、系统资源配置、系统加载和启动、系统运行的异常处理，以及支持管理本地和（或）异地灾难备份与恢复等。安全管理应通过安全管理员对系统中的主体、客体进行统一标记，对主体进行授权，配置统一的安全策略。审计管理应通过安全审计员对分布在系统各个组成部分的安全审计机制进行集中管理，包括：根据安全审计策略对审计记录进行分类；提供按时间段开启和关闭相应类型的安全审计机制；对各类审计记录进行存储、管理和查询等。应对审计记录进行分析，并根据分析结果进行处理。

系统管理员、安全管理员和审计管理员均应进行严格的身份鉴别，只允许其通过特定的命令或操作界面进行系统管理、安全管理和安全审计操作。另外，系统用户的操作权限同样也需要和三种管理员的权限分离开来。

4. 第四级信息系统安全保护环境设计

信息系统的第四级安全是结构化保护级。这一级的安全功能要求与第三级基本相同，但在安全保障上有所加强，要求通过结构化的保护措施，有效加强系统 TCB 的抗攻击能力，达到防止系统内部具有一定特权的编程高手攻击的能力。

第四级安全信息系统的 TCB 要求建立在一个明确定义的和有文档说明的形式化安全策略模型之上，该模型要求将第三级系统中的自主和强制访问控制扩展到系统的所有主体与客体上。此外，还要考虑隐蔽通道。本级的 TCB 必须被结构化为关键保护元素和非关键保护元素。TCB 接口也必须被清楚定义，TCB 设计与实现应使其易于经受更充分的测试和更完全的复审。加强了身份鉴别机制，为支持系统管理员和操作员的职能，提供可信工具包管理，增加了严格的配置管理控制。系统具有相当的抗穿透能力。

第四级安全信息系统的 TCB 应该为自身的运行维持一个域，该域能防止外部的干扰或篡改（如对其代码或数据结构的修改）。TCB 应该隔离受保护的资源，以便它们服从于访问控制和审计要求。TCB 应该通过其监管的不同地址空间来维护进程隔离。

TCB 在内部应该被结构化为良好定义的、尽可能独立的模块，它应该有效地使用可获得的硬件资源来区分关键保护元素和非关键保护元素。TCB 模块应该设计为满足最小特权原则时被实施。硬件方面的特性（如分段）应该被用来支持逻辑上不同的具有可读或可写属性的存储客体。TCB 的用户接口应该完全被定义，且 TCB 的所有元素应该能够被识别。

在《设计要求》中，对安全信息系统的结构化保护提出了三个方面的要求，分别是：安全保护部件结构化设计技术要求、安全保护部件互联结构化设计技术要求及重要参数结构化设计技术要求。

安全保护部件结构化设计技术要求第四级系统安全保护环境各安全保护部件的设计应基于形式化的安全策略模型。安全保护部件应划分为关键安全保护部件和非关键安全保护部件，并防止敏感信息危害安全策略从关键安全保护部件流向非关键安全保护部件。关键安全保护部件应划分功能层次，并明确定义功能层次间的调用接口，确保接口之间的信息安全交换。

安全保护部件互联结构化设计技术要求第四级系统各安全保护部件之间互联的接口功能及其调用关系应明确定义；各安全保护部件之间互联时，需要通过可信验证机制相互验证对方的可信性，确保安全保护部件间的可信连接。

重要参数结构化设计技术要求应对第四级系统安全保护环境设计实现的与安全策略相关的重要数据结构给出明确定义，包括参数的类型、使用描述及功能说明等，并用可信验证机制确保数据不被篡改。

6.3.3　等级保护三级应用支撑平台的设计实例

1. 功能与流程

根据“一个中心”管理下的“三重保护”体系框架，构建安全机制和策略，形成定级系统的安全保护环境。该环境分为如下4部分：安全计算环境、安全区域边界、安全通信网络和安全管理中心。每个部分由1个或若干个子系统（安全保护部件）组成，子系统具有安全保护功能独立完整、调用接口简捷、与安全产品相对应和易于管理等特征。安全计算环境可细分为节点子系统和典型应用支撑子系统；安全管理中心可细分为系统管理子系统、安全管理子系统和审计子系统。以上各子系统之间的逻辑关系如图6-5所示。

2. 各子系统主要功能

第三级系统安全保护环境各子系统的主要功能如下。

（1）节点子系统

节点子系统通过在操作系统核心层、系统层设置以强制访问控制为主体的系统安全机制，形成防护层，通过对用户行为的控制，可以有效防止非授权用户访问和授权用户越权访问，确保信息和信息系统的保密性和完整性，为典型应用支撑子系统的正常运行和免遭恶意破坏提供支撑和保障。

（2）典型应用支撑子系统

典型应用支撑子系统是系统安全保护环境中为应用系统提供安全支撑服务的接口。通过接口平台使应用系统的主客体与保护环境的主客体相对应，达到访问控制策略实现的一致性。

（3）区域边界子系统

区域边界子系统通过对进入和流出安全保护环境的信息流进行安全检查，确保不会有违反系统安全策略的信息流过边界。

（4）通信网络子系统

通信网络子系统通过对通信数据包的保密性和完整性的保护，确保其在传输过程中不会被非授权窃听和篡改，以保障数据在传输过程中的安全。

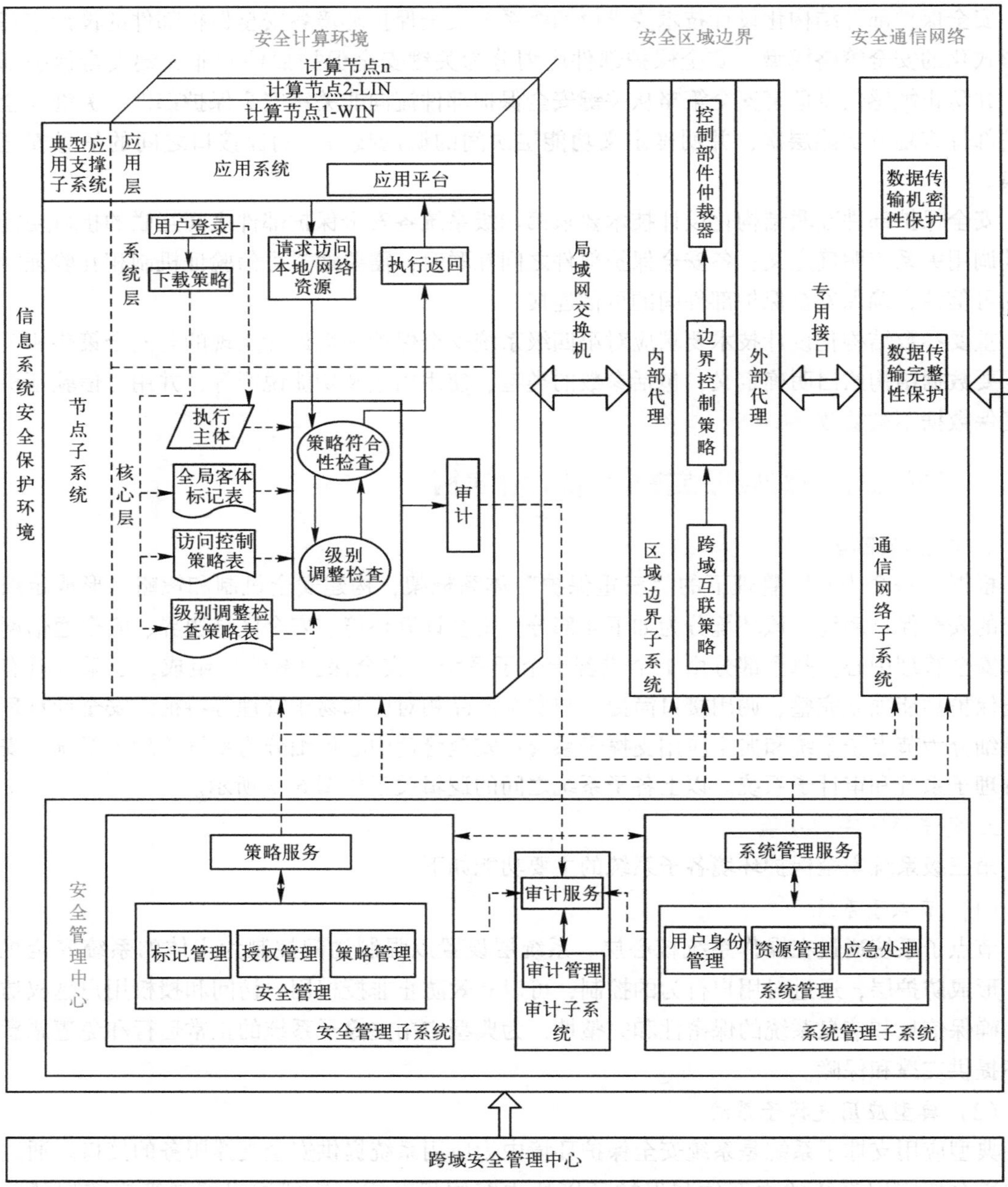

图 6-5　第三级系统安全保护环境结构与流程

（5）系统管理子系统

系统管理子系统负责对安全保护环境中的计算节点、安全区域边界、安全通信网络实施集中管理和维护，包括用户身份管理、资源管理、应急处理等。

（6）安全管理子系统

安全管理子系统是系统的安全控制中枢，主要实施标记管理、授权管理及策略管理等。安全管理子系统通过制定相应的系统安全策略，并要求节点子系统、区域边界子系统和通信网络子系统强制执行，从而实现对整个信息系统的集中管理。

(7) 审计子系统

审计子系统是系统的监督中枢。安全审计员通过制定审计策略，并要求节点子系统、区域边界子系统、通信网络子系统、安全管理子系统、系统管理子系统强制执行，实现对整个信息系统的行为审计，确保用户无法抵赖违反系统安全策略的行为，同时为应急处理提供依据。

3. 各子系统主要流程

第三级系统安全保护环境的结构与流程可以分为安全管理流程与访问控制流程。安全管理流程主要由安全管理员、系统管理员和安全审计员通过安全管理中心执行，分别实施系统维护、安全策略制定和部署、审计记录分析和结果响应等；访问控制流程在系统运行时执行，实施自主访问控制、强制访问控制等。

(1) 策略初始化流程

节点子系统在运行之前，首先由安全管理员、系统管理员和安全审计员通过安全管理中心为其部署相应的安全策略。其中，系统管理员首先需要为定级系统中的所有用户实施身份管理，即确定所有用户的身份、工作密钥、证书等。同时需要为定级系统实施资源管理，以确定业务系统正常运行需要使用的执行程序等。安全管理员需要通过安全管理中心为定级系统中所有主、客体实施标记管理，即根据业务系统的需要，结合客体资源的重要程度，确定其安全级，生成全局客体安全标记列表。同时根据用户在业务系统中的权限和角色确定其安全标记，生成全局主体安全标记列表。在此基础上，安全管理员需要根据系统需求和安全状况，为主体实施授权管理，即授予用户访问客体资源的权限，生成强制访问控制列表和级别调整策略列表。除此之外，安全审计员需要通过安全管理中心中的审计子系统制定系统审计策略，实施系统的审核管理。如果定级系统需要和其他系统进行互联，则上述初始化流程需要结合跨定级系统安全管理中心制定的策略执行。

(2) 计算节点启动流程

策略初始化完成后，授权用户才可以启动并使用计算节点访问定级系统中的客体资源。为了确保计算节点的系统完整性，节点子系统在启动时需要对所装载的可执行代码进行可信验证，确保其在可执行代码预期值列表中，并且程序完整性没有遭到破坏。计算节点启动后，用户便可以安全地登录系统。在此过程中，系统首先装载代表用户身份唯一标识的硬件令牌，然后获取其中的用户信息，进而验证登录用户是否是该节点上的授权用户。如果检查通过，系统将请求策略服务器下载与该用户相关的系统安全策略。下载成功后，系统可信计算基将确定执行主体的数据结构，并初始化用户工作空间。此后，该用户便可以通过启动应用访问定级系统中的客体资源。

(3) 计算节点访问控制流程

用户启动应用形成执行主体后，执行主体将代表用户发出访问本地或网络资源的请求，该请求将被操作系统访问控制模块截获。访问控制模块首先依据自主访问控制策略对其执行策略符合性检查。如果自主访问控制策略符合性检查通过，则该请求允许被执行；否则，访问控制模块依据强制访问控制策略对该请求执行策略符合性检查。如果强制访问策略符合性检查通过，那么该请求允许被执行；否则，系统对其进行级别调整检查。即依照级别调整检查策略，判断发出该请求的主体是否有权访问该客体。如果通过，该请求同样允许被执行；否则，该请求被拒绝执行。

系统访问控制机制在安全决策过程中，需要根据安全审计员制定的审计策略，对用户的请求及决策结果进行审计，并且将生成的审计记录发送到审计服务器存储，供安全审计员检查和处理。

（4）跨计算节点访问控制流程

如果主体和其所请求访问的客体资源不在同一个计算节点，则该请求会被可信接入模块截获，用来判断该请求是否会破坏系统安全。在进行接入检查前，模块首先通知系统安全代理获取对方计算节点的身份，并检验其安全性。如果检验结果是不安全的，则系统拒绝该请求；否则，系统将依据强制访问控制策略，判断该主体是否允许访问相应端口。如果检查通过，该请求被放行；否则，该请求被拒绝。

（5）跨边界访问控制流程

如果主体和其所请求访问的客体资源不在同一个安全保护环境内，那么该请求将会被区域边界控制设备截获并且进行安全性检查，检查过程类似于跨计算节点访问控制流程。

4. 子系统间接口

为了清楚描述各子系统之间的关系，图 6-6 给出了子系统间的接口关系。

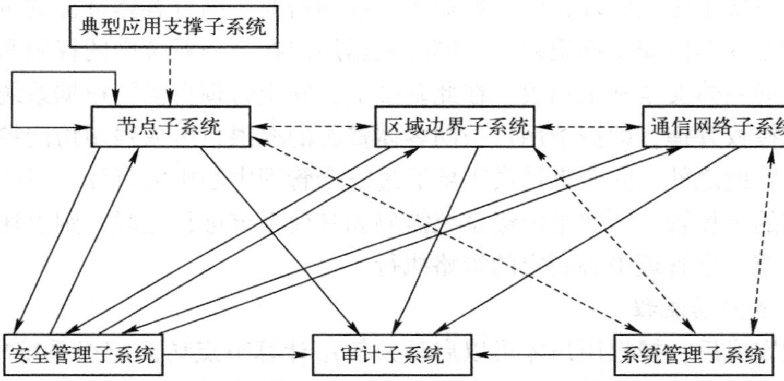

图 6-6　第三级系统安全保护环境子系统接口

6.3.4　强制访问控制机制及流程

系统在初始配置过程中，安全管理中心需要对系统中的确定主体及其所控制的客体实施身份管理、标记管理、授权管理和策略管理。身份管理确定系统中所有合法用户的身份、工作密钥、证书等与安全相关的内容。标记管理根据业务系统的需要，结合客体资源的重要程度，确定系统中所有客体资源的安全级别及范畴，生成全局客体安全标记列表；同时根据用户在业务系统中的权限和角色确定主体的安全级别及范畴，生成全局主体安全标记列表。授权管理根据业务系统需求和安全状况，授予用户访问客体资源的权限，生成强制访问控制策略和级别调整策略列表。策略管理根据业务系统的需求，生成与执行主体相关的策略，包括强制访问控制策略和级别调整策略。除此之外，安全审计员需要通过安全管理中心制定系统审计策略，实施系统的审计管理。强制访问控制机制结构如图 6-7 所示。

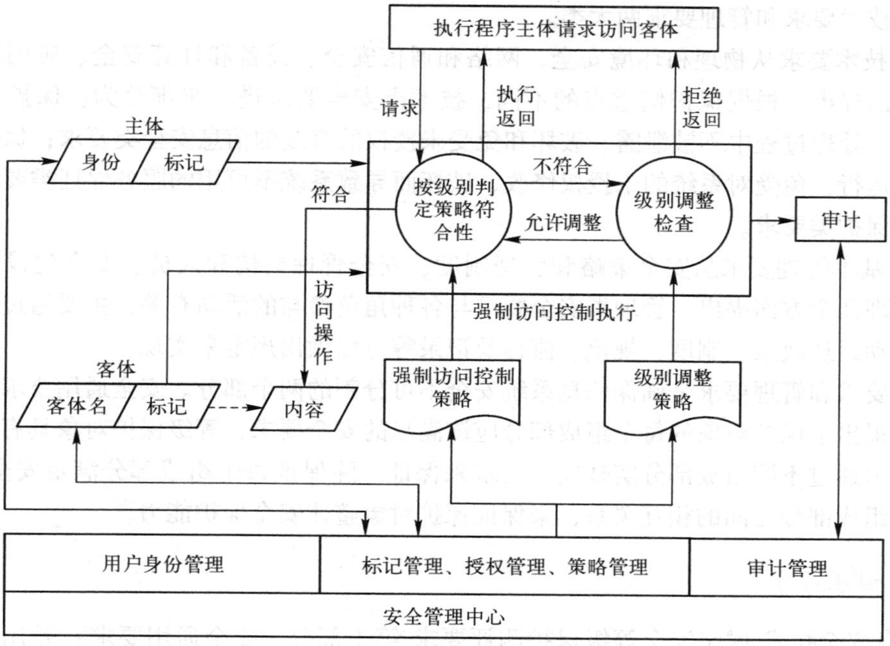

图 6-7　强制访问控制机制结构

系统在初始执行时，首先要求用户标识自己的身份，经过系统身份认证，确认为授权主体后，系统将下载全局主/客体安全标记列表及与该主体对应的访问控制列表，并对其进行初始化。当执行程序主体发出访问系统中客体资源的请求后，系统安全机制将截获该请求，并从中取出访问控制相关的主体、客体、操作三要素信息，然后查询全局主/客体安全标记列表，得到主/客体的安全标记信息，并依据强制访问控制策略对该请求实施策略符合性检查。如果该请求符合系统强制访问控制策略，则系统将允许该主体执行资源访问。否则，系统将进行级别调整审核，即依据级别调整策略，判断发出该请求的主体是否有权访问该客体。如果上述检查通过，系统同样允许该主体执行资源访问，否则，该请求将被系统拒绝执行。

系统强制访问控制机制在执行安全策略过程中，需要根据安全审计员制定的审计策略，对用户的请求及安全决策结果进行审计，并且将生成的审计记录发送到审计服务器存储，供安全审计员管理。

6.4 等级保护测评方法

6.4.1　基本要求

《信息安全技术 网络安全等级保护基本要求 第 1 部分：安全通用要求》是针对不同安全保护等级定级系统应该具有的安全保护能力提出的安全要求，根据实现方式的不同，安全要求分为技术要求和管理要求两大类。

（1）技术要求从物理和环境安全、网络和通信安全、设备和计算安全、应用和数据安全几个层面提出，根据保护侧重点的不同，技术类安全要求进一步细分为：保护数据在存储、传输、处理过程中不被泄露、破坏和免受未授权的修改的信息安全类要求；保护系统连续正常的运行，免受对系统的未授权修改、破坏而导致系统不可用的服务保证类要求；其他通用安全保护类要求。

（2）基本管理要求从安全策略和管理制度、安全管理机构和人员、安全建设管理和安全运维管理几个方面提出，管理类安全要求与各种角色参与的活动有关，主要通过控制各种角色的活动，从政策、制度、规范、流程及记录等方面做出规定来实现。

技术要求和管理要求是确保信息系统安全不可分割的两个部分。安全通用要求从各个层面或方面提出了保护对象的每个组成部分应该满足的安全要求，等级保护对象具有的整体安全保护能力通过不同组成部分实现安全要求来保证。除保证每个组成部分满足安全要求外，还要考虑组成部分之间的相互关系，来保证保护对象整体安全保护能力。

6.4.2　测评要求

《信息安全技术 网络安全等级保护测评要求 第 1 部分：安全通用要求》是用来指导信息安全测评服务机构、等级保护对象的主管部门及运营使用单位对等级保护对象安全等级保护状况进行安全测试评估的标准文件。等级保护测评框架由三部分构成：测评输入、测评过程和测评输出。测评输入包括基本要求的第四级目录（即安全控制点的唯一标识符）和采用该安全控制的信息系统的安全保护等级（含业务信息安全保护等级和系统服务保护等级）。过程组件为一组与输入组件中所标识的安全控制相关的特定测评对象和测评方法，输出组件包括一组由测评人员使用的用于确定安全控制有效性的程序化陈述。图 6-8 给出了测评框架。

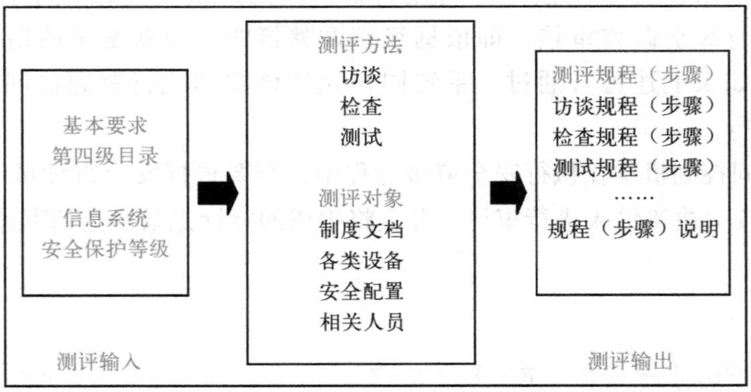

图 6-8　测评框架

测评对象是指测评实施的对象，即测评过程中涉及的制度文档、各类设备及其安全配置和相关人员等。制度文档是指针对信息系统所制定的相关联的文件（如政策、程序、计划、系统安全需求、功能规格及建筑设计）；各类设备是指安装在信息系统之内或边界，能起到特定保护作用的相关部件（如硬件、软件、固件或物理设施）；安全配置是指信息系统所使用的设备为了贯彻安全策略而进行的设置；相关人员是指应用上述制度、设备及安全配置的人。对于框架来说，每一个被测安全控制（不同级别）均有一组与之相关的预先定义的测评对象（如制度文档、各类设备及其安全配置和相关人员）。

在框架的测评过程组件中，测评方法包括：访谈、检查和测试，测评人员通过这些方法试图获取证据。上述三种测评方法的测评结果都用以对安全控制的有效性进行评估。

等级测评的实施过程由单元测评和整体测评两部分构成。

针对基本要求各安全控制点的测评称为单元测评。单元测评是等级测评工作的基本活动，支持测评结果的可重复性和可再现性。每个单元测评包括测评指标、测评实施和结果判定三部分。其中，测评指标来源于基本要求第四级目录下的各要求项，测评实施描述对测评活动输入、测评对象、测评步骤和方法的要求，结果判定描述测评人员执行测评实施并产生各种测评输出数据后，如何依据这些测评输出数据来判定被测系统是否满足测评指标要求的原则和方法。

整体测评是在单元测评的基础上，通过进一步分析信息系统安全保护功能的整体相关性，对信息系统实施的综合安全测评。整体测评主要包括安全控制点间、层面间和区域间相互作用的安全测评。整体测评需要与信息系统的实际情况相结合，因此全面地给出整体测评要求的全部输入，测评实施的具体对象、步骤和方法，以及明确的结果判定方法是非常困难的，测评人员应根据被测系统的实际情况，结合本标准的要求，实施整体测评。

本章小结

本章介绍了等级保护，重点是高安全系统等级系统安全方案的设计，主要内容如下。

（1）等级保护综述

等级保护是国家通过制定统一的管理规范和技术标准，组织公民、法人和其他组织对信息系统分等级实行安全保护，对等级保护工作的实施进行监督、管理。根据信息系统在国家安全、经济建设、社会生活中的重要程度，其遭到破坏后对国家安全、社会秩序、公共利益，以及公民、法人和其他组织的合法权益的危害程度等，其安全保护等级由低到高划分为五级。

（2）等级保护安全设计技术要求

定级系统的安全保护环境是由一个中心、三层纵深防御体系构成的单一级别安全保护环境及其互联设计。一个中心是指安全管理中心，三层纵深防御体系则由安全计算环境、安全区域边界及安全通信网络组成。第一级系统为用户自主保护级，其核心技术为自主访问控制。第二级的关键技术为审计。强制访问控制则是第三级安全系统的关键技术，也是高安全级别信息系统安全功能上的核心内容。第四级的安全功能要求与第三级基本相同，但在安全保障上有所加强，要求通过结构化的保护措施，有效加强系统 TCB 的抗攻击能力，达到防止系统内部具有一定特权的编程高手攻击的能力。第五级安全是访问验证保护级，其关键技术为访问监控器，要求基于形式化验证技术，在第四级系统安全保护环境的基础上，实现访问监控器、仲裁主体对客体的访问。

(3) 等级保护第三级应用支撑平台的设计实例

本章最后针对一个办公自动化系统给出了第三级应用支撑平台的设计实例。第三级系统的关键技术是强制访问控制机制，因此，第三级应用支撑平台的核心内容也是如何实施强制访问控制机制。

习题

1. 概述等级保护的基本概念。
2. 解释为什么要实行等级保护。
3. 等级保护的定级方法是什么？
4. 概述等级保护安全设计技术框架的主要组成。
5. 等级保护各级的核心技术是什么？
6. 第三级信息系统的强制访问控制功能是如何实现的？
7. 概述设计第三级应用支撑平台的技术要点。

第 7 章　网络安全工程和管理

本章要点

- 网络安全工程过程的组成
- 网络安全管理的重要性
- 网络安全管理控制措施
- 网络安全风险评估主要过程

7.1 网络安全工程过程

网络安全工程过程是系统工程过程的基本原理在网络安全领域内的具体应用。本节简要介绍信息系统生命周期及网络安全工程过程的主要内容。

7.1.1 信息系统生命周期

信息系统生命周期包括5个基本阶段，如图7-1所示，即规划、设计、实施、运维和废弃。在每一个阶段完成时，都需要对该阶段的有效性进行评估。在以上过程中，还需保持与用户的密切沟通，以反映用户需求、接收用户反馈。

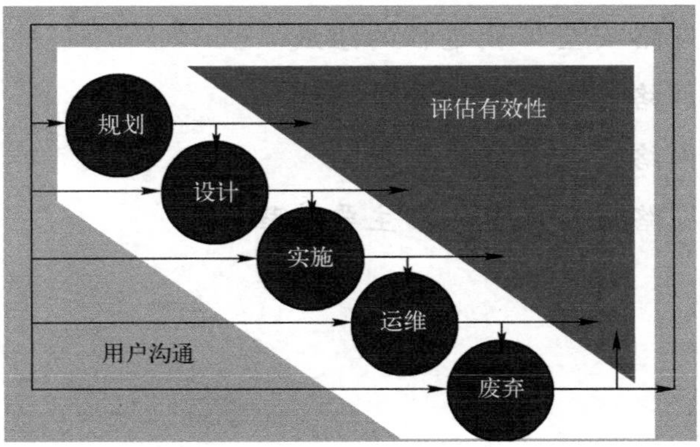

图7-1 信息系统生命周期

国家标准GB/T 22032—2008《系统工程 系统生存周期过程》将系统工程的技术过程分为11个阶段：共利益者需求定义过程、需求分析过程、体系结构设计过程、实现过程、集成过程、验证过程、移交过程、确认过程、运行过程、维护过程、处置过程。这是对以上5个阶段的进一步展开，可视为信息系统生命周期不同阶段中的具体步骤。

根据GB/T 22032规定的技术过程，本节描述信息系统生命周期的各个阶段所包含的步骤。从系统工程角度看，每一阶段都为下一阶段提供了输入，且越向下越具体，越向上则越抽象，如图7-2所示。

1. 规划

(1) 发掘需求

发掘用户需求是信息系统生命周期的起点。需求应来自于用户的视角，产生于用户对信息系统的期望功能，而不是信息系统工程师的主观判断。信息系统的最终目的是满足本组织的业务需求，即信息系统能够支撑该组织职能或业务的顺利实施。信息系统工程师应向用户全面了解其组织的职能或业务对信息系统的需求，并将这些需求以文档形式详细记录。

此外，信息系统工程师应标识出所有可能的信息系统用户，以及这些用户与系统的交互

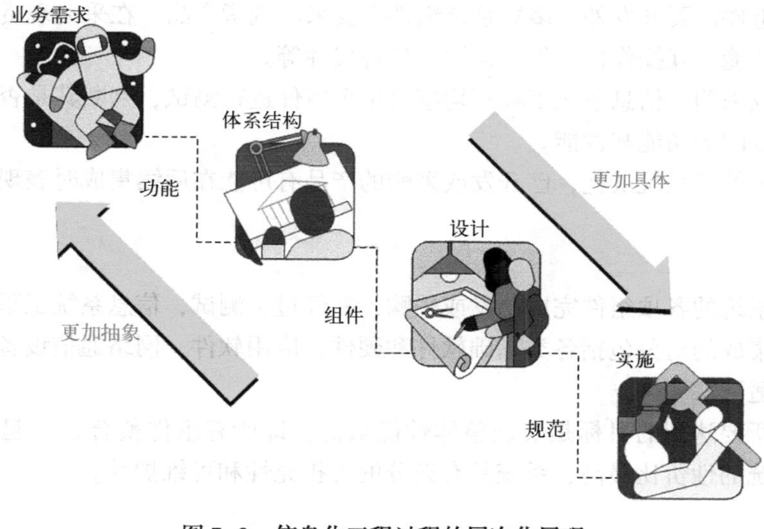

图 7-2　信息化工程过程的层次化展现

关系，并标明用户在信息处理过程中承担的角色及责任。

除业务需求外，有关政策、法规和标准也对信息系统的开发和运行构成约束，这往往成为信息系统必须遵循的强制条件。因此，信息系统工程师应全面梳理与信息系统有关的政策、法规和标准。

(2) 定义系统

在发掘用户需求后，应采用自然语言描述信息系统需要具备的功能及性能，包括信息系统的外部接口、外部信息流，并将自然语言翻译为可视化的工程图表，在其中明确定义系统的外部接口及系统边界。功能描述应能够反映系统的预期运行效果，性能描述则用来定义功能的实现程度。功能和性能描述应与需求全面对应，且明确、可测、可验证。

在该阶段，除规定系统的功能、接口、性能、互操作性外，信息系统工程师还必须向用户承诺，已定义的系统功能中不会存在用户不需要的其他功能。

2. 设计

(1) 设计体系结构

信息系统工程师应分析待建系统的体系结构，确定系统中的各类组件或要素，并描述这些组件或要素之间的逻辑关系。

(2) 开展详细设计

信息系统工程师应分析系统的设计约束，特别是环境、资源限制及已明确的政策、法规和标准的强制性要求，在此基础上完成详细的系统设计。详细设计的输出是底层的接口规范、具体的拓扑图等。信息系统工程师应将所有的系统功能和性能要求落实到系统组件，直至无一遗漏。

3. 实施

(1) 开发和采购

实施的目的是集成信息系统的全部组件，使信息系统从工程图表变为实际系统。其本质是最优化的综合统筹设计，这需要信息系统工程师获得所有产品级的软件、硬件或固件。除定制化的系统组件需要开发外，多数系统组件需要采购现货产品。在采购现货产品时，应重点关注产品的功能、互操作性、易获得性、易替代性等。

无论开发或采购，信息系统工程师均应对单个组件进行测试，判断其是否满足系统设计阶段为该组件分配的功能和性能。

局部最优不等于系统最优，已开发或采购的产品有可能在后续集成时表现不理想，需要做出必要调整。

（2）集成

一旦信息系统的各项组件完成开发或采购，并经过了测试，信息系统工程师的工作将转入系统集成。集成的对象包括各类基础软件和硬件、应用软件、网络通信设备等，涉及对不同厂家产品的适配。

系统集成所要达到的目标是实现整体性能最优，即所有组件整合在一起后不但能够工作，而且全系统的性价比最高，系统具有充分的可扩充性和可维护性。

（3）验收

系统集成完毕后，应进行线下和线上测试，以验证系统的运行是否满足用户需求、符合预定设计目标。在实施线上测试时，应事先制定应急预案。

在验收信息系统时，应核查重要的系统文档并妥善保存，包括系统的安装、操作、维护手册，以及前期需求分析、设计和开发文档。

4. 运维

信息系统上线后，信息系统生命周期进入运行维护阶段。这是信息系统运维人员依据各种管理标准、制度和规范，利用运维管理系统和其他运维管理工具，实施事件管理、问题管理、配置管理、变更管理等活动，以保障信息系统平稳、高效运行。

5. 废弃

当信息系统的功能不再需要时，信息系统进入废弃阶段。一般而言，整体系统的废弃较少出现，但局部系统废弃则较为常见。

信息系统废弃阶段的重要工作分为两方面：一是对信息、软件和硬件的废弃处置，包括删除、归档或销毁信息，还应对介质进行清除，防止敏感信息被恢复；二是有可能需要对原有业务进行迁移，此时应确保业务的平滑过渡。

废弃往往意味着新的系统组件、子系统或新业务系统的出现，此时系统进入新一轮的生命周期。

7.1.2 网络安全工程过程概况

信息系统的安全体系是信息系统完整、不可分割的一部分，在信息系统生命周期的每一阶段均需开展网络安全活动。此外，网络安全体系本身也需要经历规划、设计、实施、运维、废弃等阶段。以上两个原因导致了网络安全工程过程的提出，即：规划安全目标、设计安全方案、实施安全方案、开展安全运维、确保废弃过程的安全。其与网络安全风险管理思想一脉相承，是网络安全风险管理思想和措施在信息系统生命周期相应阶段的体现。

1. 信息系统生命周期与网络安全工程过程的对应关系

网络安全工程过程伴随着信息系统的整个生命周期，且与信息系统生命周期阶段一一对应。表7-1描述了信息系统生命周期与网络安全工程过程之间的对应关系。

表7-1　信息系统生命周期与网络安全工程过程之间的对应关系

信息系统生命周期		网络安全工程过程	
规划	发掘需求：从业务角度，发掘用户对信息系统的需求	发掘网络安全需求：发掘用户对业务运行时网络安全的需求	规划安全目标
	定义系统：定义信息系统的功能和性能要求	定义系统安全要求：定义信息系统的安全功能和性能要求	
设计	设计体系结构：分析待建系统的体系结构，确定系统中的各类组件或要素，并描述这些组件或要素之间的逻辑关系	设计安全体系结构：设计信息系统的网络安全体系结构，确定系统中的各类安全组件，并明确各类组件的安全机制。此外，还需描述不同安全组件之间的逻辑关系	设计安全方案
	开展详细设计：形成底层接口规范、具体的拓扑图等。所有的系统功能和性能要求应落实到具体的系统组件，直至无一遗漏	开展详细的安全设计：形成网络安全底层接口规范、具体的拓扑图等。所有的网络安全功能和性能要求应落实到具体的网络安全组件，直至无一遗漏	
实施	开发和采购：开发定制的系统组件，采购商业现货产品	开发和采购：开发定制的网络安全组件，采购现货网络安全产品，以实现已确定的网络安全机制。此外，还需确保信息系统开发和采购过程中的网络安全	实施安全方案
	集成：将各类基础软件和硬件、应用软件、网络通信设备等集成到信息系统中	安全集成：将网络安全组件集成到信息系统中，并确保信息系统集成过程中的网络安全	
	验收：验证系统的运行是否满足用户需求、符合预定设计目标	验收：验证系统中的安全措施是否满足用户安全需求、符合预定安全目标	
运维	实施事件管理、配置管理、变更管理等活动	监测、处置网络安全事件，对网络安全设备进行配置管理，升级安全补丁。此外，还需确保信息系统运维过程中的安全	开展安全运维
废弃	对软件和硬件，以及信息进行处置，实现新旧系统的平滑过渡	对软件和硬件，以及信息进行处置，维护业务连续性	确保废弃过程的安全

2. 信息化工程中的安全建设原则

（1）同步原则

没有安全保障的信息化是危险的信息化。实践证明，在信息系统已经开发完成以后，再试图正确而有效地实施安全措施将非常困难。信息系统应与信息化工程同步设计、同步施工、同步投入使用。在信息系统生命周期的每一阶段，均应同步实施网络安全工程。

（2）问题和解决方案相区分原则

应始终将问题空间和解决方案空间相区分。问题空间是“我们期望信息系统做什么？”，解决方案空间是“信息系统怎样实现我们的期望?”。网络安全不是目标，而是为信息化保驾护航的手段，任何时候不能脱离这一宗旨。问题空间要根据用户组织的职能或业务需求来定义，应从用户组织的职能、业务需求角度去发掘用户的安全需求。

解决方案空间则由问题空间驱动，由安全工程师提出。精通解决方案的人是安全工程师，这不是用户的角色。为此，用户应减少对网络安全系统的强制性介入，以确保网络安全方案的专业性和科学性。

(3) 安全风险和成本相平衡原则

从理论上讲，不存在绝对的安全，实践中也不可能做到绝对安全，风险总是客观存在的。此外，不同等级的系统有不同的价值体现，安全防护的成本不能超出信息系统的价值。网络安全是风险与成本的综合平衡，盲目追求安全和完全回避风险都是不现实的。要从实际出发，坚持分级防护、突出重点，运用风险管理思想，采取有效、科学、客观和经济的安全措施。

(4) 纵深防御原则

网络安全设计应该考虑层次化方法，以增加攻击者突破各层安全防线的难度。从现代信息系统的本质构成看，其基本结构包含终端、共享服务资源、通信线路，在云环境下更是如此。要构建积极防御的网络安全体系，实现可信的应用操作终端、安全的共享服务资源、全程安全保护的网络通信，并由安全管理中心提供身份管理、策略分发等支持。

(5) 管理与技术并重原则

保障网络安全离不开技术和管理两个方面，缺一不可。网络安全是高技术的对抗，安全的信息系统需要部署高科技网络安全产品。但从实际发生的安全事件看，相当多的事件是由于管理不到位，责任不落实造成的。此外，好的产品也需要正确的配置、管理和使用才能发挥作用。为此，应坚持管理与技术并重，积极依靠先进技术来解决网络安全问题，同时不能“迷信”技术，应注重建立和完善网络安全管理责任制，加强管理，落实责任。

(6) 简单化原则

信息系统设计越复杂，可被攻击者利用的漏洞可能就越多，其管理的成本也越高。同理，网络安全措施越复杂，其效率可能就越低。应将安全措施设计成简单易用的，并投入必要的资源来确保系统管理员和用户能得到必要的培训。

(7) 应急灾备原则

没有永远不出问题的系统。再优秀的网络安全设计，都不能保证系统万无一失。为此，应在网络安全系统设计中部署监测和审计机制，并为信息系统实施灾难备份，制定网络安全应急预案。网络安全应急预案应定期演练，以确保其有效性。在发生网络安全事件后，还应及时开展事件分析，必要时改进信息系统的网络安全设计方案。

3. 经典信息系统安全工程（ISSE）过程简介

信息系统安全工程（ISSE）是美国军方在 20 世纪 90 年代初发布的网络安全工程方法，反映 ISSE 成果的文献之一是 1994 年出版的《信息系统安全工程手册 v1.0》。该过程是前述的系统工程在安全空间的映射，其重点是通过实施系统工程过程来满足信息保护的需求。ISSE 将有助于开发可满足用户信息保护需求的系统产品和过程解决方案，同时，ISSE 也非常注重标识、理解和控制信息保护风险，并对其进行优化。ISSE 行为主要用于以下情况。

① 确定信息保护需求。

② 在一个可以接受的信息保护风险下满足信息保护的需求。

③ 根据需求，构建一个功能上的信息保护体系结构。

④ 根据物理体系结构和逻辑体系结构分配信息保护的具体功能。

⑤ 设计信息系统，用于实现信息保护的体系结构。

⑥ 从整个系统的成本、规划、运行的适宜性和有效性综合考虑，在信息保护风险与其他 ISSE 问题之间进行权衡。

⑦ 对其他信息保护和系统工程学科进行综合利用。

⑧ 将 ISSE 过程与系统工程和采购过程相结合。

⑨ 以验证信息保护设计方案并确认信息保护的需求为目的，对系统进行测试。

⑩ 根据用户需求，对整个过程进行扩充和裁剪，为用户提供进一步支持。

为确保网络安全保护能被平滑地纳入整个系统，必须在最初进行系统工程设计时便考虑 ISSE。此外，要在与系统工程相应的阶段中同时考虑网络安全保护的目标、需求、功能、体系结构、设计、测试和实施，并基于对特定系统的技术和非技术因素的综合考虑，使网络安全保护过程得以优化。

7.1.3　发掘网络安全需求

"发掘网络安全需求"是网络安全工程过程中的第一项活动，相应的系统工程活动称为"发掘需求"。图 7-3 简单描绘了"发掘网络安全需求"的活动。

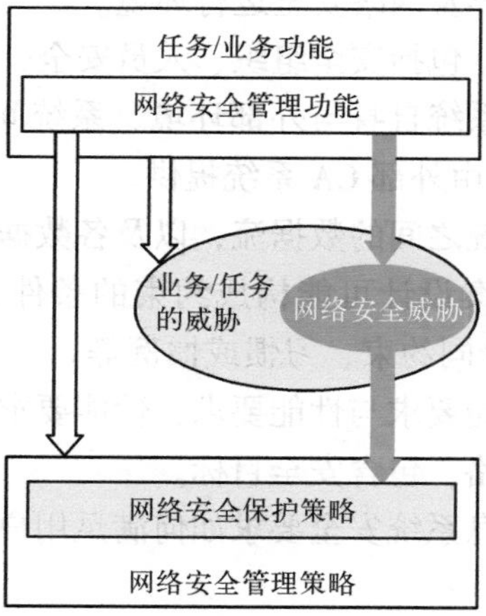

图 7-3　发掘网络安全需求

用户的网络安全需求来自于本组织的职能或业务对信息化的需要，这一阶段需要开展的工作有以下几方面。

① 分析本组织的职能或业务。

② 分析本组织信息系统面临的威胁。

③ 结合本组织的职能或业务特性，分析网络安全威胁可能对本组织造成的影响。

④ 明确本组织职能或业务对信息的保密性、完整性、可用性需求。

⑤ 描述本组织信息系统中涉及网络安全的角色和责任。

⑥ 梳理法律、法规、政策文件对网络安全的强制性要求，以及本组织的上级组织或关联组织对网络安全的约束性规定。

⑦ 从网络安全威胁、可能造成的影响等角度，评估网络安全需求的有效性。

7.1.4 定义系统安全要求

定义系统安全要求是系统工程中“定义系统要求”的对应内容。应基于网络安全需求说明书定义信息系统的安全要求，如图 7-4 所示，主要包括以下方面的工作。

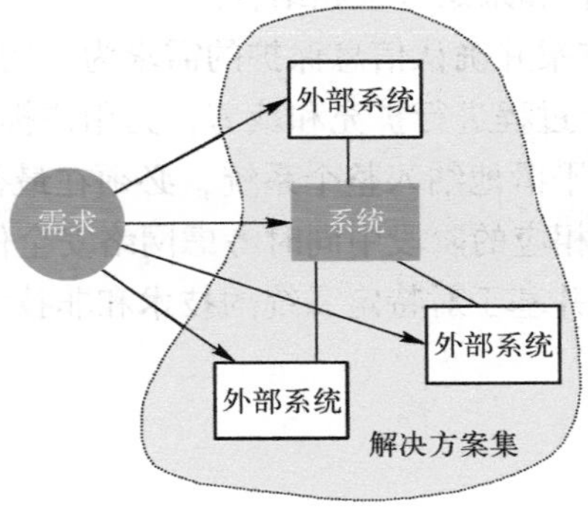

图 7-4 将网络安全需求在内部、外部系统之间进行分配

① 定义信息系统的安全边界及网络安全运行环境。

② 明确网络安全管理要求，包括安全组织、人员安全、应急响应等。

③ 将网络安全需求在待建系统自身与外部环境、系统间进行分配，如图 7-4 所示。例如，对 CA 证书的安全需求往往由外部 CA 系统提供。

④ 明确待建系统与外部系统之间的数据流，以及各数据流的安全防护需求。

⑤ 梳理对后续网络安全方案设计可能构成约束的条件，包括由外部系统施加的约束。例如，环境条件或环境限制、合同约束、习惯或惯例等。

⑥ 定义信息系统的安全功能要求与性能要求，性能要求应考虑峰值因素。

⑦ 制定信息系统的安全策略，包含安全目标。

⑧ 向用户说明已定义的信息系统安全要求如何满足用户的安全需求，并得到用户认可。

7.1.5 设计安全体系结构

基于已经定义的信息系统安全要求，安全工程师应设计信息系统的安全体系结构。前一阶段“定义系统安全要求”与本阶段“设计安全体系结构”的主要区别是：前者将网络安全要求分配到整个信息系统之中，只指明系统的功能，不定义系统的组件；而后者则明确了承担网络安全功能的各项组件。前者将目标系统视为“黑盒”；后者则创建了网络安全体系的内部结构。图 7-5（a）和 7-5（b）分别描述了两者的区别。本阶段需开展的工作如下。

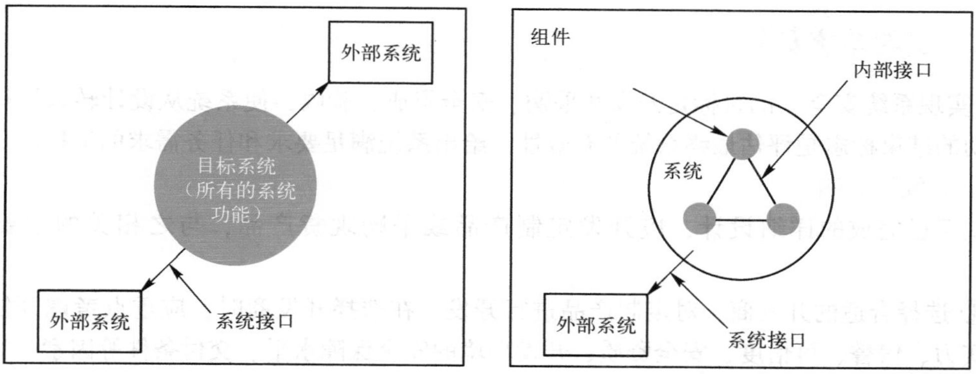

（a）定义系统安全要求　　（b）设计安全体系结构

图 7-5　定义系统安全要求与设计安全体系结构

① 分析待建系统的网络安全体系结构。

② 在网络安全体系结构中分配安全服务，并为已分配的安全服务选择合适的安全机制，以便将此前确定的高层安全功能分解至低层功能，与高层功能相关的性能要求也应分解至低层。关于安全服务和安全机制的概念，可参见本书第 2 章。

③ 向用户说明已设计的安全体系结构如何满足网络安全要求，并得到用户认可。

④ 开展网络安全风险评估，说明安全服务和安全机制如何抵御待建系统可能面临的安全风险，并设定网络安全风险处置目标，同时对信息系统的残余风险作出说明。

7.1.6　开展详细的安全设计

基于已设计的网络安全体系结构，下一步应开展详细的安全设计，细化到安全机制在信息系统中的具体实现，包含以下步骤。

① 分析所需的网络安全机制的强度。

② 分析网络安全机制之间的互依赖性，如审计机制是检测机制的基础，身份标识是访问控制机制的基础。

③ 落实设计中的约束因素，并结合强度分析结果和互依赖性分析结果，研判相应强度的安全机制在系统中是否可实现。在此基础上，综合考虑成本、进度、性能、优先级等因素，确定整体网络安全体系结构的可行性。

④ 对于需要通过非技术性措施提供的安全服务，应列明相应的网络安全管理措施，并形成管理制度，如应急响应、培训等。

⑤ 确定哪些机制需要通过现货产品提供，哪些机制需要通过定制的产品提供，并明确产品的重要配置参数。

⑥ 确定哪些机制需要通过网络安全外包服务提供。

⑦ 对详细的网络安全设计进行有效性评估，以确保产品、管理制度与安全服务、安全机制之间具有对应性。

⑧ 依据工程建设合同及有关的政策法规、标准，明确网络安全系统的指标规范。

7.1.7 实现系统安全

“实现系统安全”的目标是开发和采购、安全集成、验收，使系统从设计转入运行。该项活动的结束标志是评估最终系统的有效性，给出系统满足要求和任务需求的证据。

1. 开发和采购

基于已完成的详细设计，应开发定制产品或采购现货产品，与之相关的主要工作如下。

① 选择合适的开发商，对定制产品进行开发。在选择开发商时，应重点考虑开发商的技术实力、信誉、可信度、安全资质、开发环境的安全保障水平、交付条件等因素。

② 采购现货产品，重点考虑产品安全资质、成本、厂商信誉、可替代性等因素。

③ 对定制产品进行安全功能和性能测试。

在委托开发定制产品时，必须将定制产品的开发文档、测试文档、使用说明书等进行归档。

2. 安全集成

开发完成定制产品或采购现货产品后，应在信息系统集成过程中同步集成网络安全产品，需开展的主要工作如下。

① 根据网络安全技术方案，将定制产品和现货产品集成到信息系统之中，确保产品之间的互操作性，确保信息系统整体性能最佳。

② 确保产品的安全特性已经激活，安全参数已得到正确设置。

③ 对集成了网络安全产品的信息系统进行上线运行前的自测，测试安全指标是否达到，验证安全设备对信息系统性能的影响。

④ 建立模拟环境，开展线上自测，并及时解决测评中发现的问题。

⑤ 对信息系统管理员和用户进行培训。

3. 验收

应组织对信息系统的验收，并将网络安全作为验收的重要内容，验收阶段的主要工作如下。

① 聘请第三方网络安全测评机构，依照合同规范和国家、行业有关标准，对信息系统进行安全测评。测评中如发现问题，应立刻整改。

② 基于网络安全测评结果，组织召开网络安全评审会，对安全防护体系进行综合评审。

③ 根据国家网络安全等级保护或涉密信息系统分级保护的要求，完成定级备案，并开展相应等级的测评。测评结果按等级保护、分级保护的规定进行上报。

④ 对网络安全主管部门或业务主管、监管部门已明确提出相关要求的事项，还应通过这些部门组织的测评。如党政部门云计算服务应通过安全审查。

7.1.8 安全运维

1. 风险评估和监测

安全运维人员应采取以下措施，对信息系统开展安全风险评估和监测。

① 通过媒体、网络安全主管部门的通报、国家和地方应急响应机构的预警等渠道，实时掌握新出现的安全威胁、漏洞等情况，并对信息系统进行加固处理。

② 在信息系统中部署安全检测设备，并及时响应安全检测信息。

③ 定期或在发生重大系统变更时开展网络安全风险评估。

④ 时刻监测残余风险的变化情况。

2. 事件处理和应急响应

安全运维人员应采取以下措施，对信息系统中出现的安全事件进行处理。

① 制定应急响应计划，明确本组织内与应急响应有关的组织架构，定义需要报告的网络安全事件，提出应急响应流程，为应急响应提供必要的应急资源和管理支持。

② 当发现可疑网络安全事件时，按照应急响应计划，及时向本组织的应急响应部门报告。当发生影响较大的安全事件时，向国家和地方应急响应组织及有关网络安全主管部门报告。

③ 开展应急响应培训。

④ 定期演练应急响应计划，根据应急演练情况完善安全防护体系。

⑤ 保存网络安全事件证据，便于开展后续的调查取证工作。

3. 灾难备份和业务连续性计划

运维人员应采取以下措施，对信息系统进行备份，做好信息系统的业务连续性管理。

① 制定灾难备份恢复策略，根据系统的重要性、实时性等因素选择合适的灾难备份机制。

② 为灾难备份恢复提供必要的人力、技术、设备等资源准备。

③ 制定业务连续性计划，确保信息系统对本组织职能和业务的核心支撑能力在重大网络安全事件中不受到明显影响。

4. 配置管理

安全运维人员应采取以下措施，对信息系统实施配置管理。

① 制定信息系统配置管理计划，明确配置管理流程，定义信息系统的重要配置项。配置管理计划应安全保存，防止非授权泄露。

② 制定、记录并维护信息系统的基线配置。

③ 保留信息系统基线配置的历史版本，便于必要时恢复历史配置。

5. 变更管理

信息系统及其运行环境发生明显变化时，安全运维人员应评估其风险，对信息系统实施变更管理。

① 明确重大变更的类型，包括系统升级、增加新的功能、组织结构重大调整、发现新的威胁或脆弱性等。

② 在实施变更前，对拟变更事项进行分析，必要时进行测试，判断该变更事项对信息系统安全带来的潜在影响。

③ 制定书面流程，便于对变更时可能出现的意外情况进行及时处理，并规定变更失败时的系统恢复流程。

④ 将变更事项、变更计划等提交本单位管理层批准。

⑤ 严格根据已批准的变更计划实施系统变更，留存全部变更记录。

6. 维修维护

信息系统或其组件进行维修维护时，安全运维人员应采取以下措施，防范维修维护过程中可能出现的安全风险。

① 审批和监视所有维修维护行为，包括现场维修维护、远程维修维护，以及对设备的异地维修维护。

② 将信息系统组件转移到外部进行维修维护时，应事先得到本组织管理层批准，并评估其中所含信息的敏感程度，必要时进行信息净化处理。含有特别重要的敏感信息或涉密信息的重要组件不得交由无资质的机构进行维修维护。

③ 对维修维护过程进行全面记录，包括日期和时间、维修维护人员姓名、陪同人员姓名、对维修维护活动的描述、被转移或替换的设备列表（包括设备标识号）等信息。

④ 对维修维护人员带入组织内的维修维护工具进行检查，以确保该工具不含有恶意功能。维修维护工具带出组织时，应进行信息净化处理。重要场所，维修维护工具一经带入，不得带出。

⑤ 远程维修维护应采取强身份鉴别机制，所有远程维修维护活动应进行审计。远程维修维护结束后，应立即终断网络连接。

7.1.9 确保废弃过程的安全

1. 风险评估

应确保对信息系统的过时或无用部分进行安全废弃处理，以防止敏感信息非授权泄露。系统废弃前，应开展风险评估，重点关注以下内容。

① 确定废弃对象，包含被废弃的硬件、软件甚至是整个系统，以及其中所有信息。

② 确定废弃对原有信息系统带来的威胁和风险，评估不废弃可能对信息系统造成的影响。

③ 综合考虑信息系统的重要性、信息的敏感性等因素，对废弃方式进行判断，如历史信息如何归档保存、被废弃组件是否可再用等。应关注局部信息不敏感，但大量信息汇聚后变为敏感的情况。

2. 介质处理

在废弃信息系统时，应采取以下措施，保护被废弃介质中存储信息的安全。

① 对存储敏感信息的介质进行妥善保存，或采用安全方式进行处置，如焚烧、破碎等，或在净化信息后重利用。

② 对含有特别重要的敏感信息或涉密信息的重要介质，选择有资质的机构进行安全销毁。

③ 对敏感组件或信息的处置进行详细记录。

3. 业务迁移与连续性

信息系统因各种原因废弃后，并不意味着信息系统支撑的原有功能消亡。如需要建设新的信息系统承接原有功能，应采取以下措施，确保业务平稳、安全迁移。

① 在新信息系统建设完成、通过验收并正式上线前，不得关闭原有信息系统。新信息系统上线运行后，应留出过渡时间，封存旧信息系统，便于在紧急情况下依然可以重新启动

旧信息系统。如因物理环境、人力资源等条件限制，新、旧系统不能同时并存，应采取分步骤、分阶段的方式，实现边废弃、边建设。

② 如出现对软、硬件或服务提供商过度依赖，导致系统迁移受制于人，明显违背市场经济规则的情况，应及时上报国家和地方网络安全主管部门处理。

7.2 网络安全管理标准

网络安全管理是网络安全工作中的重要概念，网络安全管理控制措施与网络安全技术控制措施一起构成了网络安全防护措施的全部。因此，我国将“管理与技术并重”作为网络安全保障的一项基本原则。近年来，国际和国内标准化组织大力加强网络安全管理标准的制定，在很大程度上推动了网络安全管理的研究与应用。

7.2.1　概述

1. 什么是管理和网络安全管理

什么叫管理？许多管理学者从各自不同的角度下过不同的定义。有的说，管理就是管人；有的说，管理就是决策；有的认为，管理是通过他人将事情办成功的艺术；有的认为，管理是为了实现预定目标，组织和使用各种资源的过程。马克思没有直接对管理下过定义，但有一段话谈到了管理的必要性。他说：“一切规模较大的直接社会劳动或共同劳动，都或多或少地需要指挥，以协调个人的活动。”这里提到的“指挥”和“协调”，都属于管理范畴。紧接着他打了一个比喻：“一个单独的提琴手，是自己指挥自己；一个乐队，就需要一个乐队指挥。”这个比喻，生动地说明了个人活动与群体活动的最大区别是前者不需要别人指挥，后者则需要管理。因此，管理学中的“管理”定义可以这样理解：凡是有群体共同活动、共同劳动或共同工作的地方，都需要管理。管理是管理人员领导和组织人们去完成一定的任务和实现共同的目标的一种活动。“管理”有这样几个特点：“人”是管理的主体；管理要以规章制度为手段，管理对象必须遵从这些规章制度；管理离不开事先的组织、规划，以及实施过程中的协调。

毫无疑问的是，任何一种管理活动都必须明确谁来管（即管理主体）、管什么（即管理客体）、怎么管（即管理手段），以及管得怎么样（管理效果）的问题。

“管理”的概念应用到网络安全领域，便有了网络安全管理的概念。美国的国家标准与技术研究院（NIST）将网络安全技术控制措施定义为完全由机器来完成的活动，网络安全管理措施定义为完全由人来完成的活动，并将由机器和人共同完成的活动定义成网络安全运行控制措施。事实上，后两种都是网络安全管理控制措施。简言之，网络安全管理是指把分散的网络安全技术因素和人的因素，通过策略、规则协调整合成为一体，服务于网络安全的目标。

2. 网络安全管理的重要性

长期以来，人们保障系统安全的手段偏重于依靠技术，厂商在安全技术和产品的研发上不遗余力，新的技术和产品不断涌现；消费者也更加相信安全产品，把大部分安全预算投入到产品的采购上。但事实上，仅仅依靠技术和产品保障网络安全的愿望却往往难尽人意，很多复杂、多变的安全威胁和隐患仅靠产品是无法消除的。此外，复杂的网络安全技术和产品往往在完善的管理下才能发挥作用。因此，人们在网络安全领域总结出了“三分技术，七分管理”的实践经验和原则。

对实际发生的网络安全事件的统计也凸显了管理因素的重要性。据有关部门统计，在所有的计算机安全事件中，约有52%是人为因素造成的，25%是由火灾、水灾等自然灾害引起的，技术错误占10%，组织内部人员作案占10%，仅有3%左右是由外部不法人员攻击造成的。简单归类，属于管理方面的原因比重高达70%以上，而这些安全问题中的95%是可以通过科学的管理来避免的。因此，网络安全管理已成为网络安全保障能力的重要基础。

如果说安全技术是网络安全的构筑材料，那么安全管理就是网络安全的黏合剂和催化剂，只有将有效的安全管理从始至终贯彻落实于安全建设的方方面面，网络安全的长期性和稳定性才能有所保证。

7.2.2 国外网络安全管理相关标准

网络安全技术的发展极大地促进了网络安全管理理念的产生和发展，各种有关网络安全管理的法规、标准也应运而生。20世纪80年代末，随着ISO 9000质量管理体系标准的出现及其随后在全世界广泛推广和应用，系统管理的思想在网络安全管理领域也得到借鉴与采用，使网络安全管理在20世纪90年代步入了标准化与系统化管理的时代。1995年，英国率先推出了BS 7799网络安全管理标准，BS 7799于2000年被国际标准化组织批准为国际标准ISO/IEC 17799，又于2005年被国际标准化组织重新编号，编入网络安全管理体系标准族，即ISO/IEC 2700X标准系列。澳大利亚和新西兰也联合推出了风险管理标准AS/NZS 4360，德国的联邦技术安全局推出了《信息技术基线保护手册》等。

目前，ISO/IEC 2700X标准系列是国际主流，本书主要对此进行介绍。ISO/IEC 27001和ISO/IEC 27002这两个核心、基础标准已于2005年10月正式发布第1版，2013年10月正式发布第2版。

ISO/IEC 27001是网络安全管理体系（ISMS）的规范说明，其重要性在于它提供了认证执行的标准，且包括必要文档的列表。27001网络安全管理体系标准强调风险管理的思想。传统的网络安全管理基本上还处在一种静态的、局部的、少数人负责的、突击式的、事后纠正式的管理方式，导致的结果是不能从根本上避免、降低各类风险，也不能降低网络安全故障导致的综合损失。而27001标准基于风险管理的思想，指导一个组织建立网络安全管理体系。ISMS是一个系统化、程序化和文件化的管理体系，基于系统、全面、科学的安全风险评估，体现预防控制为主的思想，强调遵守国家有关网络安全的法律、法规及其他合同方要求，强调全过程和动态控制，本着控制费用与风险平衡的原则合理选择安全控制方式保护组织所拥有的关键信息资产，使信息风险的发生概率和结果降低到可接受的水平，确保信息的保密性、完整性和可用性，保持组织业务运作的持续性。ISO/IEC 27002提出了一系列的、具体的网络安全管理控制措施。

目前，ISO/IEC 2700X系列家族不断扩大。国际标准化组织（ISO）专门为ISMS预留出了一批标准序号。这一方面说明了ISO对ISMS的重视程度，另一方面也说明了ISMS相关标准正在各方实践的基础上不断更新和优化。图 7-6 列出了 ISO/IEC 2700X 系列标准的关系。

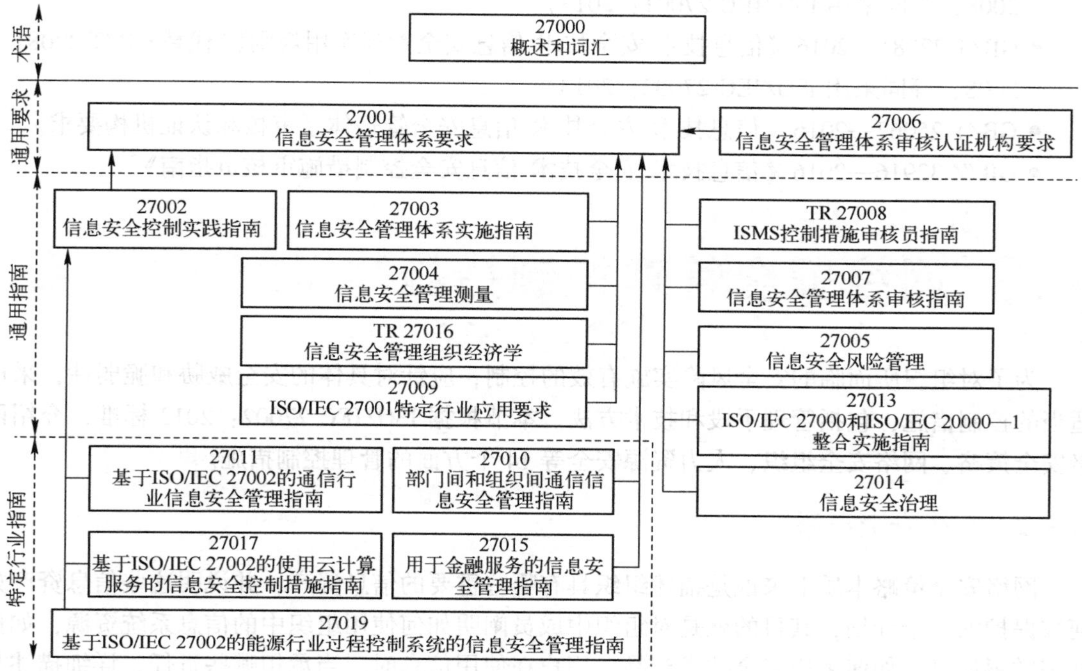

图 7-6　系列标准关系图

7.2.3　我国网络安全管理相关标准

在网络安全管理标准的制定方面，我国主要采用与国际标准靠拢的方式，充分借鉴、吸收国际标准的长处。在全国信息安全标准化技术委员会内，第 7 工作组（WG7）主要负责研究和制定适用于涉密和敏感领域之外的安全保障的通用安全管理方法、安全控制措施，以及安全支撑和服务等方面的标准、规范及指南。在 WG7 的努力下，目前我国已正式发布的网络安全管理标准如下。

- GB/T 19716—2005《信息技术 信息安全管理实用规则》（修改采用国际标准 ISO/IEC 17799：2000）
- GB/T 19715.1—2005《信息技术 IT 安全管理指南第 1 部分：IT 安全概念和模型》（等同采用 ISO/IEC TR 13335-1：1996）
- GB/T 19715.2—2005《信息技术 IT 安全管理指南第 2 部分：管理和规划 IT 安全》（等同采用 ISO/IEC TR 13335-2：1997）
- GB/T 20269—2006《信息安全技术 信息系统安全管理要求》
- GB/T 20282—2006《信息安全技术 信息系统安全工程管理要求》
- GB/T 31496—2015《信息技术 安全技术 信息安全管理体系实施指南》
- GB/T 31497—2015《信息技术 安全技术 信息安全管理 测量》
- GB/T 31722—2015《信息技术 安全技术 信息安全风险管理》

- GB/T 22080—2016《信息技术 安全技术 信息安全管理体系要求》(代替 GB/T 22080—2008，等同采用 ISO/IEC 27001：2013)
- GB/T 22081—2016《信息技术 安全技术 信息安全管理实用规则》(代替 GB/T 22081—2008，等同采用 ISO/IEC 27002：2013)
- GB/T 25067—2016《信息技术 安全技术 信息安全管理体系审核和认证机构要求》
- GB/Z 32916—2016《信息技术 安全技术 信息安全控制措施审核员指南》

7.3 网络安全管理控制措施

为了对组织所面临的安全风险实施有效的控制，应针对具体的安全威胁和脆弱性，采取适当的控制措施，包括管理手段和技术方法。本节根据 ISO/IEC 27002：2013 标准，介绍网络安全策略、网络安全组织、人力资源安全等 14 个方面的管理控制措施。

7.3.1 网络安全策略

网络安全策略本质上来说是描述组织具有哪些重要的信息资产，并说明这些信息资产如何被保护的一个计划，其目的就是对组织中成员阐明如何使用组织中的信息系统资源，如何处理敏感信息，如何采用安全技术产品，用户在使用信息时应当承担哪些责任，详细描述员工的安全意识与技能要求，列出被组织禁止的行为。

网络安全策略通过为组织的每一个人提供基本的规则、指南、定义，从而在组织中建立一套信息资产保护标准，防止员工的不安全行为引入风险，是进一步制定控制规则和安全程序的必要基础。安全策略应当目的明确、内容清楚，能广泛地被组织成员接受与遵守，而且要有足够的灵活性、适应性，能涵盖较大范围内的各种数据、活动和资源。

网络安全策略通常包括一个顶层的网络安全方针和多组围绕特定主题支撑这一方针的网络安全策略集。

具体的安全策略是在安全方针的框架内，根据风险评估的结果，为保证控制措施的有效执行而制定的，明确具体的网络安全实施规则。主要包括：访问控制策略、信息分级（和处理）策略、物理和环境安全策略、面向终端用户的策略、备份策略、信息传输策略、恶意软件防范策略、技术脆弱性管理策略、密码控制策略、通信安全策略、隐私及其个人可识别信息的保护策略、供应商关系策略等。

7.3.2 网络安全组织

“网络安全组织”描述了如何建立一个管理框架，用以启动组织内的网络安全管理，并对其实现和运行加以控制。其包括两个方面的控制目标：管理组织范围内的网络安全；移动设备、远程工作涉及的网络安全。

1. 内部组织

一个组织的管理者应通过清晰的说明、可证实的承诺、明确的网络安全职责分配及确认，来积极实现本组织内的网络安全。

应参照网络安全策略，识别组织内所有的网络安全职责，给出清晰的定义和细节描述，指定责任实体，形成文件。指定的责任实体应具备相应网络安全领域的能力，并且能够跟进网络安全管理活动。在分配职责时，组织要注意分离互相冲突的职责，分离后分配给不同的责任实体，并明确其各自责任范围。例如，管理员不能同时担任审计员。

一个组织在网络安全保护中需要注意与政府部门和特定机构的联系。要有明确的规程指明何时与哪个部门（如执法部门、消防部门、监管部门等）联系，以及怀疑网络安全事件可能触犯法律时，应如何及时报告。对于可能来自互联网的攻击，可能还需要外部第三方（如互联网服务提供商或电信运营商）采取有关措施。

2. 移动设备和远程工作

移动设备使得员工可以在组织内或组织外进行办公。在组织内，移动设备的使用通常与固定设备相似，而在组织外，移动设备的使用环境一般很难受到保护。因此，为避免非授权访问泄露移动设备所存储和处理的信息，组织应制定针对使用移动设备的安全策略，并就使用移动设备的风险和控制措施对设备使用人员进行培训。

远程工作是指在办公室以外场所进行的所有形式的工作，包括“远程办公”、“弹性工作场所”等。允许远程工作活动的组织应根据法律、法规制定相关策略，定义远程工作的使用条件和限制条件。要为远程访问提供合适的通信设备，提供软、硬件的支持和维护。不允许使用私人设备进行访问的组织，还需要提供远程工作活动使用的专用设备和存储设施。

7.3.3 人力资源安全

人力资源管理包括任用前、任用中、任用的终止和变更三个方面的控制目标。

1. 任用前

任用前的控制目标是确保员工和合同方理解其责任，并适合其角色，减少盗窃、滥用或设施误用的风险。

要按照相关法律、法规、道德规范和对应的业务要求，以及被访问信息的类别和可能的风险，实施对所有候选任用者和第三方人员的背景验证核查程序。当员工晋升后有权访问更高敏感级别的信息时，还应考虑进一步的、更详细的验证。

2. 任用中

在任用过程中，应确保所有的员工、合同方和第三方人员了解网络安全威胁和相关事宜，知晓并履行其网络安全责任和义务，减少人为错误的风险。

管理者应要求雇员、合同方人员和第三方人员按照组织已建立的方针策略和规程对安全尽心尽力。应根据网络安全策略制定组织的安全意识培训方案，按照方案组织所有雇员，包括合同方人员和第三方人员，接受与其工作职能相关的安全意识教育和培训。

对于安全违规的雇员，应有正式的纪律处理过程。

3. 任用的终止和变更

任用的终止和变更的目标是在雇员、合同方和第三方用户离开组织或任用变更的过程中保护组织的利益。应对雇员、合同方和第三方用户从组织中退出的过程进行管理，并确保其归还所有设备及删除他们的所有访问权。在雇员、合同方或第三方用户的合同中，应规定哪些职责和义务在任用终止后仍然有效。职责和工作的变更管理与此类似，也应严格管理。

7.3.4 资产管理

资产管理主要包括三个方面的控制目标：识别组织资产并定义适当的保护责任；依据对组织的重要程度进行信息分级；保护存储在介质中的信息。

1. 有关资产的责任

一个组织需要识别组织内的各项资产，及时为每项已识别的资产指定所属关系，按照信息生命周期，即创建、处理、存储、传输、删除和销毁，分类编制资产清单，并做好维护，实时更新，且与组织的其他清单保持一致。编制资产清单可以有效地帮助组织对资产实施适当的保护，是开展风险管理的重要前提条件。即应确保所有资产都是可核查的，且有指定的责任人，并要求责任人承担对相应控制措施进行维护的职责。

组织应明确信息和资产的使用规则，包括使用的限制条件。当任用、合同或协议终止时，雇员、合同方和外部方用户应归还所使用的组织资产。如雇员、合同方或外部方用户已购买了组织的设备或使用了自己的设备时，应确保设备中所有相关的信息已转移给了组织，并且已从设备中安全删除。

2. 信息分级

依据信息对组织的重要程度，为使其受到合适水平的保护，一个组织有必要对组织中的信息资产进行分级，为每个级别命名，并根据保护等级采取必要的安全控制措施。信息资产的拥有者是该资产的分级责任人。对信息资产进行分级时，应以其对组织的价值、法律要求、敏感性和关键性为标准，并考虑到组织的业务对于信息共享或限制的需要，以及这些需要可能对组织运营带来的影响。

此外，组织还应根据信息分级的原则，制定相应的信息标识及处理程序，以处理各类物理形式和电子形式的信息资产。

3. 介质处理

介质上存储着大量十分有用的信息数据、程序等，是确保信息系统正常运行不可缺少的部分，应得到妥善的管理和物理上的保护，使其免遭破坏、偷盗和未经授权的访问。为此，应根据组织采用的信息分级方案，制定移动介质的管理规程，加强移动介质管理，妥善销毁不使用的介质，保护在运送途中的介质。

7.3.5 访问控制

访问控制的目标包括访问控制的业务要求、用户访问管理、系统和应用访问控制等方面。

1. 访问控制的业务要求

为保护系统及其数据不被未经授权的非法访问，应首先制定完善的安全控制策略，为信息系统构建一套完整的访问安全体系。通过策略的实施，最大限度地使系统及其数据因非正常的因素遭到破坏的可能性降低到最低。

组织应以“未经明确允许，则一律禁止”为前提制定访问控制策略，并考虑“按需所知”原则（只允许访问执行任务所需的信息）和“按需使用”原则（只允许访问执行任务所需的信息处理设施）。

此外，组织还应根据访问控制策略制定一个网络服务使用策略，通过实施控制，确保仅允许用户访问已授权的网络和网络服务。

2. 用户访问管理

为确保授权用户对计算机信息系统和服务的访问，并防止未经授权的访问，应建立一套信息系统和服务访问权限分配程序。这套程序应覆盖用户访问全过程的每一个阶段，从注册到注销。

员工的任用变更时，应移除其不适用于新岗位的访问权。当任用、合同或协议终止时，应撤销所有雇员、合同方和外部方用户对信息和信息处理设施的访问权限，或根据变化调整。需删除或改变的访问权包括物理和逻辑访问、密钥、ID卡、信息处理设备、签名等。如果已离职雇员、合同方或外部方用户知道仍保持活动状态的账号的口令，则应在工作、合同或协议终止或变化后及时改变口令。

3. 系统和应用访问控制

组织需要根据访问控制策略和各个业务应用的要求，限制用户对操作系统和应用的访问。

应制定并实施一套安全的登录规程，包括：按照已定义的访问控制策略和认证手段鉴别授权用户，记录成功和失败的系统鉴别尝试，不在网络上以明文传输口令，恰当地限制用户的连接次数，在一定时间后终止不活动的会话，记录专用系统特权的使用，发现违背系统安全策略时及时发布警报等。

此外，为维护知识产权的保密性，防止在程序中引入非授权功能，组织需要严格控制对程序源代码和相关内容（如设计、说明书、验证计划和确认计划）的访问。可将源程序放在源程序库中集中存储、管理，如果有可能，在运行的系统中不保留源程序库，若保留，则应制定相应的规程进行管理。

7.3.6 密码

密码控制的要求是确保适当和有效地使用密码技术以保护信息的保密性、真实性和完整性。

制定密码策略时，必须考虑相关的法律、法规，确保符合国家的密码管理法律、法规。此外，需要考虑的内容主要有：基于风险评估确认保护等级，包括所需要的加密算法的类型、强度和质量；密钥管理方法，包括密码密钥的保护，密钥遗失、泄密和毁坏后加密数据的恢复等；加密的信息对基于内容检查的控制措施（如恶意软件监测）的影响；跨越组织，特别是跨境使用密码的控制管理方法等。

除密码使用策略外，还必须进行有效的密钥管理，制定贯穿密钥全生命周期（即生成、存储、归档、恢复、分发、废止和销毁）的管理策略。

7.3.7 物理和环境安全

物理和环境安全包括安全区域和设备安全两个方面的控制目标。

1. 安全区域

安全区域的目标是防止组织的信息和信息处理设施受到非经授权的物理访问、损害和干扰。为了达到这一目标，应当把关键和敏感的信息处理设备放在安全区域内，并受到确定的安全边界的保护，保护适当的安全屏障和入口控制。这些设施应从实体上加以保护，避免非授权访问、损坏和干扰，且所提供的保护应与所识别出的风险相匹配。

2. 设备安全

设备安全的目标是防止资产的流失，保护设备免受损坏或破坏，从而保障业务的正常运行。一般应考虑以下方面：一是妥善安置和保护设备，以降低环境威胁和灾难风险，减少未经授权的访问；二是使设备免于因支持性设施的失效而引起的电源故障和其他中断；三是保证传输数据或支持信息服务的电源布缆和通信布缆免受窃听或损坏；四是对设备进行正确维护，以确保其持续的可用性和完整性；五是资产的移动问题，在未经授权的情况下，不能把设备、信息或者软件转移到工作场所以外，同时应当进行现场检查，以防止未经授权的信息资产被转移；六是对组织场所外的设备采取安全措施，要考虑工作在组织场所以外的不同风险；七是设备的安全处置及再利用问题，避免不适当的设备处置及再利用危及网络安全；八是确保所有用户了解并承担保护无人值守的用户设备的责任，根据组织的安全要求和规程做好防范；九是实施桌面清空和屏幕清空策略，降低非授权访问或破坏纸质、可移动存储介质和信息处理设施的风险。

7.3.8 运行安全

为了确保信息系统中的信息处理设施正确无误地安全运行，一个组织需要明确信息处理设备的管理与操作的责任和程序（包括建立操作指南和事故处理程序），这是保证系统安全运行的最基本、最主要的管理措施。为此，应实现操作规程文件化，加强变更管理（包括组织、业务过程、信息处理设施和系统变更），实施容量管理，特别是关注订货、交货周期长或成本高的资源的使用情况。

此外，组织还应实现开发、测试和运行环境的分离，避免在软件开发和测试的过程中因某些文件或系统环境的改动对运行环境造成的影响。

为了保持信息及信息处理设施的完整性和可用性，防止数据丢失，应采取有效措施定期对基本业务信息和软件进行备份，这是保证信息系统正常运行必不可少的重要环节。

在运行维护中，要重视日志和在线监视的作用。主要的措施包括：生成、维护记录用户活动、异常、错误和网络安全事态的日志，并定期评审；对日志记录设施和日志信息加以保护，防止篡改和非授权的访问；在日志中记录系统管理员和系统操作员的活动；使用已设置的精确时间源对所有相关信息处理设施的时钟进行同步，确保日志记录中的时间信息保持一致。

目前，国际上普遍兴起了信息系统审计项目。信息系统审计考虑的含义是，使信息系统审计的有效性最大化，干扰最小化。这里包含两点：涉及对运行系统核查的审计要求和活动，应谨慎地加以规划并取得批准，使造成业务过程中断的风险最小化；对于信息系统审计工具的访问应加以保护，以防止任何可能的滥用或损害。

7.3.9 通信安全

通信安全管理的控制目标主要包括网络安全管理、信息传输两方面。

1. 网络安全管理

为了确保网络中的信息和支持性基础设施得到保护，应对网络进行充分管理和控制，包括以下方面：

一是网络控制，防止非授权访问网络所连接的服务；二是网络服务安全，确保所有网络服务的安全机制、服务级别和管理要求得到实现；三是网络隔离，使用不同的物理网络或逻辑网络（如虚拟专用网络）将大型网络分成独立网络域进行安全管理。

2. 信息传输

目前，不同组织间的数据交换正越来越频繁，交换的信息可能丢失、被修改或盗用，因此这种信息传输必须受到严格控制，并符合所有相关的法律、法规，以确保在组织内及与组织外部实体间传输信息的安全。

组织应当在与国家和地方法律、法规一致的基础上定义清晰的信息传输策略、规程和控制。为保障与外部方之间业务信息的安全传输，组织应与外部方签订信息传输协议。

7.3.10 系统采购、开发和维护

系统采购、开发和维护的控制目标涉及信息系统的安全要求、开发和支持过程中的安全、测试数据等方面。

1. 信息系统的安全要求

信息系统的安全要求是指采取措施保证在开发的系统中（包括在公共网络上提供服务或实现交易的应用系统）建立有效的安全机制，7.1节介绍的网络安全工程便实现了该目的。

2. 开发和支持过程中的安全

业务应用软件系统在开发和维护的过程中往往会遇到应用系统的业务发生变化，或系统版本需要升级的情况，此时必须对应用系统中相应部分的软件做改动，而且这种改动需经复查，以证明不会损害系统和运行环境的安全。

3. 测试数据

系统和验收测试通常需要大量的、尽可能接近运行数据的测试数据，因此，组织需要对测试数据加以保护，可使用与运行应用系统中相同的访问控制规程。要确保仅在经授权的情况下才能将数据复制到测试环境中，并在测试完成后立即清除，还应将测试数据的复制和使用记录归档作为审计材料。

7.3.11 供应商关系

供应商对组织资产的随意访问会带来安全风险，因此，一个组织需要制定针对供应商管理的安全策略，保护可被供应商访问的组织资产。

策略中应强调组织要实现的及组织要求供应商实现的过程和规程，例如，识别并记录允许访问组织信息的供应商类型、允许各类供应商访问的信息类型，以及供应商保护组织信息的义务。

应在供应商协议中强调网络安全，描述相关法律、法规要求及如何满足这些要求，描述供应商要提供或访问的信息、信息分级、提供或访问信息的方法、可访问或接收组织信息的

供应商人员名单或授权（取消授权）规程，以及组织信息的可接受（必要时，还可包括不可接受）使用规则，给出供应链安全管理规定（如分包相关规定、供应商在整个供应链中传播组织安全要求的规定、关键组件的标识规则、交付的产品或信息的功能保障要求等），明确供应商遵守组织安全要求的义务，提出当供应商不能提供产品或服务时确保组织业务连续性的处理规程等。

7.3.12　网络安全事件管理

网络安全事件管理的控制目标是：确保采用一致和有效的方法对网络安全事件进行管理，包括对安全事态和脆弱性的沟通。

为实现控制目标，确保快速、有效和有序地响应网络安全事件，组织需要建立网络安全事件管理规程，并做好责任分配。在分配责任时，要确保处理安全事件相关问题的人员能够胜任处理任务。还应保持与处理网络安全事件相关问题的部门、外部相关团体或论坛之间的适当联系。

如接到网络安全事态报告，应根据组织制定的事态和事件分级尺度进行评估，确定该事态是否属于网络安全事件，并详细记录评估的过程和结果。一旦安全事态确认为安全事件，或接到安全事件和脆弱性的报告，应该立即明确责任，按照已确定的规程予以响应。

此外，组织应制定区分网络安全事件类型、量化事件规模和影响的机制，用以评价网络安全事件，根据评价信息识别易复发的或高影响的事件，并利用分析和解决网络安全事件的经验来减小未来事件发生的可能性和影响。

7.3.13　业务连续性管理

此类控制目标是将网络安全连续性纳入组织的业务连续性管理之中，防止安全活动中断，确保在发生重大故障和灾难的情况下，组织的网络安全连续性达到所要求的级别。为了实现这一控制目标，应该首先确定可能引起网络安全流程中断的事件，如设备故障、人为错误、盗窃、水灾、火灾、恐怖事件等。然后进行风险评估，确定中断可能造成的影响，如破坏程度和恢复时间。完成风险评估后，应根据风险评估结果，确定业务连续性在网络安全方面的总体规划。

为确保在不利情况下组织的网络安全连续性能够达到事前规划的级别，需要建立文档化的过程、规程和控制，详细描述组织将如何管理安全事态，事态发生时如何将组织的网络安全管理恢复到适当水平，包括维护现有的网络安全控制过程、规程并实现变更，以及不能维护的网络安全控制的补偿控制等。

此外，为确保组织网络安全的连续性，相关信息处理设施应具有足够的冗余，可使用冗余组件或架构。设计冗余时应考虑到冗余可能给信息和信息系统的完整性或保密性带来的风险。

7.3.14　合规性

合规性包括两个方面的控制目标：与法律、法规要求的合规性；与安全策略、标准及技术要求的合规性和合规性评审。

1. 符合法律和合同要求

符合法律和合同要求的目标是避免违反法律、法规、规章、合同要求，以及其他相关的安全要求。信息系统的设计、运行、使用和管理都要受到法律、法规要求的限制，同样也会受到合同安全要求的限制，因此对法律和合同要求的合规性应该首先受到关注。此外，对知识产权的保护、组织中重要记录的保护、隐私和个人数据的保护、密码的控制措施等都是法律和合同合规性提出的要求。

2. 网络安全评审

合规性的第二方面是确保依据组织策略和规程来实现和运行网络安全，为此，应进行安全策略和标准合规性评审，以及技术合规性评审。后者需要使用自动化工具或由有经验的系统工程师定期评审组织的技术合规性，甚至可以使用渗透性攻击手段。

7.4 网络安全风险评估

本书第2章介绍了信息系统的安全要素，连接这些要素与网络安全之间关系的纽带是“风险”。所谓安全的信息系统，是指经过风险评估并对风险进行处理后，从可能产生的损失与预计的安全投入角度分析，认为系统中残余的风险可以接受的系统。在后续等级保护、网络安全管理体系等内容的介绍中，也多次提到风险评估的概念，其已经成为各种宏观的网络安全保护方案的方法学基础。例如，信息系统安全工程（ISSE）在发掘信息保护需求的阶段，便利用了风险评估的思想。而无论采用什么方法，都是一种在风险评估的基础上对风险进行处理的工程，这统称为风险管理。

风险管理的实质是基于风险的网络安全管理，即始终以风险为主线进行网络安全的管理。本章对国家标准 GB/T 20984—2007《信息安全技术 信息安全风险评估规范》中给出的风险评估基础知识做了介绍，实际上是对7.1、7.2和7.3节的知识进行了升华。因为，ISO/IEC 27002 中的任何一项网络安全管理的控制措施，都是针对系统中可能存在的风险点。而建立 ISMS 的过程，就是对安全风险进行评估，继而从 ISO/IEC 27002 中选择合适的网络安全管理控制措施的具体实践。

7.4.1 概述

网络安全风险评估就是从风险管理的角度，运用科学的方法和手段，系统地分析信息系统所面临的威胁及其存在的脆弱性，评估安全事件一旦发生可能造成的危害程度，提出有针对性的、抵御威胁的防护对策和整改措施，为防范和化解网络安全风险，将风险控制在可接受的水平，从而为最大限度地保障网络安全提供科学依据。

本书第2章已经介绍了信息系统的各个安全要素，并指出了这些安全要素之间的关系，这里不再赘述。下面对风险分析原理和风险评估实施流程进行说明。

1. 风险分析原理

风险分析是风险评估的核心部分，是定量或定性计算安全风险的过程。

风险分析原理如图7-7所示。

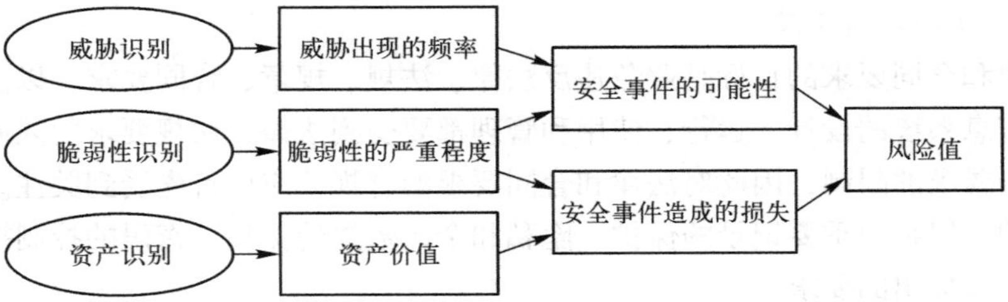

图 7-7 风险分析原理

风险分析中要涉及资产、威胁、脆弱性三个基本要素。每个要素有各自的属性，资产的属性是资产价值；威胁的属性可以是威胁主体、影响对象、出现频率、动机等；脆弱性的属性是资产弱点的严重程度，风险分析的主要内容为：

① 对资产进行识别，并对资产的价值进行赋值；

② 对威胁进行识别，描述威胁的属性，并对威胁出现的频率赋值；

③ 对脆弱性进行识别，并对具体资产的脆弱性的严重程度赋值；

④ 根据威胁及威胁利用脆弱性的难易程度判断安全事件发生的可能性；

⑤ 根据脆弱性的严重程度及安全事件所作用的资产的价值计算安全事件造成的损失；

⑥ 根据安全事件发生的可能性及安全事件出现后的损失，计算安全事件一旦发生对组织的影响，即风险值。

2. 风险评估实施流程

风险评估的实施流程如图 7-8 所示。该图提出了实施风险评估的主要步骤，包括威胁识别、资产识别、脆弱性级别、已有安全措施的确认、风险计算、风险分析与处理等。后面几节将对关键步骤进行进一步说明。

7.4.2 资产识别

保密性、完整性和可用性是评价资产的三个安全属性。风险评估中资产的价值不是以资产的经济价值来衡量的，而是由资产在这三个安全属性上的达成程度或者其安全属性未达成时所造成的影响程度来决定的。安全属性达成程度的不同将使资产具有不同的价值，而资产面临的威胁、存在的脆弱性，以及已采用的安全措施都将对资产安全属性的达成程度产生影响。为此，应对组织中的资产进行识别。

资产识别首先的工作是对资产进行分类，然后需要对每项资产的保密性、完整性和可用性进行赋值，在此基础上评价资产的重要性。

1. 资产分类

在一个组织中，资产有多种表现形式。同样的两个资产也可能因属于不同的信息系统从而有不同的重要性。而且对于提供多种业务的组织，其支持业务持续运行的系统数量可能更多。这时首先需要将信息系统及相关的资产进行恰当分类，以此为基础进行下一步的风险评估。在实际工作中，具体的资产分类方法可以根据具体的评估对象和要求，由评估者灵活把握。根据资产的表现形式，可将资产分为数据、软件、硬件、服务、人员等类型。具体可参考 7.3 节的有关内容。

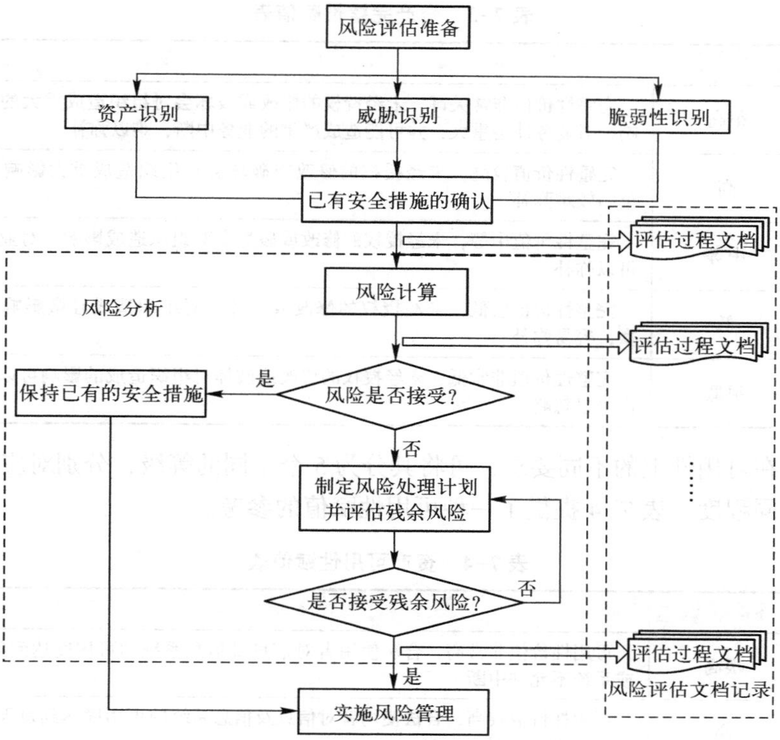

图 7-8 风险评估实施流程

2. 资产赋值

根据资产在保密性上的不同要求，可将其分为 5 个不同的等级，分别对应资产在保密性上应达成的不同程度或者保密性缺失时对整个组织的影响。表 7-2 提供了一种保密性赋值的参考。

表 7-2 资产保密性赋值表

赋 值	标 识	定 义
5	很高	包含组织最重要的秘密，关系未来发展的前途命运，对组织根本利益有着决定性的影响，如果泄露会造成灾难性的损害
4	高	包含组织的重要秘密，其泄露会使组织的安全和利益遭受严重损害
3	中等	组织的一般性秘密，其泄露会使组织的安全和利益受到损害
2	低	仅能在组织内部或在组织某一部门内部公开的信息，向外扩散有可能对组织的利益造成轻微损害
1	很低	可对社会公开的信息，公用的信息处理设备和系统资源等

根据资产在完整性上的不同要求，可将其分为 5 个不同的等级，分别对应资产在完整性上缺失时对整个组织的影响。表 7-3 提供了一种完整性赋值的参考。

表 7-3　资产完整性赋值表

赋　值	标　识	定　义
5	很高	完整性价值非常关键，未经授权的修改或破坏会对组织造成重大的或无法接受的影响，对业务冲击重大，并可能造成严重的业务中断，难以弥补
4	高	完整性价值较高，未经授权的修改或破坏会对组织造成重大影响，对业务冲击严重，较难弥补
3	中等	完整性价值中等，未经授权的修改或破坏会对组织造成影响，对业务冲击明显，但可以弥补
2	低	完整性价值较低，未经授权的修改或破坏会对组织造成轻微影响，对业务冲击轻微，容易弥补
1	很低	完整性价值非常低，未经授权的修改或破坏对组织造成的影响可以忽略，对业务冲击可以忽略

根据资产在可用性上的不同要求，可将其分为 5 个不同的等级，分别对应资产在可用性上应达成的不同程度。表 7-4 提供了一种可用性赋值的参考。

表 7-4　资产可用性赋值表

赋　值	标　识	定　义
5	很高	可用性价值非常高，合法使用者对信息及信息系统的可用度达到年度 99.9%以上，或系统不允许中断
4	高	可用性价值较高，合法使用者对信息及信息系统的可用度达到每天 90%以上，或系统允许中断时间小于 10min
3	中等	可用性价值中等，合法使用者对信息及信息系统的可用度在正常工作时间达到 70%以上，或系统允许中断时间小于 30min
2	低	可用性价值较低，合法使用者对信息及信息系统的可用度在正常工作时间达到 25%以上，或系统允许中断时间小于 60min
1	很低	可用性价值可以忽略，合法使用者对信息及信息系统的可用度在正常工作时间低于 25%

3. 资产重要性等级评定

资产价值应依据资产在保密性、完整性和可用性上的赋值等级，经过综合评定得出。综合评定方法可以根据自身的特点，选择对资产保密性、完整性和可用性最为重要的一个属性的赋值等级作为资产的最终赋值结果；也可以根据资产保密性、完整性和可用性的不同等级对其赋值进行加权计算，得到资产的最终赋值结果。加权方法可根据组织的业务特点确定。

在国家标准中，为与上述安全属性的赋值相对应，根据最终赋值将资产划分为 5 级，级别越高表示资产越重要，也可以根据组织的实际情况确定资产识别中的赋值依据和等级。表 7-5中的资产等级划分表明了不同等级的重要性的综合描述。评估者可根据资产赋值结果，确定重要资产的范围，并主要围绕重要资产进行下一步的风险评估。

表 7-5　资产等级及含义描述

等　级	标　识	描　述
5	很高	非常重要，其安全属性破坏后可能对组织造成非常严重的损失
4	高	重要，其安全属性破坏后可能对组织造成比较严重的损失

续表

等　级	标　识	描　述
3	中等	比较重要，其安全属性破坏后可能对组织造成中等程度的损失
2	低	不太重要，其安全属性破坏后可能对组织造成较低的损失
1	很低	不重要，其安全属性破坏后对组织造成很小的损失，甚至可忽略不计

7.4.3　威胁识别

威胁是一个具有多种属性的网络安全要素，如威胁主体、资源、动机、途径等属性。对其各个属性的了解，有助于提高对抗威胁的针对性，如消除威胁的动机、增大威胁的资源消耗、切断威胁的途径（如外部联网）等。因此，在识别威胁的过程中，重要步骤是对威胁进行分类。此外，为了计算最终的风险值，还应对威胁赋值，描述威胁的严重性。

1. 威胁分类

造成威胁的因素可分为人为因素和环境因素。根据威胁的动机，人为因素又可分为恶意和非恶意两种。环境因素包括自然界不可抗的因素和其他物理因素。威胁作用形式可以是对信息系统直接或间接的攻击，在保密性、完整性和可用性等方面造成损害，也可能是偶发的或蓄意的事件。

在对威胁进行分类前，应考虑威胁的来源。表 7-6 提供了一种威胁来源的分类方法。

表 7-6　威胁来源分类

来　源		描　述
环境因素		断电、静电、灰尘、潮湿、温度、鼠蚁虫害、电磁干扰、洪灾、火灾、地震、意外事故等环境危害或自然灾害，以及软件、硬件、数据、通信线路等方面的故障
人为因素	恶意人员	不满的或有预谋的内部人员对信息系统进行恶意破坏；采用自主或内外勾结的方式盗窃机密信息或进行篡改，获取利益。 外部人员利用信息系统的脆弱性，对网络或系统的保密性、完整性和可用性进行破坏，以获取利益或炫耀能力
	非恶意人员	内部人员由于缺乏责任心，不关心或不专注，没有遵循规章制度和操作流程而导致故障或信息损坏；内部人员由于缺乏培训、专业技能不足、不具备岗位技能要求而导致信息系统故障或被攻击

对威胁进行分类的方式有多种，针对表 7-6 的威胁来源，可以根据其表现形式，将威胁主要分为如表 7-7 所示的几类。在这一分类的基础上，评估者还应进一步刻画各类威胁的属性。

表 7-7　一种基于表现形式的威胁分类表

种　类	描　述	威胁子类
软、硬件故障	对业务实施或系统运行产生影响的设备硬件故障、通信链路中断、系统本身或软件缺陷等问题	设备硬件故障、传输设备故障、存储媒体故障、系统软件故障、应用软件故障、数据库软件故障、开发环境故障等
物理环境影响	对信息系统正常运行造成影响的物理环境问题和自然灾害	断电、静电、灰尘、潮湿、温度、鼠蚁虫害、电磁干扰、洪灾、火灾、地震等
无作为或操作失误	应该执行而没有执行相应的操作，或无意执行了错误的操作	维护错误、操作失误等

续表

种类	描述	威胁子类
管理不到位	安全管理无法落实或不到位，从而破坏信息系统正常有序运行	管理制度和策略不完善、管理规程缺失、职责不明确、监督控管机制不健全等
恶意代码	故意在计算机系统上执行恶意任务的程序代码	病毒、特洛伊木马、蠕虫、陷门、间谍软件、窃听软件等
越权或滥用	通过采用一些措施，超越自己的权限访问了本来无权访问的资源，或者滥用自己的权限，做出破坏信息系统的行为	非授权访问网络资源、非授权访问系统资源、滥用权限非正常修改系统配置或数据、滥用权限泄露秘密信息等
网络攻击	利用工具和技术通过网络对信息系统进行攻击和入侵	网络探测和信息采集、漏洞探测、嗅探（账号、口令、权限等）、用户身份伪造和欺骗、用户或业务数据的窃取和破坏、系统运行的控制和破坏等
物理攻击	通过物理的接触造成对软件、硬件、数据的破坏	物理接触、物理破坏、盗窃等
泄密	将信息泄露给不应了解的他人	内部信息泄露、外部信息泄露等
篡改	非法修改信息，破坏信息的完整性使系统的安全性降低或信息不可用	篡改网络配置信息、篡改系统配置信息、篡改安全配置信息、篡改用户身份信息或业务数据信息等
抵赖	不承认收到的信息和所做的操作和交易	原发抵赖、接收抵赖、第三方抵赖等

2. 威胁赋值

判断威胁出现的频率是威胁赋值的基本内容，评估者应根据经验和有关的统计数据来进行判断。在评估中，需要综合考虑以下三个方面：以往安全事件报告中出现过的威胁及其频率的统计；实际环境中通过检测工具及各种日志发现的威胁及其频率的统计；近一两年来国际组织发布的对于整个社会或特定行业的威胁及其频率统计，以及发布的威胁预警。

可以对威胁出现的频率进行等级化处理，不同等级分别代表威胁出现的频率的高低。等级数值越大，威胁出现的频率越高。

表7-8提供了威胁出现频率的一种赋值方法。在实际的评估中，威胁频率的判断依据应在评估准备阶段根据历史统计或行业判断予以确定，并得到被评估方的认可。

表7-8　威胁赋值表

等级	标识	定义
5	很高	出现的频率很高（或≥1次/周）；或在大多数情况下几乎不可避免；或可以证实经常发生
4	高	出现的频率较高（或≥1次/月）；或在大多数情况下很有可能会发生；或可以证实多次发生过
3	中等	出现的频率中等（或≥1次/半年）；或在某种情况下可能会发生；或被证实曾经发生过
2	低	出现的频率较小；或一般不太可能发生；或没有被证实发生过
1	很低	威胁几乎不可能发生；仅可能在非常罕见和例外的情况下发生

7.4.4　脆弱性识别

如本书第2章所述，脆弱性的一个重要特点是，它是资产本身存在的，如果没有被相应的威胁利用，单纯的脆弱性本身不会对资产造成损害。而且如果系统足够强健，严重的威胁也不会导致安全事件的发生，并造成损失，即威胁总是要利用资产的脆弱性才可能造成危害。

脆弱性识别是风险评估中最重要的一个环节。脆弱性识别可以以资产为核心，针对每一项需要保护的资产，识别可能被威胁利用的弱点，并对脆弱性的严重程度进行评估；也可以从物理、网络、系统、应用等层次进行识别，然后与资产、威胁对应起来。脆弱性识别的依据可以是国际或国家安全标准，也可以是行业规范、应用流程的安全要求。对应用在不同环境中的相同的弱点，其脆弱性严重程度是不同的，评估者应从组织安全策略的角度考虑、判断资产的脆弱性及其严重程度。信息系统所采用的协议、应用流程的完备与否、与其他网络的互联等也应考虑在内。

资产的脆弱性具有隐蔽性，有些脆弱性只有在一定条件和环境下才能显现，这是脆弱性识别中最为困难的部分。不正确的、起不到应有作用的或没有正确实施的安全措施本身就可能是一个脆弱性。

1. 脆弱性识别的内容

脆弱性识别时需要掌握的数据应来自于资产的所有者、使用者，以及相关业务领域和软、硬件方面的专业人员等。脆弱性识别所采用的方法主要有：问卷调查、工具检测、人工核查、文档查阅、渗透性测试等。

脆弱性识别主要从技术和管理两方面进行，技术脆弱性涉及物理层、网络层、系统层、应用层等各个层面的安全问题。管理脆弱性又可分为技术管理脆弱性和组织管理脆弱性两方面，前者与具体技术活动相关，后者与管理环境相关。

表7-9提供了一种脆弱性识别内容的参考。

表7-9　脆弱性识别内容表

类　型	识别对象	识别内容
技术脆弱性	物理环境	从机房场地、机房防火、机房供配电、机房防静电、机房接地与防雷、电磁防护、通信线路的保护、机房区域防护、机房设备管理等方面进行识别
	网络结构	从网络结构设计、边界保护、外部访问控制策略、内部访问控制策略、网络设备安全配置等方面进行识别
	系统软件	从补丁安装、物理保护、用户账号、口令策略、资源共享、事件审计、访问控制、新系统配置、注册表加固、网络安全、系统管理等方面进行识别
	应用中间件	从协议安全、交易完整性、数据完整性等方面进行识别
	应用系统	从审计机制、审计存储、访问控制策略、数据完整性、通信、鉴别机制、密码保护等方面进行识别
管理脆弱性	技术管理	从物理和环境安全、通信与操作管理、访问控制、系统开发与维护、业务连续性等方面进行识别
	组织管理	从安全策略、组织安全、资产分类与控制、人员安全、符合性等方面进行识别

2. 脆弱性赋值

可以根据脆弱性对资产的暴露程度、技术实现的难易程度、流行程度等，采用等级方式对已识别的脆弱性的严重程度进行赋值。由于很多脆弱性反映的是同一方面的问题，或可能造成相似的后果，赋值时应综合考虑这些脆弱性，以确定这一方面脆弱性的严重程度。

对某个资产，其技术脆弱性的严重程度还受到组织管理脆弱性的影响。因此，资产的脆弱性赋值还应参考技术管理和组织管理脆弱性的严重程度。

脆弱性严重程度可以进行等级化处理，不同的等级分别代表资产脆弱性严重程度的高低。等级数值越大，脆弱性严重程度越高。表 7-10 提供了脆弱性严重程度的一种赋值方法。

表 7-10　脆弱性严重程度赋值表

等　级	标　识	定　义
5	很高	如果被威胁利用，将对资产造成完全损害
4	高	如果被威胁利用，将对资产造成重大损害
3	中等	如果被威胁利用，将对资产造成一般损害
2	低	如果被威胁利用，将对资产造成较小损害
1	很低	如果被威胁利用，对资产造成的损害可以忽略

7.4.5　风险分析与处理

风险分析是根据资产识别、威胁识别和脆弱性级别的结果，计算实际的风险值。在风险分析工作中，还要对现有安全措施进行评价，在此基础上提出对风险处置的具体建议。严格而言，风险处置的具体行为并不是风险评估的组成部分，但它们共同组成了风险管理活动。

1. 风险计算原理

在计算风险时，需要综合安全事件所作用的资产的价值及脆弱性的严重程度，判断安全事件对组织的影响。以下面的范式形式化说明风险的计算原理，即：

$$风险值=R(A,T,V)=R(L(T,V),F(\mathrm{Ia},\mathrm{Va}))$$

其中，R 表示安全风险计算函数；A 表示资产；T 表示威胁；V 表示脆弱性；Ia 表示安全事件所作用的资产价值；Va 表示脆弱性严重程度；L 表示威胁利用资产的脆弱性导致安全事件的可能性；F 表示安全事件发生后造成的损失，这个公式有以下三个关键计算环节。

（1）计算安全事件发生的可能性

根据威胁出现频率及脆弱性的状况，计算威胁利用脆弱性导致安全事件发生的可能性，即：

$$安全事件的可能性=L(威胁出现频率,脆弱性)=L(T,V)$$

在具体评估中，应综合攻击者的技术能力（专业技术程度、攻击设备等）、脆弱性被利用的难易程度（可访问时间、设计和操作知识的公开程度等）、资产吸引力等因素来判断安全事件发生的可能性。

（2）计算安全事件发生后造成的损失

根据资产价值及脆弱性严重程度，计算安全事件一旦发生后造成的损失，即：

$$安全事件造成的损失=F(资产价值,脆弱性严重程度)=F(\mathrm{Ia},\mathrm{Va})$$

部分安全事件的发生造成的损失不仅仅是针对该资产本身，还可能影响业务的连续性；

不同安全事件的发生对组织的影响也是不一样的。在计算某个安全事件的损失时，应将对组织的影响也考虑在内。

部分安全事件造成的损失的判断还应参照安全事件发生可能性的结果，对发生可能性极小的安全事件，如处于非地震带的地震威胁、在采取完备供电措施状况下的电力故障威胁等，可以不计算其损失。

(3) 计算风险值

根据计算出的安全事件的可能性及安全事件造成的损失，计算风险值，即：

风险值=R(安全事件的可能性,安全事件造成的损失)=$R(L(T,V),F(\mathrm{Ia},\mathrm{Va}))$

评估者可根据自身情况选择相应的风险计算函数计算风险值，如矩阵法或相乘法。矩阵法通过构造一个二维矩阵，形成安全事件的可能性与安全事件造成的损失之间的二维关系；相乘法通过构造经验函数，将安全事件的可能性与安全事件造成的损失进行运算，得到风险值。

2. 风险结果判定

为实现对风险的控制与管理，可以对风险评估的结果进行等级化处理。可将风险划分为5级，等级越高，风险越高。

评估者应根据所采用的风险计算方法，计算每种资产面临的风险值，根据风险值的分布状况，为每个等级设定风险值范围，并对所有风险计算结果进行等级处理。每个等级代表了相应风险的严重程度。

表7-11提供了一种风险等级划分方法。

表7-11　风险等级划分表

等　级	标　识	描　述
5	很高	一旦发生将产生非常严重的经济或社会影响，如组织信誉严重破坏、严重影响组织的正常经营、经济损失重大、社会影响恶劣
4	高	一旦发生将产生较大的经济或社会影响，在一定范围内给组织的经营和组织信誉造成损害
3	中等	一旦发生会造成一定的经济、社会或生产经营影响，但影响面和影响程度不大
2	低	一旦发生造成的影响程度较低，一般仅限于组织内部，通过一定手段很快能解决
1	很低	一旦发生造成的影响几乎不存在，通过简单的措施就能弥补

3. 风险处理

风险等级处理的目的是在风险管理过程中对不同风险实现直观比较，以确定组织的安全策略。组织应当综合考虑风险控制成本与风险造成的影响，提出一个可接受的风险范围。对某些资产的风险，如果风险计算值在可接受的范围内，则该风险是可接受的，应保持已有的安全措施；如果风险评估值在可接受的范围外，即风险计算值高于可接受范围的上限值，则该风险是不可接受的，需要采取安全措施以降低、控制风险。另一种确定不可接受的风险的办法是根据等级化处理的结果，不设定可接受风险值的基准，对达到相应等级的风险都进行处理。

对不可接受的风险应根据导致该风险的脆弱性制定风险处理计划。风险处理计划中应明确采取的弥补脆弱性的安全措施、预期效果、实施条件、进度安排、责任部门等。安全措施的选择应从管理与技术两个方面考虑。安全措施的选择与实施应参照网络安全的相关标准进行。这与本书第 2 章所述的网络安全风险控制是同样的概念。如同第 2 章所述，在处理不可接受的风险时，还可采取风险规避和风险转移措施。

在对不可接受的风险选择适当的安全措施后，为确保安全措施的有效性，可进行再评估，以判断实施安全措施后的残余风险是否已经降低到可接受的水平。残余风险的评估可以依据常规的风险评估流程实施，也可进行适当裁减。一般来说，安全措施的实施是以减少脆弱性或降低安全事件发生可能性为目标的，因此，残余风险的评估可以从脆弱性评估开始，在对照安全措施实施前后的脆弱性状况后，再次计算风险值的大小。这也说明，风险评估是一个不断循环往复的过程，且风险应该处在不断监视之中。

本章小结

本章介绍了网络安全工程的基本原理，并集中介绍了网络安全管理的知识。虽然这只是本书若干章中的一章，但网络安全管理的重要性却是如何强调都不过分的。在网络安全管理的基础知识之外，本章还提供了有关国际标准的主要要求和有关风险评估的知识，这些知识构成了各种网络安全保护方法的原理基础。

本章主要内容如下。

（1）网络安全工程过程

信息系统生命周期包括 5 个基本阶段，即规划、设计、实施、运维和废弃。网络安全工程过程伴随着信息系统的整个生命周期，且与信息系统生命周期阶段一一对应。其主要阶段包括发掘信息保护需求、定义信息系统安全要求、设计系统安全体系结构、开展详细的安全设计、实现系统安全、安全运维、保障废弃过程的安全，以及评估信息保护的有效性。

网络安全工程过程中有以下安全建设原则：同步原则、问题和解决方案相区分原则、安全风险和成本相平衡原则、纵深防御原则、管理与技术并重原则、简单化原则、应急灾备原则。

（2）网络安全管理

网络安全管理之所以重要，一方面是因为仅仅依靠技术和产品保障网络安全是不够的，另一方面则是实际发生的网络安全事件的统计数据证明，有 95%的事件可以通过科学的网络安全管理来避免。

为了对组织所面临的网络安全风险实施有效的控制，组织要针对具体的安全威胁和薄弱点采取适当的控制措施，包括管理手段和技术方法。本章根据 ISO/IEC 27002 标准，介绍了 14 个方面的管理控制措施，包括网络安全策略，网络安全组织，人力资源安全，资产管理，访问控制，密码，物理和环境安全，运行安全，通信安全，系统采购、开发和维护，供应商关系，网络安全事件管理，业务连续性管理及合规性。

（3）网络安全风险评估

网络安全风险评估就是从风险管理的角度，运用科学的方法和手段，系统地分析信息系统所面临的威胁及其存在的脆弱性，评估安全事件一旦发生可能造成的危害程度，提出有针对性的、抵御威胁的防护对策和整改措施，为防范和化解网络安全风险，将风险控制在可接受的水平，从而为最大限度地保障网络安全提供科学依据。风险评估实施流程包括威胁识别、资产识别、脆弱性级别、已有安全措施的确认、风险计算、风险处理等过程。

风险评估贯穿信息系统生命周期的各阶段中。各阶段涉及的风险评估的原则和方法是一致的，但由于各阶段实施的内容、对象、安全需求不同，使得风险评估的对象、目的、要求等各方面也有所不同。

习题

1. 信息系统生命周期由哪些部分组成？
2. 网络安全工程过程由哪些部分组成？
3. 网络安全工程的原则有哪些？
4. 概述定义系统安全要求与设计安全体系结构的区别。
5. 什么是网络安全管理？概述网络安全管理的必要性。
6. 网络安全管理控制措施主要涉及哪些方面的管理措施？
7. 风险评估的重要意义是什么？
8. 如何计算信息系统的安全风险？
9. 概述风险评估的实施流程。

第 8 章　网络安全事件处置和灾难恢复

本章要点

- 网络攻击的基本概念
- 网络安全事件分类与分级
- 网络安全应急处理关键过程
- 信息系统灾难恢复及预案管理

8.1 网络攻击与防范

本节主要介绍网络攻击的基本概念、主要技术手段与方法，以及如何进行有效的防范。

8.1.1 概述

网络攻击主要是指利用网络和系统存在的漏洞和安全缺陷，使用各种技术手段和工具，对网络和系统的软、硬件及其中的数据进行破坏、窃取等行为。网络攻击的种类、方法、技术手段多种多样，但攻击过程可以归纳为以下步骤。

(1) 确定目标

实施安全攻击的第一步首先要确定目标主机或系统，就像盗贼在企图抢劫之前会“实地考察”珠宝店那样。然后，攻击者进行数据搜集与分析，如确定主机的位置、操作系统类型及其所提供的服务等。通常攻击者会通过社交工程、钓鱼邮件、假冒网站、恶意软件等手段，以及一些扫描器工具等获取攻击目标的相关信息，为下一步攻击做好充分的准备。

(2) 获取控制权

攻击者首先要获取目标主机的一个账号和口令，进行登录，获得控制权，以便于进行后续的攻击行为。攻击者有时通过盗窃账号文件进行破解，从中获取某用户的账号和口令，再寻觅合适的时机以此身份进入主机。当然，利用某些工具或系统漏洞登录主机也是攻击者常用的一种技法，如用 FTP、Telnet 等工具，突破系统漏洞进入目标主机系统。

(3) 权限提升与保持

攻击者获得了某个系统的访问权限后，会对权限进行提升，进而访问可能受到限制的部分网络和执行攻击行为。攻击者一般会通过更改某些系统设置、在系统中置入特洛伊木马或其他一些远程控制程序等手段，以便日后能不被觉察地再次进入系统。

(4) 实施攻击

攻击者在获得相应的权限后，开始实施窃取或破坏敏感信息、瘫痪网络、修改系统数据和程序等攻击行为。

(5) 消除痕迹

完成网络攻击后，攻击者通常会通过清除日志、删除复制的文件等各种手段来隐藏自己的痕迹，并为今后可能的访问留下控制权限。

不知攻焉知防，了解网络攻击的步骤，有助于我们更好地制定防范策略。

8.1.2 网络攻击分类

人们对于各种网络攻击的理解、把握程度往往相差很大，对网络攻击和所造成的危害或潜在的威胁认识不统一，这为安全防护和安全事件的有效处置等带来了很大的困难。一般而言，网络攻击可以依据系统中的安全漏洞、攻击的效果、攻击的技术特点、攻击的位置、攻击的检测、攻击所造成的后果等分类，因此存在多种不同的分类方法和结果。本节给出其中几种分类方法，可作参考。

1. 根据攻击的效果

(1) 主动攻击

主动攻击会对某些数据流进行篡改，或伪造虚假数据流，以及产生拒绝服务后果等。

① 篡改

篡改是对系统的完整性进行攻击，通常指修改、删除、增加一个合法消息的全部或部分内容，或使消息被延迟或改变顺序。例如，修改数据文件中的数据，替换某一程序使其执行不同的功能，修改网络中传送的消息内容等。

② 伪造

伪造是对系统的真实性进行攻击，通常指某个实体（人或系统）假扮成其他实体，发出含有其他实体身份信息的数据信息，从而以欺骗方式获取一些合法用户的权力和特权。例如，在网络中插入伪造的消息或在文件中插入伪造的记录。

③ 拒绝服务

拒绝服务是对系统的可用性进行攻击，即常说的 DoS（Deny of Service），会导致对系统的正常使用或管理被无条件地中断。这种攻击通常是对整个网络实施破坏，以达到降低性能、中断服务的目的。常见的攻击方式有死亡之 Ping（Ping of Death）、泪滴（Teardrop）、UDP 洪水（UDP Flood）、SYN 洪水（SYN Flood）、Land 攻击、Smurf 攻击、Fraggle 攻击、电子邮件炸弹、畸形消息攻击等。这种攻击也可能有特定的目标，如使某类数据包（如安全审计服务）被阻止。

(2) 被动攻击

被动攻击中，攻击者不对数据信息做任何修改，手段通常包括窃听、流量分析、破解弱加密的数据流等攻击方式。

① 窃听

窃听是最常用的网络攻击手段之一。广播是目前局域网上应用最广泛的数据传送方式，这就使一台主机有可能收到子网上传送的所有信息。如果没有采取加密措施，通过协议分析，可以完全掌握通信的全部内容。窃听还可以通过无线截获方式得到信息，如通过高灵敏接收装置接收网络站点辐射的电磁波或网络连接设备辐射的电磁波，通过对电磁信号的分析，恢复原数据信号，从而获得网络信息。

② 流量分析

流量分析攻击方式适用于一些特殊场合，例如，敏感信息都是保密的，攻击者虽然从截获的消息中无法得到消息的真实内容，但攻击者还能通过观察这些数据报的模式，分析确定出消息的格式、通信双方的位置和身份、通信的次数及消息的长度，获知相关的敏感信息。例如，公司间的合作关系可能就是保密的，除通信内容外，电子邮件用户可能不想让他人知道自己正在和谁通信，电子现金的支付者也可能不想让别人知道自己正在消费，Web 浏览器用户也可能不愿意让别人知道自己正在浏览哪一站点。

由于被动攻击不会对被攻击的信息做任何修改，留下痕迹很少，或者根本不留下痕迹，因而难以检测，而且这常常是主动攻击的前奏。

2. 根据攻击的技术特点

根据攻击的技术特点包括基于网络协议的攻击和基于系统安全漏洞的攻击。

(1) 基于网络协议的攻击

互联网的核心是一系列协议，所有连接到互联网的设备都遵循互联网协议，所有的互联网行为都是按协议办事。典型的互联网协议参考模型是 OSI 模型，其把互联网通信功能划分为 7 个层次，即：物理层、数据链路层、网络层、传输层、会话层、表示层和应用层。基于网络协议的攻击类型分为 4 类。

① 针对数据链路层的攻击，如 ARP 欺骗。

② 针对网络层的攻击，如 Smurf 攻击、ICMP 路由欺骗。

③ 针对传输层的攻击，如 SYN 洪水攻击、会话劫持。

④ 针对应用层的攻击，如 DNS 欺骗和窃取。

(2) 基于系统安全漏洞的攻击

基于系统安全漏洞的攻击包括针对操作系统漏洞的攻击、针对 IE 漏洞的攻击、针对 IIS 漏洞的攻击、针对 Web 应用漏洞的攻击，后文对此有详述。

3. 根据攻击的位置

根据攻击的位置分类主要包括远程攻击、本地攻击和伪远程攻击。

(1) 远程攻击

远程攻击指外部攻击者通过各种手段，从该子网以外的地方向该子网或者该子网内的系统发动攻击。

(2) 本地攻击

本地攻击指本组织的内部人员，通过所在的局域网，向本组织的其他系统发动攻击，在本级上进行非法越权访问。

(3) 伪远程攻击

伪远程攻击指内部人员为了掩盖攻击者的身份，从本地获取目标的一些必要信息后，然后从远程发起攻击，造成外部入侵的现象。

8.1.3 网络攻击方法

网络攻击的手段和技术方法千差万别，新的攻击技术也层出不穷，很难一一列全，且很多攻击是综合利用了多种方法。这里给出一些常见的攻击方法供参考。

1. 口令猜解

口令是目前保护系统安全的主要方法之一，因此，通过猜测、窃取等方式获取合法用户的账号和口令已经成为网络攻击的一个重要手段。常见的口令猜解攻击包括以下 3 类。① 口令猜测攻击（字典攻击）：攻击者针对姓名拼音、常用短语或生日数字这类的弱口令构造口令字典，利用程序自动遍历，直至找到正确的口令或将字典的口令试完，可在几小时内试完 10 万条记录。② 暴力破解攻击：利用用户口令长度过短的缺陷，通过计算工具尝试所有可能的字母组合方式，碰撞出用户口令，如由 4 位小写字母组成的口令可以在几分钟内被破解。③ 网络监听攻击：在 Telnet、HTTP 等没有采用任何加密或身份认证技术的传输协议中，直接利用数据包截取工具，收集明文传输的用户账户和口令信息。

2. 木马

如第 2 章所述，特洛伊木马（简称木马）攻击是将恶意功能程序伪装隐藏在另一合法程序中，吸引用户执行并且做出恶意操作（如记录用户键入的口令、远程传输文件，甚至完全远程控制计算机等）。目前木马病毒植入的主要途径主要有以下几种：① 通过电子邮件，将木马程序以附件的形式含在邮件中发送出去，收信人只要打开附件就会感染木马病毒；② 通过软件下载，一些非正规的网站以提供软件下载为名，将木马病毒捆绑在软件安装程序上，只要运行这些程序，木马病毒就会自动安装；③ 通过诱骗用户访问挂马网站，所谓的挂马，就是黑客通过各种手段，包括SQL注入、服务器漏洞等各种方法获得网站管理员账号，然后登录网站后台，通过数据库备份/恢复或者上传漏洞获得一个Webshell。利用获得的Webshell修改网站页面的内容，向页面中加入恶意代码。也可以直接通过弱口令获得服务器或者网站FTP，然后直接对网站页面进行修改。当用户访问被加入恶意代码的页面时，就会自动下载木马病毒。在用户系统中成功植入木马病毒之后，木马病毒通常会把入侵主机的信息，如IP地址、木马病毒植入的端口等发送给攻击者，攻击者收到后可与木马病毒里应外合控制攻击主机。

3. 拒绝服务

前面已经谈到了拒绝服务攻击的基本特征。这类攻击通常有两种实施方式：① 利用系统漏洞或缺陷，通过发送非法数据包，使目标系统死机或重新启动；② 利用拒绝服务攻击工具向目标主机发送大量数据包，消耗网络带宽资源和主机资源，致使网络或系统负荷过载而停止向用户提供服务。目前影响最大、危害最深的是分布式DoS攻击（即DDoS攻击）。它通过控制大量网络主机，同时向某个既定目标发动攻击，很容易导致被攻击主机系统瘫痪，且由于参与攻击主机数量庞大，难以定位攻击的来源。

4. 漏洞攻击

漏洞攻击指在未经授权的情况下，攻击者利用系统安全漏洞非法访问、读取、删改系统文件，达到破坏系统目的的方法。漏洞主要来自于系统设计缺陷、系统安全策略设置缺陷、编码错误、业务逻辑设计不合理、业务运行流程缺陷等。其导致计算机或网络的整体安全出现缺口，从而可以使攻击者能够利用针对性的工具，在未授权的情况下访问或破坏系统。近年来，出现了“零日漏洞”（Zero-Day）攻击，又叫零时差攻击，是指被发现后立即被恶意利用的安全漏洞。通俗地讲，即安全补丁与瑕疵曝光的同一日内，相关的恶意程序就出现。这种攻击往往具有很大的突发性与破坏性。

5. 网络钓鱼

网络钓鱼（Phishing，又称钓鱼法或钓鱼式攻击），是通过欺骗性的电子邮件和网站，伪装成可信网站或网页，骗取用户个人敏感信息，获取不正当利益的攻击方法。攻击者通常会将自己伪装成网络银行、大型在线零售商等可信的品牌，通过欺骗性邮件将收信人引诱到一个通过精心设计，与收信人的目标网站非常相似的钓鱼网站上（如将ICBC修改为1CBC），并获取收信人在此网站上输入的个人敏感信息。网络钓鱼所使用的常见伎俩有：使用易混淆网址、子网域、含有特殊符号的欺骗链接，架设假基站、假Wi-Fi热点等。

6. 社会工程

社会工程攻击是一种利用“社会工程学”来实施的网络攻击行为，利用人的弱点（如好奇、贪便宜等），通过欺诈、诱骗、威胁等方式入侵目标计算机系统。攻击者利用社会工程的概念，在取得攻击目标的背景信息的基础上，通过多种社交手段与受害人建立信任，向受害人索要关键信息，并以此为基础欺骗其他或更高层人员，不断重复，最终获取目标的敏感信息。对企业来说，与主要业务无直接关系的员工往往对于信息保密的警觉性较低，常会成为社会工程攻击首要锁定的目标。例如，攻击者掌握大量的背景信息后，冒充企业的总经理，要求财务人员进行转账。

7. 后门攻击

后门是指软件开发者或情报机关出于商业、政治动机预留在目标产品、系统、算法内，便于秘密进入或控制系统的非预期代码。攻击者可通过利用软件后门绕过安全认证机制，直接获取对程序或系统的访问权。即使管理员通过改变所有口令之类的方法来提高安全性，攻击者仍然能再次侵入，且由于后门通常会设法躲过日志，大多数情况下，即使入侵者正在使用系统，也无法被监测到。

8. 高级持续攻击

高级持续攻击（Advanced Persistent Threat，APT），是利用先进的攻击手段对特定目标进行长期、持续性网络攻击的攻击形式。通常是出于商业或政治动机，针对特定组织或国家进行长时间、高隐蔽性的持续攻击。高级持续攻击包含3个要素：高级、长期、威胁。高级强调的是使用复杂精密的恶意软件及技术以利用系统中的漏洞；长期暗指某个外部力量会持续监控特定目标，并从中获取数据；威胁则指人为参与策划的攻击。潜伏性、持续性是APT攻击最大的威胁，其主要特征包括：① 潜伏性，攻击和威胁可能在用户环境中存在一年以上或更久，不断收集各种信息，直到收集到重要情报。而这些发动APT攻击的黑客的目的往往不是为了在短时间内获利，而是把“被控主机”当成跳板，持续搜索，直到能彻底掌握针对的目标人、事、物；② 持续性，由于APT攻击具有持续性，甚至可长达数年的特征，这让被攻击单位的管理人员无从察觉。在此期间，这种“持续性”体现在攻击者不断尝试的各种攻击手段，以及渗透到网络内部后长期蛰伏；③ 锁定特定目标，即针对特定政府部门或企业，长期进行有计划性、有组织性的窃取情报行为，如针对被锁定对象寄送可以假乱真的社交工程恶意邮件、冒充客户来信等，以取得在计算机植入恶意软件的机会。

8.1.4 网络攻击的防范策略

网络攻击可能无孔不入，其防范应该从技术和管理等方面进行考虑。综合使用各种安全技术，才能形成一个高效、安全的信息系统。与此同时，网络安全还是一个复杂的社会问题，应鼓励支持产业发展，逐步攻克并掌握核心、高端技术，同时也要建立健全法律、法规，构建应对网络攻击的铜墙铁壁。总体而言，在防范网络攻击时要做好以下三方面工作。

一是有效使用各类安全技术，筑牢安全防线。信息系统要具备预警、保护、检测、反应、恢复功能。在预警中，首先要分析威胁到底来自什么地方，并评估系统的脆弱性，分析出信息系统的风险。所谓保护，就是采用一切的手段保护信息系统的保密性、完整性、可用性等。所谓检测，就是利用高技术工具来检查信息系统中发生的黑客攻击、病毒传播等情况。因此，要求具备相应的技术工具，形成动态检测制度，建立报告协调机制，尽量提高检测的实时性，这个环节需要的是脆弱性扫描、入侵检测、恶意代码过滤等技术。所谓反应，就是对于危及安全的事件、行为、过程等及时做出响应处理，杜绝危害进一步扩大，使得信息系统能够提供正常的服务。要求通过综合建立起来的反应机制，提高实时性，形成快速响应能力。这个环节需要的是报警、跟踪、处理等技术，处理中还包括封堵、隔离、报告等手段。所谓恢复，是指系统一旦遭到破坏，尽快实施灾难恢复工作，恢复系统的功能，使之尽早提供正常的服务。在这一环节中，要求信息系统具有应急和灾难恢复计划、措施，形成恢复能力。备份、容错、冗余、替换、修复和一致性保证等都是需要开发的恢复技术。

二是提升安全意识，加强安全管理。要加强系统管理人员及使用人员的安全意识，如不要随意打开来历不明的电子邮件及文件，不要随便运行陌生人发来的程序，尽量避免从网上下载不知名的软件，口令设置不要太简单且要定期更换。还包括明确责任、落实资源、开展培训等。第 7 章已对此进行了详述。

三是强化溯源取证和打击能力，形成威慑。即查找攻击者的犯罪线索和犯罪证据，依法侦查犯罪分子，处理犯罪案件。这个环节中要求形成取证能力和打击手段，依法打击犯罪和网络恐怖主义分子。

8.2 网络安全事件分类与分级

网络安全事件指由于自然或者人为的原因，对信息系统造成危害，或在信息系统内发生对社会造成负面影响的事件。本节以国家标准 GB/Z 20986—2007《信息安全技术 信息安全事件分类分级指南》为基础，介绍了网络安全事件分类和分级的有关知识。

8.2.1 概述

网络安全事件的发生，不管认为是故意或非故意，以及软、硬件本身缺陷或故障等原因，都可能危害信息系统安全和业务运行，甚至对社会造成负面影响。

一般而言，仅仅靠网络安全策略和控制措施并不能完全杜绝安全事件的发生。即使我们采取了各种安全防范措施，信息系统仍有残余或未发现的缺陷或脆弱性，可能导致网络安全事件的发生，危害系统安全。因此，对网络安全事件进行充足准备和有效管理，将有助于提高安全事件响应的效率，降低其可能产生的影响和危害，具体可以从以下几个方面入手：

① 发现、报告和评估网络安全事件；

② 及时响应网络安全事件，包括采取适当的措施防止或降低危害，并进行恢复；

③ 报告以前尚未发现的缺陷和脆弱性；

④ 从网络安全事件中吸取经验教训，建立和改进预防措施。

网络安全事件的管理涉及很多因素，分级分类是快速、有效处置事件的基础之一，将有助于促进网络安全事件信息的交流与共享，提高网络安全事件通报和应急处理的自动化程度及效率和效果。

2017 年 6 月，中央网信办印发了《国家网络安全事件应急预案》，对国家网络安全应急的组织体系、监测与预警规范、应急处置流程、调查与评估方法等作出了规定。

8.2.2 网络安全事件分类

对网络安全事件分类的主要依据是网络安全事件发生的原因、表现形式等因素。

根据上述考虑，国家标准 GB/Z 20986—2007《信息安全技术 信息安全事件分类分级指南》将网络安全事件分为有害程序事件、网络攻击事件、信息破坏事件、信息内容安全事件、设备设施故障、灾害性事件和其他网络安全事件 7 个基本分类，每个基本分类分别包括若干个子类。

《国家网络安全事件应急预案》中的事件分类与此一致。

1. 有害程序事件

有害程序事件是指蓄意制造、传播有害程序，或是因受到有害程序的影响而导致的网络安全事件。有害程序是指插入到信息系统中的一段程序，其危害系统中数据、应用程序或操作系统的保密性、完整性、可用性，或影响信息系统的正常运行。

有害程序事件包括计算机病毒事件、蠕虫事件、特洛伊木马事件、僵尸网络事件、混合攻击程序事件、网页内嵌恶意代码事件和其他有害程序事件 7 个子类。

① 计算机病毒事件是指蓄意制造、传播计算机病毒，或是因受到计算机病毒影响而导致的网络安全事件。计算机病毒是指编制或者在计算机程序中插入的一组计算机指令或者程序代码，它可以破坏计算机功能或者毁坏数据，影响计算机的使用，并能自我复制。

② 蠕虫事件是指蓄意制造、传播蠕虫，或是因受到蠕虫影响而导致的网络安全事件。蠕虫是指除计算机病毒以外，利用信息系统缺陷，通过网络自动复制并传播的有害程序。

③ 特洛伊木马事件是指蓄意制造、传播特洛伊木马程序，或是因受到特洛伊木马程序影响而导致的网络安全事件。特洛伊木马程序是指伪装在信息系统中的一种有害程序，具有控制该信息系统或进行信息窃取等对信息系统有害的功能。

④ 僵尸网络事件是指利用僵尸工具软件，形成僵尸网络而导致的网络安全事件。僵尸网络是指网络上受到黑客集中控制的一群计算机，它可以被用于伺机发起网络攻击，进行信息窃取或传播木马、蠕虫等其他有害程序。

⑤ 混合攻击程序事件是指蓄意制造、传播混合攻击程序，或是因受到混合攻击程序影响而导致的网络安全事件。混合攻击程序是指利用多种方法传播和感染其他系统的有害程序，可能兼有计算机病毒、蠕虫、木马或僵尸网络等多种特征。混合攻击程序事件也可以是一系列有害程序综合作用的结果，如一个计算机病毒或蠕虫在侵入系统后安装木马程序等。

⑥ 网页内嵌恶意代码事件是指蓄意制造、传播网页内嵌恶意代码，或是因受到网页内嵌恶意代码影响而导致的网络安全事件。网页内嵌恶意代码是指内嵌在网页中，未经允许，由浏览器执行，影响信息系统正常运行的有害程序。

⑦ 其他有害程序事件是指不能包含在以上 6 个子类中的有害程序事件。

2. 网络攻击事件

网络攻击事件是指通过网络或其他技术手段，利用信息系统的配置缺陷、协议缺陷、程序缺陷或使用暴力对信息系统实施攻击，并造成信息系统异常或对信息系统当前运行造成潜在危害的网络安全事件。

网络攻击事件包括拒绝服务攻击事件、后门攻击事件、漏洞攻击事件、网络扫描窃听事件、网络钓鱼事件、干扰事件和其他网络攻击事件 7 个子类。

① 拒绝服务攻击事件是指利用信息系统缺陷或通过暴力攻击的手段，以大量消耗信息系统的 CPU、内存、磁盘空间或网络带宽等资源，从而影响信息系统正常运行为目的的网络安全事件。

② 后门攻击事件是指利用软件系统、硬件系统设计过程中留下的后门或者有害程序所设置的后门而对信息系统实施攻击的网络安全事件。

③ 漏洞攻击事件是指除拒绝服务攻击事件和后门攻击事件之外，利用信息系统配置缺陷、协议缺陷、程序缺陷等漏洞，对信息系统实施攻击的网络安全事件。

④ 网络扫描窃听事件是指利用网络扫描或窃听软件，获取信息系统网络配置、端口、服务、存在的脆弱性等特征而导致的网络安全事件。

⑤ 网络钓鱼事件是指利用欺骗性的计算机网络技术，使用户泄露重要信息而导致的网络安全事件。例如，利用欺骗性的电子邮件获取用户银行账号、密码等。

⑥ 干扰事件是指通过技术手段对网络进行干扰，或对广播电视有线、无线传输网络进行插播，对卫星广播电视信号非法攻击等导致的网络安全事件。

⑦ 其他网络攻击事件是指不能被包含在以上 6 个子类之中的网络攻击事件。

3. 信息破坏事件

信息破坏事件是指通过网络或其他技术手段，造成信息系统中的信息被篡改、假冒、泄露、窃取等而导致的网络安全事件。

信息破坏事件包括信息篡改事件、信息假冒事件、信息泄露事件、信息窃取事件、信息丢失事件和其他信息破坏与假冒事件 6 个子类。

① 信息篡改事件是指未经授权，将信息系统中的信息更换为攻击者所提供的异常信息而导致的网络安全事件，如因网页篡改等导致的网络安全事件。

② 信息假冒事件是指通过假冒他人信息系统收发信息而导致的网络安全事件，如因网页假冒等导致的网络安全事件。

③ 信息泄露事件是指因误操作或软、硬件缺陷等因素使信息系统中信息暴露于未经授权者而导致的网络安全事件。

④ 信息窃取事件是指未经授权用户利用可能的技术手段恶意主动获取信息系统中信息而导致的网络安全事件。

⑤ 信息丢失事件是指因误操作、人为蓄意或软、硬件缺陷等因素使信息系统中的信息丢失而导致的网络安全事件。

⑥ 其他信息破坏与假冒事件是指不能被包含在以上 5 个子类之中的信息破坏事件。

4. 信息内容安全事件

信息内容安全事件是指利用信息网络发布、传播危害国家安全、社会稳定和公共利益的内容的安全事件。

信息内容安全事件包括以下 4 个子类。

① 违反宪法和法律、行政法规的网络安全事件。

② 针对社会事项进行讨论、评论形成网上敏感的舆论热点，出现一定规模炒作的网络安全事件。

③ 组织串联、煽动集会游行的网络安全事件。

④ 其他信息内容安全事件。

5. 设备设施故障

设备设施故障是指由于信息系统自身故障或外围保障设施故障而导致的网络安全事件，

以及人为地、使用非技术手段有意或无意地造成信息系统破坏而导致的网络安全事件。

设备设施故障包括软、硬件自身故障、外围保障设施故障、人为破坏事故和其他设备设施故障4个子类。

① 软、硬件自身故障是指因信息系统中硬件设备的自然故障，软、硬件设计缺陷或者软、硬件运行环境发生变化等而导致的网络安全事件。

② 外围保障设施故障是指由于保障事发组织信息系统正常运行所必需的外部设施出现故障而导致的网络安全事件，如电力故障、外围网络故障等导致的网络安全事件。

③ 人为破坏事故是指人为地使用非技术手段，蓄意地对保障信息系统正常运行的硬件、软件实施窃取、破坏造成的网络安全事件；或由于人为地遗失、误操作，以及其他无意行为造成信息系统硬件、软件遭到破坏，影响信息系统正常运行的网络安全事件。

④ 其他设备设施故障是指不能被包含在以上3个子类之中的因设备设施故障而导致的网络安全事件。

6. 灾害性事件

灾害性事件是指由于不可抗力对信息系统造成物理破坏而导致的网络安全事件。灾害性事件包括水灾、台风、地震、雷击、坍塌、火灾、恐怖袭击、战争等导致的网络安全事件。

7. 其他网络安全事件

其他网络安全事件类别是指不能归为以上6个基本分类的网络安全事件。

8.2.3 网络安全事件分级

《国家网络安全事件应急预案》将网络安全事件分为四级：特别重大事件（Ⅰ级)、重大事件（Ⅱ级)、较大事件（Ⅲ级)、一般事件（Ⅳ级)。

1. 分级考虑因素

对网络安全事件的分级可参考下列3个要素：信息系统的重要程度、系统损失和社会影响。

(1) 信息系统的重要程度

信息系统的重要程度主要考虑信息系统所承载的业务对国家安全、经济建设、社会生活的重要性，以及业务对信息系统的依赖程度，可划分为特别重要信息系统、重要信息系统和一般信息系统。

(2) 系统损失

系统损失是指由于网络安全事件对信息系统的软件和硬件、功能及数据的破坏，导致系统业务中断，从而给事发组织造成的损失，其大小主要考虑恢复系统正常运行和消除安全事件负面影响所需付出的代价，可划分为特别严重的系统损失、严重的系统损失、较大的系统损失和较小的系统损失。

特别严重的系统损失是指造成系统大面积瘫痪，使其丧失业务处理能力，或系统关键数据的保密性、完整性、可用性遭到严重破坏，恢复系统正常运行和消除安全事件负面影响所需付出的代价十分巨大，对事发组织是不可承受的。

严重的系统损失是指造成系统长时间中断或局部瘫痪，使其业务处理能力受到极大影响，或系统关键数据的保密性、完整性、可用性遭到破坏，恢复系统正常运行和消除安全事件负面影响所需付出的代价巨大，但对事发组织是可承受的。

较大的系统损失是指造成系统中断，明显影响系统效率，使重要信息系统或一般信息系统业务处理能力受到影响，或系统重要数据的保密性、完整性、可用性遭到破坏，恢复系统正常运行和消除安全事件负面影响所需付出的代价较大，但对事发组织是完全可承受的。

较小的系统损失是指造成系统短暂中断，影响系统效率，使系统业务处理能力受到影响，或系统重要数据的保密性、完整性、可用性受到影响，恢复系统正常运行和消除安全事件负面影响所需付出的代价较小。

(3) 社会影响

社会影响是指网络安全事件对社会所造成影响的范围和程度，其大小主要考虑国家安全、社会秩序、经济建设和公众利益等方面的影响。可将社会影响分为特别重大的社会影响、重大的社会影响、较大的社会影响和一般的社会影响。

特别重大的社会影响是指涉及一个或多个省市的大部分地区，极大威胁国家安全，引起社会动荡，对经济建设有极其恶劣的负面影响，或者严重损害公众利益。

重大的社会影响是指涉及一个或多个地市的大部分地区，威胁到国家安全，引起社会恐慌，对经济建设有重大的负面影响，或者损害到公众利益。

较大的社会影响是指涉及一个或多个地市的部分地区，可能影响到国家安全，扰乱社会秩序，对经济建设有一定的负面影响，或者影响到公众利益。

一般的社会影响是指涉及一个地市的部分地区，对国家安全、社会秩序、经济建设和公众利益基本没有影响，但对个别公民、法人或其他组织的利益会造成损害。

根据上述的网络安全事件分级参考要素，将网络安全事件划分为四个级别：特别重大事件、重大事件、较大事件和一般事件。

2. 特别重大事件（Ⅰ级）

特别重大事件是指能够导致特别严重影响或破坏的网络安全事件，包括以下情况：

① 会使特别重要信息系统遭受特别重大的系统损失；

② 会产生特别重大的社会影响。

3. 重大事件（Ⅱ级）

重大事件是指能够导致严重影响或破坏的网络安全事件，包括以下情况：

① 会使特别重要信息系统遭受重大的系统损失，或使重要信息系统遭受特别重大的系统损失；

② 产生重大的社会影响。

4. 较大事件（Ⅲ级）

较大事件是指能够导致较严重影响或破坏的网络安全事件，包括以下情况：

① 会使特别重要信息系统遭受较大的系统损失，或使重要信息系统遭受重大的系统损失，一般信息系统遭受特别重大的系统损失；

② 产生较大的社会影响。

5. 一般事件（Ⅳ级）

一般事件是指能够导致较小影响或破坏的网络安全事件，包括以下情况：

① 会使特别重要信息系统遭受较小的系统损失，或使重要信息系统遭受较大的系统损

失，一般信息系统遭受严重或严重以下级别的系统损失；

② 产生一般的社会影响。

8.3 网络安全应急处理关键过程

网络安全应急处理是指，通过制定应急计划，使影响信息系统安全的安全事件能够得到及时响应，并在安全事件一旦发生后进行标识、记录、分类和处理，直到受影响的业务恢复正常运行的过程。这里的安全事件是 8.2.2 节列举的有害程序事件、网络攻击事件、信息破坏事件、信息内容安全事件、设备设施故障、灾害性事件和其他网络安全事件 7 类事件。

网络安全应急处理是保障业务连续性的重要手段之一，是在处理网络安全事件时提供紧急现场或远程援助的一系列技术的和非技术的措施和行动，以降低安全事件给用户造成的损失或影响，涵盖了在安全事件发生后，为了维持和恢复关键的应用所进行的系列活动。

与应急处理服务容易发生混淆的是灾难恢复服务，灾难恢复服务指的是将信息系统从灾难造成的故障或瘫痪状态恢复到可正常运行的状态，并将其支持的业务功能从灾难造成的不正常状态恢复到可接受状态的活动和流程。与应急处理服务相比，灾难恢复服务的应用范围较窄，通常应用于重大的、特别是灾难性的、造成长时间无法访问正常设施的事件。8.4 节介绍信息系统灾难恢复的有关内容。

本节将从 6 个阶段和 17 个主要安全控制点对网络安全应急处理的过程进行说明。

8.3.1 准备阶段

准备阶段的目标是在事件真正发生之前为处理事件做好准备工作。准备阶段的主要工作包括建立合理的防御/控制措施、建立适当的策略和程序、获得必要的资源和组建响应队伍等。该阶段的控制点包括 4 个：应急响应需求界定、服务合同或协议签订、应急服务方案制定、人员和工具准备。

1. 应急响应需求界定

在界定应急响应需求时，应首先了解各项业务功能及各项业务功能之间的相关性，确定支持各种业务功能的相应信息系统资源及其他资源，明确相关信息的保密性、完整性和可用性要求。

无论应急服务由组织自己提供，还是由外部提供，均应对信息系统进行全面评估，确定信息系统所执行的关键功能，并确定执行这些功能所需的特定系统资源。此外，还应采用定量或定性的方法，对业务中断、系统宕机、网络瘫痪等突发网络安全事件造成的影响进行评估。

应急服务队伍应协助系统主管部门或运营部门建立合理的网络安全应急响应策略，该策略中应说明在业务中断、系统宕机、网络瘫痪等突发网络安全事件发生后，快速有效地恢复信息系统运行的方法。

2. 服务合同或协议签订

如果应急响应服务由外部提供（一般而言，虽然各组织的信息技术部门有一定的应急响应能力，可以处理简单的事件，但仍需要与专业的网络安全服务组织签订应急响应服务合同，对处理重大事件做好准备），应急服务提供者应与服务对象签订应急服务合同或协议。在应急服务合同或协议中，应明确双方的职责和责任，指明哪些类型安全事件的应急响应行为需要系统管理者批准。此外，应急服务合同或协议应明确服务提供者的保密责任。

3. 应急服务方案制定

应急服务提供者应在服务对象应急需求基础上制定服务方案。服务方案应根据业务影响分析的结果，明确应急响应的恢复目标，包括：

① 关键业务功能及恢复的优先顺序；

② 恢复时间范围，即恢复时间目标和恢复点目标的范围。

服务方案应带有完善的检测技术规范，检测技术规范至少应包含检测目的、工具、步骤等内容。常见的检测技术规范包括但不限于：

① Windows 系统检测技术规范；

② UNIX 系统检测技术规范；

③ 数据库系统检测技术规范；

④ 常用应用系统检测技术规范；

⑤ 常见网络安全事件检测技术规范。

4. 人员和工具准备

应急服务提供者应具有处理网络安全事件的工具包，包括常用的系统命令、工具软件等。这些工具包应保存在不可更改的移动介质上，如一次性可写光盘，此外还应定期更新。

应急响应工作需要大量的人力参与，特别是对一些重大事件的处理。因此，服务提供者和信息系统运营单位应能随时调动一定数量的应急技术人员和辅助人员。

8.3.2 检测阶段

检测阶段的目标是对网络安全事件做出初步的动作和响应，根据获得的初步材料和分析结果，预估事件的范围和影响程度，制定进一步的响应策略，并且保留相关证据。

该阶段的控制点包括 3 个：检测对象及范围确定、检测方案确定、检测实施。

1. 检测对象及范围确定

应急技术人员应对发生异常的系统进行初步分析，判断是否真正发生了安全事件。

如果由外部组织提供应急响应服务，则外部的应急服务提供者应与信息系统运营者共同确定检测对象及范围（初步），且检测对象及范围应得到被服务对象的书面授权。

2. 检测方案确定

如果由外部组织提供应急响应服务，则外部的应急服务提供者应与信息系统运营者共同确定检测方案。如果由组织自身提供应急响应服务，则也应制定检测方案并报经批准。

检测方案中应明确应急时所使用的检测规范，说明检测范围，并预测应急处理方案可能造成的影响。此外，检测方案还应包含实施方案失败的应变和回退措施。

发生网络安全事件时，往往情况非常紧急，可能没有时间制定完整、复杂的检测方案并经层层审批。在这种情况下，即使迫不得已以口头形式确定检测方案，应急技术人员也应与业务人员、管理人员等各方相关人员做好沟通。

3. 检测实施

确定检测方案后，应急技术人员应立即按照检测方案实施检测。

检测内容包含但不限于以下几个方面。

① 收集并记录系统信息，特别是在执行备份的过程中可能遗失或无法捕获的信息，如所有当前网络连接、所有当前进程、当前登录的活动用户、所有打开文件（因为在断开网络连接时可能有些文件会被删除）、其他所有容易丢失的数据（如内存和缓存中的数据）。

② 备份被入侵的系统，至少应备份已确认被攻击了的系统及系统上的用户数据。

③ 隔离被入侵的系统。把备份的文件传到一个与生产系统相隔离的测试系统上，并在测试系统上恢复被入侵系统，或者断开被破坏的系统并且直接在这些系统上进行分析。

④ 查找其他系统上的入侵痕迹。其他系统包括同一 IP 地址段或同一网段的系统、处于同一域的其他系统、具有相同网络服务的系统、具有同一操作系统的系统。

⑤ 检查防火墙、入侵检测和路由器等设备的日志，分析哪些日志信息源于以前从未被注意到的系统安全事件，并且确定哪些系统已经被攻击。

⑥ 确定攻击者的入侵路径和方法。分析系统的本地日志，特别是入侵者试图猜测口令时的拒绝访问信息、与某些漏洞相关的信息、由专门工具所收集的某些特定服务信息等，判断攻击者的入侵路径和方法。

⑦ 确定入侵者进入系统后的行为。通过分析各种日志文件、将受攻击机器上的完整性校验和文件同已知的可信任的完整性校验和文件进行比较、借用一些检测工具和分析工具等方式，确定入侵者是如何实施攻击并获得系统的访问权限的。

如果由外部组织实施检测，则应急服务提供者的检测工作应在系统运营者的监督与配合下完成。应急服务提供者应配合被服务对象，将所检测到的安全事件向有关部门和人员通报或报告。

8.3.3 抑制阶段

抑制阶段的目标是限制攻击的范围，抑制潜在的或进一步的攻击和破坏。抑制措施十分重要，因为安全事件可能很容易扩散和失控。攻击抑制措施可以在以下几个方面发挥作用：阻止入侵者访问被攻陷系统、限制入侵的程度、防止入侵者进一步破坏等。

该阶段的控制点包括 3 个：抑制方法确定、抑制方法认可、抑制实施。

1. 抑制方法确定

在检测分析的基础上，应急技术人员应迅速确定与安全事件相应的抑制方法。在确定抑制方法时，需要考虑：

① 全面评估入侵范围及入侵带来的影响和损失；

② 通过分析得到的其他结论，如入侵者的来源；

③ 服务对象的业务和重点决策过程；

④ 服务对象的业务连续性。

2. 抑制方法认可

如果应急服务由外部组织提供，则外部应急服务提供者应迅速将所确定的抑制方法和相应的措施告知系统运营者，得到系统运营者的认可。

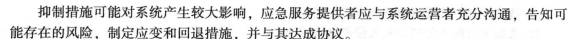

抑制措施可能对系统产生较大影响，应急服务提供者应与系统运营者充分沟通，告知可能存在的风险，制定应变和回退措施，并与其达成协议。

3. 抑制实施

应急技术人员应严格按照已确定的技术方案实施抑制，不得随意更改抑制措施和范围，如有必要更改，须获得授权。

抑制措施应包含但不限于以下几个方面：

① 监视系统和网络活动；

② 提高系统或网络行为的监控级别；

③ 修改防火墙和路由器的过滤规则；

④ 尽可能停用系统服务；

⑤ 停止文件共享；

⑥ 改变口令；

⑦ 停用或删除被攻破的登录账号；

⑧ 将被攻陷系统从网络断开；

⑨ 暂时关掉被攻陷系统；

⑩ 设置陷阱，如蜜罐系统；

⑪ 反击攻击者的系统等。

应急技术人员使用的工具应当十分可信，不得使用受害系统已有的不可信文件。

8.3.4 根除阶段

根除阶段的目标是在事件被抑制之后，通过对有关恶意代码或行为的分析结果，找出导致网络安全事件发生的根源，并予以彻底消除。对于单机上的事件，可以根据各种操作系统平台的具体检查和根除程序进行操作即可。但是大规模爆发的带有蠕虫性质的恶意程序，要根除各个主机上的恶意代码，则需投入更多的人力、物力。

该阶段的控制点包括 3 个：根除方法确定、根除方法认可、根除实施。

1. 根除方法确定

应急技术人员应检查所有受影响的系统，在准确判断网络安全事件原因的基础上，提出根除的方案建议。

由于入侵者一般都会安装后门或使用其他的方法以便于在将来有机会侵入该被攻陷的系统，因此在确定根除方法时，需要了解攻击者是如何入侵的，以及与这种入侵方法相同和类似的各种方法。

2. 根除方法认可

与前一阶段类似，应急服务提供者应明确告知系统运营者所采取的根除措施可能带来的风险，制定应变和回退措施，并获得系统运营者的书面授权。

3. 根除实施

应急技术人员应使用可信的工具进行安全事件的根除处理，不得使用受害系统已有的不可信文件。

根除措施应包含但不限于以下几个方面：

① 改变全部可能受到攻击的系统的口令；

② 去除所有的入侵通路和入侵者做的修改；

③ 修补系统和网络漏洞；

④ 增强防护功能，复查所有防护措施（如防火墙）的配置，并依照不同的入侵行为进行调整，对未受防护或者防护不够的网络增加新的防护措施；

⑤ 提高检测功能，对诸如入侵检测系统和其他的入侵报告工具等检测功能进行及时更新，以保证将来对类似的入侵进行检测；

⑥ 重新安装系统，并对系统进行调整，包括打补丁、修改系统错误，以保证系统不会出现其他的漏洞。

8.3.5 恢复阶段

恢复阶段的目标是将网络安全事件所涉及的系统还原到正常状态。恢复工作应该十分小心，避免出现误操作，导致数据的丢失。恢复阶段的行动集中于建立临时业务处理能力、修复原系统损害、在原系统或新设施中恢复运行业务能力等应急措施。

该阶段的控制点包括两个：恢复方法确定和恢复系统。

1. 恢复方法确定

应急技术人员应确定一种或多种能从网络安全事件中恢复系统的方法，这些方法应全部告知系统运营者，包括每种方法可能存在的风险。

恢复方案涉及以下方面：

① 如何获得访问受损设施和/或地理区域的授权；

② 如何通知相关系统的内部和外部业务伙伴；

③ 如何获得所需的办公用品和工作空间；

④ 如何获得安装所需的硬件部件；

⑤ 如何获得装载备份介质；

⑥ 如何恢复关键操作系统和应用软件；

⑦ 如何恢复系统数据；

⑧ 如何成功运行备用设备。

2. 恢复系统

在开始恢复系统时，系统运营者应按照系统的初始化安全策略恢复系统。由于需要恢复的系统可能很多，应根据系统中各子系统的重要性，确定系统恢复的顺序。

系统恢复过程包含但不限于：

① 利用正确的备份恢复用户数据和配置信息，要求使用最近的、可靠的备份来进行恢复；

② 开启系统和应用服务，将由于受到入侵或者怀疑存在漏洞而关闭的服务程序经修改后重新开放；

③ 将恢复后的系统连接到网络。

对于不能彻底恢复配置和清除系统上的恶意文件，或不能肯定系统经过根除处理后是否已恢复正常时，应选择彻底重建系统。

一般情况下，如果网络安全事件是由于系统自身原因造成的，则还应在恢复的同时对系统进行全面的安全加固。

8.3.6 总结阶段

总结阶段的目标是回顾网络安全事件处理的全过程，整理与事件相关的各种信息，并尽可能地把所有情况记录到文档中。这些记录的内容，不仅对有关部门的其他处理工作具有重要意义，而且对将来应急工作的开展也是非常重要的积累。

该阶段的控制点包括两个：总结和报告。

1. 总结

应急技术人员应及时检查网络安全事件处理记录是否齐全，是否具备可追溯性，并对事件处理过程进行全面总结和分析。

应急响应总结的具体工作包括：

- 事件发生原因分析；
- 事件现象总结；
- 系统的损害程度评估；
- 事件损失估计；
- 应急处置记录进行总结。

2. 报告

这是应急处理工作的最后一项。应急技术人员应制定完备的网络安全事件处理报告，并在报告中提出明确的对网络安全方面的建议和意见。

8.4 信息系统灾难恢复

本节以国家标准 GB/T 20988—2007《信息安全技术 信息系统灾难恢复规范》的内容为基础，介绍信息系统灾难恢复的基础知识，包括灾难恢复能力的等级划分、灾难恢复需求的确定、灾难恢复策略的制定、灾难恢复策略的实现，以及灾难恢复预案的制定、落实和管理。

8.4.1 概述

1. 灾难恢复的工作范围

信息系统的灾难恢复工作，包括灾难恢复规划和灾难备份中心的日常运行、关键业务功能在灾难备份中心的恢复和重续运行，以及主系统的灾后重建和回退工作，还涉及突发事件发生后的应急响应。

其中，灾难恢复规划是一个周而复始、持续改进的过程，包含以下几个阶段：

① 灾难恢复需求的确定；

② 灾难恢复策略的制定；

③ 灾难恢复策略的实现；

④ 灾难恢复预案的制定、落实和管理。

2. 灾难恢复的组织机构

(1) 组织机构的设立

信息系统的运营者应结合其日常组织机构建立灾难恢复的组织机构，并明确其职责。其中一些人可负责两种或多种职责，一些职位可由多人担任（灾难恢复预案中应明确其替代顺序)。

灾难恢复的组织机构由管理、业务、技术和行政后勤等人员组成，一般可设为灾难恢复领导小组、灾难恢复规划实施组和灾难恢复日常运行组。

系统运营单位可聘请具有相应资质的外部专家协助灾难恢复实施工作，也可委托具有相应资质的外部机构承担实施组及日常运行组的部分或全部工作。

(2) 组织机构的职责

灾难恢复领导小组是信息系统灾难恢复工作的组织领导机构，组长应由组织最高管理层成员担任。领导小组的职责是领导和决策信息系统灾难恢复的重大事宜，主要如下：

① 审核并批准经费预算；

② 审核并批准灾难恢复策略；

③ 审核并批准灾难恢复预案；

④ 批准灾难恢复预案的执行。

灾难恢复规划实施组的主要职责是负责：

① 灾难恢复的需求分析；

② 提出灾难恢复策略和等级；

③ 灾难恢复策略的实现；

④ 制定灾难恢复预案；

⑤ 组织灾难恢复预案的测试和演练。

灾难恢复日常运行组的主要职责是负责：

① 协助灾难恢复系统实施；

② 灾难备份中心日常管理；

③ 灾难备份系统的运行和维护；

④ 灾难恢复的专业技术支持；

⑤ 参与和协助灾难恢复预案的教育、培训和演练；

⑥ 维护和管理灾难恢复预案；

⑦ 突发事件发生时的损失控制和损害评估；

⑧ 灾难发生后信息系统和业务功能的恢复；

⑨ 灾难发生后的外部协作。

3. 灾难恢复规划的管理

信息系统运营者应评估灾难恢复规划过程的风险、筹备所需资源、确定详细任务及时间表、监督和管理规划活动、跟踪和报告任务进展，以及进行问题管理和变更管理。

4. 灾难恢复的外部协作

信息系统运营者应与相关管理部门、设备及服务提供商、电信、电力和新闻媒体等保持联络和协作，以确保在灾难发生时能及时通报准确情况和获得适当支持。

5. 灾难恢复的审计和备案

灾难恢复的等级评定、灾难恢复预案的制定，应按有关规定进行审计和备案。

8.4.2　灾难恢复能力的等级划分

我国国家标准 GB/T 20988—2007《信息安全技术 信息系统灾难恢复规范》将灾难恢复能力划分为 6 个级别，由低到高逐级增强。

1. 第 1 级：基本支持

第 1 级灾难恢复应具有的技术和管理支持如表 9-1 所示。

表 9-1　第 1 级：基本支持

要　素	要　求
数据备份系统	a）完全数据备份至少每周一次； b）备份介质场外存放
备用数据处理系统	—
备用网络系统	—
备用基础设施	有符合介质存放条件的场地
专业技术支持能力	—
运行维护管理能力	a）有介质存取、验证和转储管理制度； b）按介质特性对备份数据进行定期的有效性验证
灾难恢复预案	有相应的经过完整测试和演练的灾难恢复预案
注："—"表示不作要求	

2. 第 2 级：备用场地支持

第 2 级灾难恢复应具有的技术和管理支持如表 9-2 所示。

表 9-2　第 2 级：备用场地支持

要　素	要　求
数据备份系统	a）完全数据备份至少每周一次； b）备份介质场外存放
备用数据处理系统	灾难发生后能在预定时间内调配所需的数据处理设备到备用场地
备用网络系统	灾难发生后能在预定时间内调配所需的通信线路和网络设备到备用场地
备用基础设施	a）有符合介质存放条件的场地； b）有满足信息系统和关键业务功能恢复运作要求的场地
专业技术支持能力	—
运行维护管理能力	a）有介质存取、验证和转储管理制度； b）按介质特性对备份数据进行定期的有效性验证； c）有备用站点管理制度； d）与相关厂商有符合灾难恢复时间要求的紧急供货协议； e）与相关运营商有符合灾难恢复时间要求的备用通信线路协议
灾难恢复预案	有相应的经过完整测试和演练的灾难恢复预案
注："—"表示不作要求	

3. 第 3 级：电子传输和部分设备支持

第 3 级灾难恢复应具有的技术和管理支持如表 9-3 所示。

表 9-3　第 3 级：电子传输和部分设备支持

要　素	要　求
数据备份系统	a）完全数据备份至少每天一次； b）备份介质场外存放； c）每天多次利用通信网络将关键数据定时批量传送至备用场地
备用数据处理系统	配备灾难恢复所需的部分数据处理设备
备用网络系统	配备部分通信线路和相应的网络设备
备用基础设施	a）有符合介质存放条件的场地； b）有满足信息系统和关键业务功能恢复运作要求的场地
专业技术支持能力	在灾难备份中心有专职的计算机机房运行管理人员
运行维护管理能力	a）按介质特性对备份数据进行定期的有效性验证； b）有介质存取、验证和转储管理制度； c）有备用计算机机房管理制度； c）有备用数据处理设备硬件维护管理制度； d）有电子传输数据备份系统运行管理制度
灾难恢复预案	有相应的经过完整测试和演练的灾难恢复预案

4. 第 4 级：电子传输及完整设备支持

第 4 级灾难恢复应具有的技术和管理支持如表 9-4 所示。

表 9-4　第 4 级：电子传输及完整设备支持

要　素	要　求
数据备份系统	a）完全数据备份至少每天一次； b）备份介质场外存放； c）每天多次利用通信网络将关键数据定时批量传送至备用场地
备用数据处理系统	配备灾难恢复所需的全部数据处理设备，并处于就绪或运行状态
备用网络系统	a）配备灾难恢复所需的通信线路； b）配备灾难恢复所需的网络设备，并处于就绪状态
备用基础设施	a）有符合介质存放条件的场地； b）有符合备用数据处理系统和备用网络设备运行要求的场地； c）有满足关键业务功能恢复运作要求的场地； d）以上场地应保持 7×24 小时运作
专业技术支持能力	在灾难备份中心有： a）7×24 小时专职计算机机房管理人员； b）专职数据备份技术支持人员； c）专职硬件、网络技术支持人员
运行维护管理能力	a）有介质存取、验证和转储管理制度； b）按介质特性对备份数据进行定期的有效性验证； c）有备用计算机机房运行管理制度； d）有硬件和网络运行管理制度； e）有电子传输数据备份系统运行管理制度
灾难恢复预案	有相应的经过完整测试和演练的灾难恢复预案

5. 第 5 级：实时数据传输及完整设备支持

第 5 级灾难恢复应具有的技术和管理支持如表 9-5 所示。

表 9-5　第 5 级：实时数据传输及完整设备支持

要　素	要　求
数据备份系统	a）完全数据备份至少每天一次； b）备份介质场外存放； c）采用远程数据复制技术，并利用通信网络将关键数据实时复制到备用场地
备用数据处理系统	配备灾难恢复所需的全部数据处理设备，并处于就绪或运行状态
备用网络系统	a）配备灾难恢复所需的通信线路； b）配备灾难恢复所需的网络设备，并处于就绪状态； c）具备通信网络自动或集中切换能力
备用基础设施	a）有符合介质存放条件的场地； b）有符合备用数据处理系统和备用网络设备运行要求的场地； c）有满足关键业务功能恢复运作要求的场地； d）以上场地应保持 7×24 小时运作
专业技术支持能力	在灾难备份中心 7×24 小时有专职的： a）计算机机房管理人员； b）数据备份技术支持人员； c）硬件、网络技术支持人员
运行维护管理能力	a）有介质存取、验证和转储管理制度； b）按介质特性对备份数据进行定期的有效性验证； c）有备用计算机机房运行管理制度； d）有硬件和网络运行管理制度； e）有实时数据备份系统运行管理制度
灾难恢复预案	有相应的经过完整测试和演练的灾难恢复预案

6. 第 6 级：数据零丢失和远程集群支持

第 6 级灾难恢复应具有的技术和管理支持如表 9-6 所示。

表 9-6　第 6 级：数据零丢失和远程集群支持

要　素	要　求
数据备份系统	a）完全数据备份至少每天一次； b）备份介质场外存放； c）远程实时备份，实现数据零丢失
备用数据处理系统	a）备用数据处理系统具备与生产数据处理系统一致的处理能力并完全兼容； b）应用软件是“集群的”，可实时无缝切换； c）具备远程集群系统的实时监控和自动切换能力
备用网络系统	a）配备与主系统相同等级的通信线路和网络设备； b）备用网络处于运行状态； c）最终用户可通过网络同时接入主、备中心
备用基础设施	a）有符合介质存放条件的场地； b）有符合备用数据处理系统和备用网络设备运行要求的场地； c）有满足关键业务功能恢复运作要求的场地； d）以上场地应保持 7×24 小时运作
专业技术支持能力	在灾难备份中心 7×24 小时有专职的： a）计算机机房管理人员； b）专职数据备份技术支持人员； c）专职硬件、网络技术支持人员； d）专职操作系统、数据库和应用软件技术支持人员

续表

要素	要求
运行维护管理能力	a）有介质存取、验证和转储管理制度； b）按介质特性对备份数据进行定期的有效性验证； c）有备用计算机机房运行管理制度； d）有硬件和网络运行管理制度； e）有实时数据备份系统运行管理制度； f）有操作系统、数据库和应用软件运行管理制度
灾难恢复预案	有相应的经过完整测试和演练的灾难恢复预案

8.4.3 灾难恢复需求的确定

1. 风险分析

在确定灾难恢复需求时，应首先进行风险分析，即标识信息系统的资产价值，识别信息系统面临的自然的和人为的威胁，识别信息系统的脆弱性，分析各种威胁发生的可能性，并定量或定性描述可能造成的损失，继而通过技术和管理手段，防范或控制信息系统的风险。要依据防范或控制风险的可行性和残余风险的可接受程度，确定风险的防范和控制措施。

2. 业务影响分析

（1）分析业务功能和相关资源配置

对各项业务功能及各项业务功能之间的相关性进行分析，确定支持各种业务功能的相应信息系统资源及其他资源，明确相关信息的保密性、完整性和可用性要求。

（2）评估中断影响

采用如下的定量和/或定性的方法，对各种业务功能的中断造成的影响进行评估。

① 定量分析：以量化方法，评估业务功能的中断可能给组织带来的直接经济损失和间接经济损失。

② 定性分析：运用归纳与演绎、分析与综合及抽象与概括等方法，评估业务功能的中断可能给组织带来的非经济损失，包括组织的声誉、客户的忠诚度、员工的信心、社会和政治影响等。

3. 确定灾难恢复目标

根据风险分析和业务影响分析的结果，确定灾难恢复目标，包括：

① 关键业务功能及恢复的优先顺序；

② 灾难恢复时间范围。

8.4.4 灾难恢复策略的制定

1. 制定灾难恢复策略的过程

在制定灾难恢复策略时，要着眼于灾难恢复所需的下列资源要素。

① 数据备份系统：一般由数据备份的硬件、软件和数据备份介质（以下简称“介质”）组成，如果是依靠电子传输的数据备份系统，还包括数据备份线路和相应的通信设备。

② 备用数据处理系统：指备用的计算机、外围设备和软件。

③ 备用网络系统：最终用户用来访问备用数据处理系统的网络，包含备用网络通信设备和备用数据通信线路。

④ 备用基础设施：灾难恢复所需的、支持灾难备份系统运行的建筑、设备和组织，包括介质的场外存放场所、备用的机房及灾难恢复工作辅助设施，以及容许灾难恢复人员连续停留的生活设施。

⑤ 专业技术支持能力：对灾难恢复系统的运转提供支撑和综合保障的能力，以实现灾难恢复系统的预期目标，包括对硬件、系统软件和应用软件的问题分析和处理能力、网络系统安全运行管理能力、沟通协调能力等。

⑥ 运行维护管理能力：包括运行环境管理、系统管理、安全管理和变更管理等。

⑦ 灾难恢复预案。

根据灾难恢复目标，按照灾难恢复资源的成本与风险可能造成的损失之间取得平衡的原则（即“成本风险平衡原则”），确定每项关键业务功能的灾难恢复策略，不同的业务功能可采用不同的灾难恢复策略。

灾难恢复策略包括：

① 灾难恢复资源的获取方式；

② 灾难恢复等级或灾难恢复资源各要素的具体要求。

2. 灾难恢复资源的获取方式

(1) 数据备份系统

数据备份系统可自行建设，也可通过租用其他机构的系统而获取。

(2) 备用数据处理系统

可选用以下三种方式之一来获取备用数据处理系统：

① 事先与厂商签订紧急供货协议；

② 事先购买所需的数据处理设备，并存放在灾难备份中心或安全的设备仓库中；

③ 利用商业化灾难备份中心或签有互惠协议的机构已有的兼容设备。

(3) 备用网络系统

备用网络通信设备可通过与获取数据处理系统相同的方式获取；备用数据通信线路可使用自有数据通信线路或租用公用数据通信线路。

(4) 备用基础设施

可选用以下方式获取备用基础设施：

① 由组织所有或运行；

② 多方共建或通过互惠协议获取；

③ 租用商业化灾难备份中心的基础设施。

(5) 专业技术支持能力

可选用以下方式获取专业技术支持能力：

① 灾难备份中心设置专职技术支持人员；

② 与厂商签订技术支持或服务合同；

③ 由主中心技术支持人员兼任；但对于 RTO 值较小的关键业务功能，应考虑到灾难发生时交通和通信的不正常，造成技术支持人员无法提供有效支持的情况。

(6) 运行维护管理能力

可选用以下对灾难备份中心的运行维护管理模式：

① 自行运行和维护；

② 委托其他机构运行和维护。

(7) 灾难恢复预案

可选用以下方式，完成灾难恢复预案的制定、落实和管理：

① 由组织独立完成；

② 聘请具有相应资质的外部专家指导完成；

③ 委托具有相应资质的外部机构完成。

3. 灾难恢复资源的要求

(1) 数据备份系统

信息系统运营者应根据灾难恢复目标，按照成本风险平衡原则，确定：

① 数据备份的范围；

② 数据备份的时间间隔；

③ 数据备份的技术及介质；

④ 数据备份线路的速率及相关通信设备的规格和要求。

(2) 备用数据处理系统

信息系统运营者应根据关键业务功能的灾难恢复对备用数据处理系统的要求和未来发展的需要，按照成本风险平衡原则，确定备用数据处理系统的：

① 数据处理能力；

② 与主系统的兼容性要求；

③ 状态，包括平时处于就绪还是运行状态。

(3) 备用网络系统

信息系统运营者应根据关键业务功能的灾难恢复对网络容量及切换时间的要求和未来发展的需要，按照成本风险平衡原则，选择备用数据通信的技术和线路带宽，确定网络通信设备的功能和容量，保证灾难恢复时，最终用户能以一定速率连接到备用数据处理系统。

(4) 备用基础设施

信息系统运营者应根据灾难恢复目标，按照成本风险平衡原则，确定对备用基础设施的要求，包括：

① 与主中心的距离要求；

② 场地和环境（如面积、温度、湿度、防火、电力和工作时间等）的要求；

③ 运行维护和管理要求。

(5) 专业技术支持能力

信息系统运营者应根据灾难恢复目标，按照成本风险平衡原则，确定灾难备份中心在软件、硬件和网络等方面的技术支持要求，包括技术支持的组织架构、各类技术支持人员的数量和素质等要求。

(6) 运行维护管理能力

信息系统运营者应根据灾难恢复目标，按照成本风险平衡原则，确定灾难备份中心运行维护管理要求，包括运行维护管理组织架构、人员的数量和素质、运行维护管理制度等要求。

(7) 灾难恢复预案

信息系统运营者应根据需求分析的结果，按照成本风险平衡原则，明确灾难恢复预案的：

① 整体要求；

② 制定过程的要求；

③ 教育、培训和演练要求；

④ 管理要求。

8.4.5 灾难恢复策略的实现

1. 灾难备份系统技术方案的实现

(1) 技术方案的设计

根据灾难恢复策略制定相应的灾难备份系统技术方案，包含数据备份系统、备用数据处理系统和备用的网络系统。技术方案中所设计的系统应：

① 获得同主系统相当的安全保护；

② 具有可扩展性；

③ 考虑其对主系统可用性和性能的影响。

(2) 技术方案的验证、确认和系统开发

为确保技术方案满足灾难恢复策略的要求，应由相关部门对技术方案进行确认和验证，并记录和保存验证及确认的结果。

按照确认的灾难备份系统技术方案进行开发，实现所要求的数据备份系统、备用数据处理系统和备用网络系统。

(3) 系统安装和测试

按照经过确认的技术方案，灾难恢复规划实施组应制定各阶段的系统安装及测试计划，以及支持不同关键业务功能的系统安装及测试计划，并组织最终用户共同进行测试。确认以下各项功能可正确实现：

① 数据备份及数据恢复功能；

② 在限定的时间内，利用备份数据正确恢复系统、应用软件及各类数据，并可正确恢复各项关键业务功能；

③ 客户端可与备用数据处理系统通信正常。

2. 灾难备份中心的选择和建设

(1) 选址原则

选择或建设灾难备份中心时，应根据风险分析的结果，避免灾难备份中心与主中心同时遭受同类风险。灾难备份中心包括同城和异地两种类型，以规避不同影响范围的灾难风险。

灾难备份中心应具有数据备份和灾难恢复所需的通信、电力等资源，以及方便灾难恢复人员和设备到达的交通条件。

灾难备份中心应根据统筹规划、资源共享、平战结合的原则，合理布局。

(2) 基础设施的要求

新建或选用灾难备份中心的基础设施时：

① 计算机机房应符合有关国家标准的要求；

② 工作辅助设施和生活设施应符合灾难恢复目标的要求。

3. 专业技术支持能力的实现

组织应根据灾难恢复策略的要求，获取对灾难备份系统的专业技术支持能力。

灾难备份中心应建立相应的技术支持组织，定期对技术支持人员进行技能培训。

4. 运行维护管理能力的实现

为了达到灾难恢复目标，灾难备份中心应建立各种操作和管理制度，用以保证：

① 数据备份的及时性和有效性；

② 备用数据处理系统和备用网络系统处于正常状态，并与主系统的参数保持一致；

③ 有效的应急响应、处理能力。

5. 灾难恢复预案的实现

灾难恢复的每个等级均应制定相应的灾难恢复预案，并进行落实和管理。

8.4.6 灾难恢复预案的制定、落实和管理

1. 灾难恢复预案的制定

(1) 制定原则

灾难恢复预案的制定原则如下。

① 完整性：灾难恢复预案（以下简称“预案”）应包含灾难恢复的整个过程，以及灾难恢复所需的尽可能全面的数据和资料。

② 易用性：预案应运用易于理解的语言和图表，并适合在紧急情况下使用。

③ 明确性：预案应采用清晰的结构，对资源进行清楚的描述，工作内容和步骤应具体，每项工作应有明确的责任人。

④ 有效性：预案应尽可能满足灾难发生时进行恢复的实际需要，并保持与实际系统和人员组织的同步更新。

⑤ 兼容性：灾难恢复预案应与其他应急预案体系有机结合。

(2) 制定过程

在灾难恢复预案制定原则的指导下，其制定过程如下。

① 起草：按照风险分析和业务影响分析所确定的灾难恢复内容，根据灾难恢复等级的要求，结合组织其他相关的应急预案，撰写出灾难恢复预案的初稿。

② 评审：组织应对灾难恢复预案初稿的完整性、易用性、明确性、有效性和兼容性进行严格的评审，评审应有相应的流程保证。

③ 测试：应预先制定测试计划，在计划中说明测试的案例，测试应包含基本单元测试、关联测试和整体测试，测试的整个过程应有详细的记录，并形成测试报告。

④ 完善：根据评审和测试结果，纠正在初稿评审过程和测试中发现的问题和缺陷，形成预案的审批稿。

⑤ 审核和批准：由灾难恢复领导小组对审批稿进行审核和批准，确定为预案的执行稿。

2. 灾难恢复预案的教育、培训和演练

为了使相关人员了解信息系统灾难恢复的目标和流程，熟悉灾难恢复的操作规程，组织应按以下要求，组织灾难恢复预案的教育、培训和演练：

① 在灾难恢复规划的初期就应开始灾难恢复观念的宣传教育工作；

② 预先对培训需求进行评估，包括培训的频次和范围，开发和落实相应的培训/教育课程，保证课程内容与预案的要求相一致，事后保留培训的记录；

③ 预先制定演练计划，在计划中说明演练的场景；

④ 演练的整个过程应有详细的记录，并形成报告；

⑤ 每年应至少完成一次有最终用户参与的完整演练。

3. 灾难恢复预案的管理

(1) 保存与分发

经过审核和批准的灾难恢复预案，应：

① 由专人负责保存与分发；

② 具有多份复制的文件，在不同的地点保存；

③ 分发给参与灾难恢复工作的所有人员；

④ 在每次修订后，对所有复制的文件统一更新，并保留一套，以备查阅；

⑤ 旧版本应按有关规定销毁。

(2) 维护和变更管理

为了保证灾难恢复预案的有效性，应从以下方面对灾难恢复预案进行严格的维护和变更管理：

① 业务流程的变化、信息系统的变更、人员的变更都应在灾难恢复预案中及时反映；

② 预案在测试、演练和灾难发生后实际执行时，其过程均应有详细的记录，并应对测试、演练和执行的效果进行评估，同时对预案进行相应的修订；

③ 应定期对灾难恢复预案进行评审和修订，至少每年一次。

本章小结

本章介绍了网络攻击的常规概念，并以现行国家标准为基础，介绍了网络安全应急处理和灾难恢复的知识。本章的目的除了希望读者掌握这些基础知识、增强实践能力外，还希望帮助读者结合前几章的知识构建起以等级保护、风险评估、应急处理、灾难恢复等为主要内容的网络安全防护体系的基本概念。

本章主要内容如下。

(1) 网络攻击与防范

网络攻击主要是指利用网络存在的漏洞和安全缺陷，使用各种技术手段和工具，对网络

系统的软、硬件及其系统中的数据进行破坏、窃取等行为。一般分为确定目标、获取控制权、权限提升与保持、实施攻击、消除痕迹几个步骤。人们对于网络攻击的理解差异很大，因此存在多种分类方法和结果，本章从攻击的效果、技术特点、攻击的位置等角度对网络攻击进行了分类描述。

（2）网络安全事件分类与分级

网络安全事件指由于自然或者人为的原因，对信息系统造成危害，或在信息系统内发生对社会造成负面影响的事件。根据国家标准 GB/Z 20986—2007《信息安全技术 信息安全事件分类分级指南》，网络安全事件可分为有害程序事件、网络攻击事件、信息破坏事件、信息内容安全事件、设备设施故障、灾害性事件和其他网络安全事件 7 个基本分类，每个基本分类分别包括若干个子类。

对网络安全事件的分级参考下列 3 个要素：信息系统的重要程度、系统损失和社会影响。其中，系统损失划分为特别严重的系统损失、严重的系统损失、较大的系统损失和较小的系统损失；社会影响划分为特别重大的社会影响、重大的社会影响、较大的社会影响和一般的社会影响。根据这些网络安全事件分级参考要素，将网络安全事件划分为 4 个级别：特别重大事件、重大事件、较大事件和一般事件。

（3）网络安全应急处理关键过程

应急处理关键过程可分为 6 个阶段：准备阶段、检测阶段、抑制阶段、根除阶段、恢复阶段和总结阶段。每个阶段各自包括具体的工作内容，总计 17 项。

（4）信息系统灾难恢复

以国家标准 GB/T 20988—2007《信息安全技术 信息系统灾难恢复规范》的内容为基础，本章还介绍了信息系统灾难恢复的基础知识，包括灾难恢复能力的等级划分、灾难恢复需求的确定、灾难恢复策略的制定、灾难恢复策略的实现及灾难恢复预案的制定、落实和管理。

灾难恢复能力共分为 6 级：基本支持级、备用场地支持级、电子传输和部分设备支持级、电子传输及完整设备支持级、实时数据传输及完整设备支持级、数据零丢失和远程集群支持级。在确定在灾难恢复需求时，应首先进行风险分析，在此基础上分析网络安全事件对业务的影响，确定灾难恢复目标。在制定灾难恢复策略时，要着眼于灾难恢复所需的资源要素。策略中要明确灾难恢复资源的获取方式、所需的灾难恢复等级或灾难恢复资源各要素的具体要求。在实施灾难恢复策略时，一方面要实现备份系统技术方案，另一方面要选择好灾难备份中心，此外还应获得专业技术支持能力和运行维护管理能力，并最终确立灾难恢复预案。对灾难恢复预案，要进行严格的管理和落实，并积极进行演练。

习题

1. 网络攻击的主要方法有哪些？一般分为几个步骤？
2. 如何有效防范网络攻击？
3. 对网络安全事件如何进行分类？

4. 网络安全事件如何分级？需要考虑哪些要素？
5. 网络安全应急处理关键过程包括哪几个阶段？各阶段的主要内容是什么？
6. 网络安全应急处理与灾难恢复的区别和联系是什么？
7. 灾难恢复能力的等级是怎样划分的？
8. 如何确定灾难恢复需求？
9. 灾难恢复策略包括哪些内容？如何制定灾难恢复策略？
10. 如何制定灾难恢复预案？如何对灾难恢复预案进行管理？

第 9 章　新安全威胁应对

本章要点

- 云计算安全威胁及应对措施
- 物联网安全威胁及应对措施
- 工控系统安全威胁及应对措施

9.1 云计算安全

本节主要介绍云计算的概念、主要特征、服务模式、安全风险、防护体系等内容。

9.1.1 云计算概述

云计算（Cloud Computing）的定义有多种说法，至少可以找到上百种解释。美国国家标准与技术研究院（NIST）给出的定义是：云计算是一种按使用量付费的模式，这种模式提供可用的、便捷的、按需的网络访问，进入可配置的计算资源共享池（资源包括网络、服务器、存储、应用软件、服务），这些资源能够被快速提供，只需投入很少的管理工作，或与服务供应商进行很少的交互。我国国家标准 GB/T 31167—2014《信息安全技术 云计算服务安全指南》给出的定义是：云计算是通过网络访问可扩展的、灵活的物理或虚拟共享资源池，并按需自助获取和管理资源的模式。不管哪种定义，可以简洁地说，云计算是一种基于互联网提供信息技术服务的模式，其旨在通过网络把多个成本相对较低的计算实体整合成一个具有强大计算能力的完美系统，并借助基础设施即服务（IaaS）、平台即服务（PaaS）、软件即服务（SaaS）等先进的商业模式，把这强大的计算能力分布到终端用户手中。通俗讲就是把以前需要本地处理器计算的任务交到了远程服务器上去做。这是一种革命性的举措，打个比方，这就好比是从古老的单台发电机模式转向了电厂集中供电的模式。它意味着计算能力也可以作为一种商品进行流通，就像煤气、水电一样，取用方便，费用低廉，最大的不同在于，它是通过互联网进行传输的。云计算的一个核心理念就是通过不断提高云的处理能力，进而减少用户终端的处理负担，最终使用户终端简化成一个单纯的输入/输出设备，并能按需享受“云”的强大计算处理能力。例如，WebQQ 应用，用户访问 WebQQ 的时候就会发现其中有很多图片处理、网页浏览、在线 Office 处理之类的应用，这些应用无论用户计算机的性能如何，只要带宽允许，都是可以流畅运行的，因为很多数据处理和存储都交给了云端服务器计算。

1. 云计算服务模式

根据云计算服务提供的资源类型不同，云计算的服务模式主要可分为三类。

（1）基础设施即服务（Infrastructure-as-a-Service，IaaS）

在 IaaS 模式下，消费者通过互联网可以从完善的虚拟计算机、存储、网络等计算机基础设施获得服务，如硬件服务器的租用。消费者可在这些资源上部署或运行操作系统、中间件、数据库和应用软件等，但是消费者通常不能管理或控制云计算基础设施，仅仅能控制自己部署的操作系统、存储和应用，也能部分控制使用的网络组件，如主机防火墙。

（2）平台即服务（Platform-as-a-Service，PaaS）

在 PaaS 模式下，消费者可以通过互联网获得云计算基础设施之上的软件开发和运行平台，如标准语言与工具、数据访问、通用接口等。PaaS 实际上是指将软件研发的平台作为一种服务提交给消费者，消费者可利用该平台开发和部署自己的软件，但是通常不能管理或控制支撑平台运行所需的低层资源，如网络、服务器、操作系统、存储等，仅可对应用的运行环境进行配置，控制自己部署的应用。PaaS 作为一个完整的开发服务，提供了从开发工具、中间件到数据库软件等开发者构建应用程序所需的所有开发平台的功能。例如，Azure，其服务平台包括 Windows Azure、Microsoft SQL 数据库服务、Microsoft .Net 服务等组件。

(3) 软件即服务 (Software-as-a-Service，SaaS)

在 SaaS 模式下，消费者可以通过互联网云获得运行在云计算基础设施之上的应用软件，即通过互联网提供软件的模式。消费者不需要购买软件，可利用不同设备上的客户端（如 Web 浏览器）或程序接口，通过网络访问和使用这些应用软件，如电子邮件系统、协同办公系统等。客户通常不能管理或控制支撑应用软件运行的低层资源，如网络、服务器、操作系统、存储等，但可对应用软件进行有限的配置管理。

IaaS、PaaS、SaaS 是云计算的三种服务模式，但是三者之间并没有非常明确的划分。如图 9-1 所示，较高层次的云计算服务提供商可以独立建立服务资源，也可以借用较低层次的云计算服务提供商提供的服务资源，例如，SaaS 服务可以由云计算服务提供商独立提供，也可以由 SaaS 应用开发者在租用的其他 PaaS 平台上提供。事实上，随着服务模式层面的不断上移，服务的功能和需要满足的条件呈现递增被包含关系，如 SaaS 不仅关注低层（PaaS、IaaS）的实现，还需要考虑软件的具体功能实现和优化。云计算的根本目的是解决问题，IaaS、PaaS、SaaS 都试图去解决同一个商业问题，即用尽可能少甚至是零资本的支出，获得功能、扩展能力、服务和商业价值。

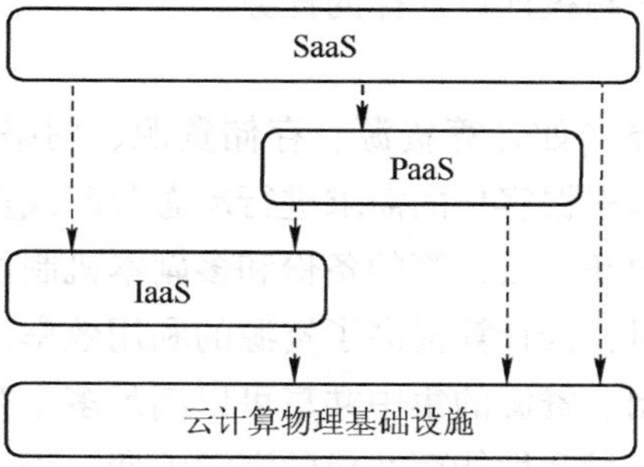

图 9-1 云计算服务模式传递关系

2. 云计算部署模式

根据云计算服务范围的不同，可以分为私有云、公有云、社区云和混合云 4 种部署模式。

(1) 私有云

云计算平台仅提供给某个特定的客户使用。私有云的云计算基础设施可由云计算服务提供商拥有、管理和运营，这种私有云称为场外私有云（或外包私有云）；也可由客户自己建设、管理和运营，这种私有云称为场内私有云（或自有私有云）。

(2) 公有云

云计算平台的客户范围没有限制。公有云的云计算基础设施由云计算服务提供商拥有、管理和运营。

(3) 社区云

云计算平台限定为特定的客户群体使用，群体中的客户具有共同的属性（如职能、安全需求、策略等）。社区云的云计算基础设施可由云计算服务提供商拥有、管理和运营，这种社区云称为场外社区云；也可以由群体中的部分客户自己建设、管理和运营，这种社区云称为场内社区云。

(4) 混合云

上述两种或两种以上部署模式的组合称为混合云。

3. 云计算的主要特征

云计算具有以下主要特征。

(1) 按需服务

在云计算模式下，客户不需要投入大量资金去建设、运维和管理自己专有的计算机基础设施，只需要为动态占用的资源付费，即按需购买服务。客户能根据需要获得所需计算资源，如自主确定资源占用时间和数量等。

(2) 虚拟化

云计算支持客户在任意位置、使用各种终端获取应用服务。所请求的资源来自“云”，而不是固定的有形的实体。应用在“云”中某处运行，但实际上客户无须了解、也不用担心应用运行的具体位置。只需要计算机、移动电话、平板等不同终端，就可以通过网络服务来实现需要的一切，甚至包括超级计算这样的任务。

(3) 资源池化

云计算服务提供商将资源（如计算资源、存储资源、网络资源等）提供给多个客户使用，这些物理的、虚拟的资源根据客户的需求进行动态分配或重新分配，能避免因需求突增导致客户业务系统的异常或中断。云计算的备份和多副本机制可提高业务系统的健壮性，避免数据丢失和业务中断。同时，云计算提高了资源的利用效率，通过关闭空闲资源组件等降低能耗；通过多租户共享机制、资源的集中共享可以满足多个客户不同时间段对资源的峰值要求，避免按峰值需求设计容量和性能而造成的资源浪费。资源利用效率的提高有效降低了云计算服务的运营成本，减少能耗，实现了绿色 IT。

(4) 快速方便

客户采用云计算服务不需要建设专门的信息系统，可以根据需要，快速、灵活、方便地获取和释放计算资源，缩短业务系统建设周期，使客户能专注于业务的功能和创新，提升业务响应速度和服务质量，实现业务系统的快速部署。对于客户来讲，这种资源是“无限”的，能在任何时候获得所需资源量。

(5) 服务可计量

云计算可按照多种计量方式（如按次付费或充值使用等）自动控制或量化资源，可以像自来水、电、煤气那样计费，计量的对象可以是存储空间、计算能力、网络带宽或账户数等。

9.1.2 云计算安全风险

云计算作为一种新兴的计算资源利用方式，还在不断发展之中，传统信息系统的安全问题在云计算环境中大多依然存在，与此同时还出现了一些新的网络安全问题和风险。

1. 客户对数据和业务系统的控制能力减弱

传统模式下，客户的数据和业务系统都位于客户的数据中心，在客户的直接管理和控制下。在云计算环境里，客户将自己的数据和业务系统迁移到云计算平台上，失去了对这些数据和业务的直接控制能力。客户数据及在后续运行过程中生成、获取的数据都处于云计算服务提供商的直接控制下，云服务商具有访问、利用或操控客户数据的能力。

将数据和业务系统迁移到云计算平台后，安全性主要依赖于云服务商及其所采取的安全措施。云计算服务提供商通常把云计算平台的安全措施及其状态视为知识产权和商业秘密，客户在缺乏必要的知情权的情况下，难以了解和掌握云计算服务提供商安全措施的实施情况和运行状态，难以对这些安全措施进行有效监督和管理，不能有效监管云计算服务提供商的内部人员对客户数据的非授权访问和使用，增加了客户数据和业务的风险。

2. 客户与云计算服务提供商之间的网络安全责任难以界定

传统模式下，按照谁主管谁负责、谁运行谁负责的原则，网络安全责任主体相对容易确定。在云计算模式下，云计算平台管理和运行主体与数据拥有主体不同，目前缺少有效的手段和措施清楚界定相互之间的责任。云计算不同的服务模式和部署模式也增加了界定网络安全责任的难度。实际应用中，云计算环境更加复杂，云计算服务提供商还可能采购、使用其他云服务，如 SaaS 服务模式下，云计算服务提供商可能将其服务建立在其他云计算服务提供商的 PaaS 或 IaaS 之上，这种情况导致了责任更加难以界定。

3. 可能产生司法管辖权错位问题

在云计算环境里，客户很难掌控数据的实际存储位置，甚至都不知道数据到底是托管在哪里，有可能存储在境外数据中心，这改变了数据和业务的司法管辖关系，可能会产生法规遵从的安全风险。

4. 客户对数据所有权很难保障

在云计算环境里，客户数据存放在云计算平台上，如果云计算服务提供商不配合，客户很难将自己的数据安全迁出或备份，而且当服务终止或发生纠纷时，云计算服务提供商还可能删除或不归还客户数据，这些将损害客户对数据的所有权和支配权。云计算服务提供商通过对客户资源消耗、通信流量、缴费等数据的收集分析，可以获取大量的客户相关信息，客户对这些信息的所有权很难得到保障。

5. 客户数据的安全保护更加困难

在云计算环境里，虚拟化等技术的大量应用实现了多客户共享计算资源，但虚拟机之间的隔离和防护容易受到攻击，存在跨虚拟机非授权数据访问的风险。通常，云计算服务提供商采用加密技术保障数据安全，但这存在数据无法完全读取的风险，甚至普通的加密方法都可能让可用性问题变得很复杂。云计算服务提供商可能使用其他云计算服务和第三方应用组件，增加了云计算平台的复杂性，这使得有效保护客户数据安全更加困难，客户数据被非授权访问、篡改、泄露和丢失的风险增大。

6. 客户数据残留风险

云计算服务提供商拥有数据的存储介质，服务日常管理与维护，客户不能直接参与管理，更谈不上控制这些存储介质。当服务终止时，云计算服务提供商应该完全删除或销毁客户数据，包括备份数据和业务运行过程中产生的客户相关数据。目前，客户还缺乏有效的机制、标准或工具来验证云计算服务提供商是否完全删除或销毁了所有数据，这就存在客户数据仍完整保存或残留在存储介质中的可能性，导致存在客户数据泄露或丢失的风险。

7. 容易产生对云服务商的过度依赖

云计算缺乏统一的标准和接口，不同云计算平台上的客户数据和业务难以相互迁移，同样也难以迁移回客户的数据中心。另外，云计算服务提供商出于对自身利益的考虑，往往不愿意为客户提供数据和业务迁移能力。当客户在采用了云计算服务后，对某一云计算服务提供商的依赖性极大，这导致客户业务随云计算服务提供商的干扰或停止服务而停止运转的风险增大，也可能导致数据和业务迁移到其他云计算服务提供商的代价过高。目前，云计算服务市场尚未成熟，可供客户选择的云计算服务提供商有限，这也导致客户可能过度依赖云计算服务提供商。

9.1.3 云计算安全防护体系

鉴于云计算的复杂性，其安全问题是一个涵盖技术、管理，甚至法律、法规的综合体，是云计算推广和应用的最大挑战之一。本节描述云计算安全防护框架和设计要求。

1. 云计算安全责任界定

云计算环境复杂，安全保障涉及多个责任主体，至少云计算服务提供商和客户应共同负责云计算安全问题。某些情况下，云计算服务提供商可能采用其他组织的计算资源和服务，这些组织也应该承担安全保障责任。

对于 SaaS、PaaS、IaaS 3 种不同的云计算服务模式，由于它们对计算资源的控制范围不同，各类主体承担的安全责任也有所不同。如图 9-2 所示，图中两侧的箭头示意了云计算服务提供商和客户的控制范围，具体为：

① 在 SaaS 模式下，客户仅需要承担自身数据安全、客户端安全等相关责任，云计算服务提供商承担其他安全责任；

② 在 PaaS 模式下，客户和云计算服务提供商共同承担软件平台层的安全责任，客户自己开发和部署的应用及其运行环境的安全责任由客户承担，其他安全责任由云计算服务提供商负责；

③ 在 IaaS 模式下，客户和云计算服务提供商共同承担虚拟化计算资源层的安全责任，客户自己部署的操作系统、运行环境和应用的安全责任由客户承担，云计算服务提供商承担虚拟机监视器及底层资源的安全责任。

图 9-2 中，云计算服务提供商直接控制和管理云计算的设施层（物理环境）、硬件层（物理设备）、资源抽象和控制层，承担所有安全责任。应用软件层、软件平台层、虚拟

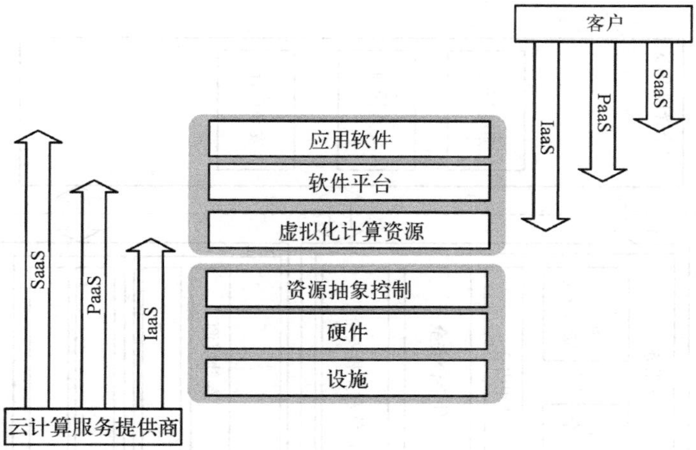

图 9-2　服务模式与控制范围的关系

化计算资源层的安全责任则由云计算服务提供商和客户共同承担，越靠近底层的云计算服务（即 IaaS），客户的管理和安全责任越大；反之，云计算服务提供商的管理和安全责任越大。

考虑到云计算服务提供商可能使用第三方的服务，如 SaaS、PaaS 云计算服务提供商可能依赖于 IaaS 云计算服务提供商的基础资源服务，在这种情况下，第三方承担相应的安全保障责任。

2. 云计算安全防护技术框架

依据等级保护“一个中心三重防护”的设计思想，结合云计算功能分层框架和云计算安全特点，构建云计算安全防护技术框架。其中一个中心指安全管理中心，三重防护包括安全计算环境、安全区域边界和安全通信网络，具体如图 9-3 所示。

用户通过安全的通信网络以网络直接访问、API 接口访问和 Web 服务访问等方式安全地访问云计算服务提供商提供的安全计算环境，其中用户终端自身的安全保障不在本部分范畴内。安全计算环境包括资源层安全和服务层安全。其中，资源层分为物理资源和虚拟资源，需要明确物理资源安全设计技术要求和虚拟资源安全设计要求，其中物理与环境安全不在本部分范畴内。服务层是对云计算服务提供商所提供服务的实现，包含实现服务所需的软件组件，根据服务模式的不同，云计算服务提供商和云租户承担的安全责任不同。服务层安全设计需要明确云计算服务提供商控制的资源范围内的安全设计技术要求，并且云计算服务提供商可以通过提供安全接口和安全服务为云租户提供安全技术和安全防护能力。云计算环境的系统管理、安全管理和安全审计由安全管理中心统一管控。结合本框架可对不同等级的云计算环境进行安全技术设计，同时通过服务层安全支持可对不同等级云租户端（业务系统）实现安全设计。

3. 云计算安全保护环境设计要求

云计算服务提供商的云计算平台可以承载多个不同等级的云租户信息系统，云计算平台的安全保护等级应不低于其承载云租户信息系统的最高安全保护等级，并且云计算平台的安全保护等级应不低于第二级，因此本分部的安全设计技术要求从第二级开始。

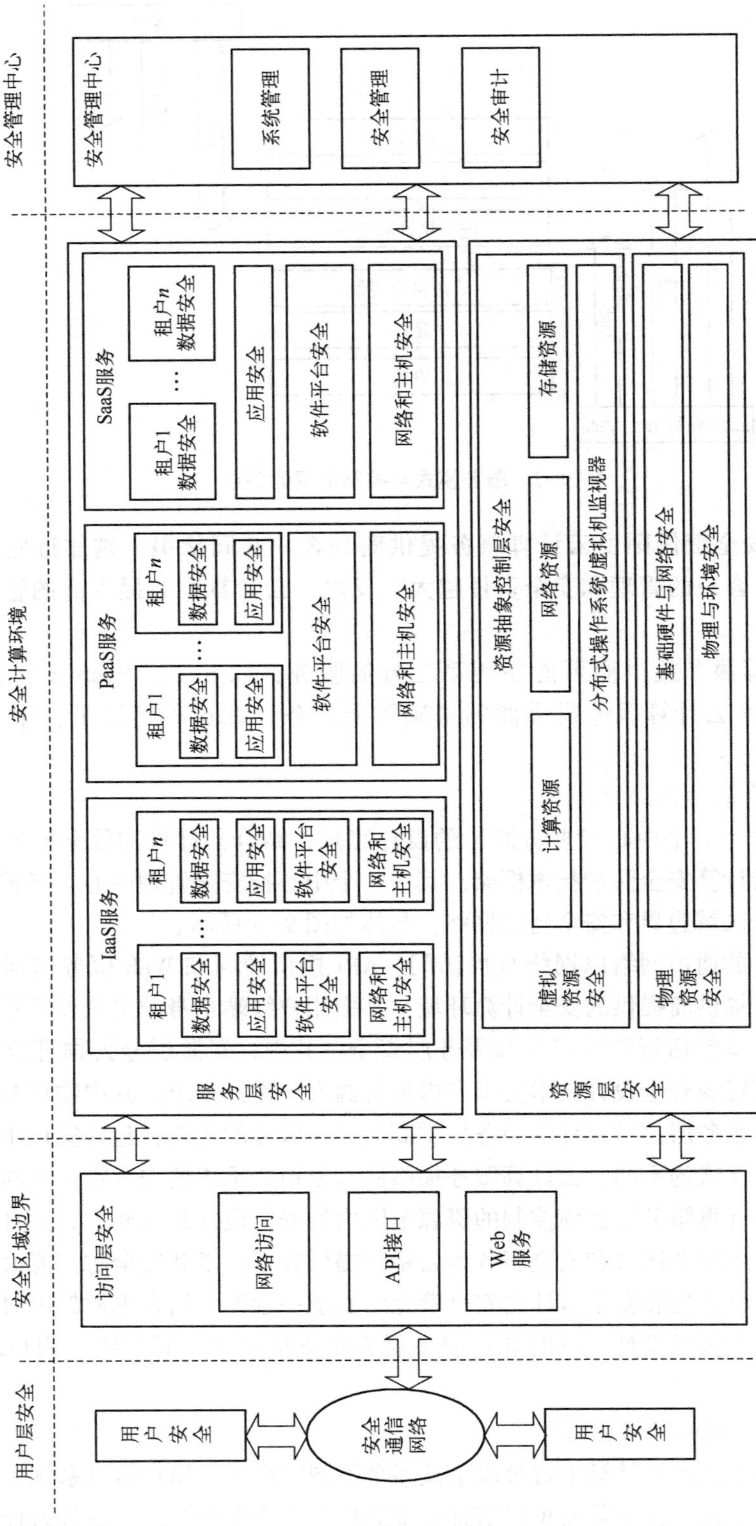

图9-3 云计算安全防护技术框架

(1) 第二级云计算安全保护环境设计

第二级云计算平台安全保护环境的设计目标是：实现云计算环境身份鉴别、访问控制、安全审计、客体安全重用等通用安全功能，以及增加镜像和快照保护、接口安全等云计算特殊需求的安全功能，确保对云计算环境具有较强的自主安全保护能力。设计策略是：资源层以身份鉴别为基础，提供对物理资源和虚拟资源的访问控制，通过虚拟化安全、多租户隔离等实现租户虚拟资源虚拟空间的安全，通过提供安全接口和安全服务为服务层租户安全提供支撑。以区域边界协议过滤与控制和区域边界安全审计等手段提供区域边界防护，以增强对云计算环境的安全保护能力。

第二级云计算安全保护环境的设计通过第二级的安全计算环境、安全区域边界、安全通信网络及安全管理中心的设计加以实现。

① 安全计算环境设计技术要求主要涉及身份鉴别、访问控制、安全审计、数据完整性保护、数据备份与恢复、虚拟化安全、入侵防范、恶意代码防范、软件容错、客体安全重用、接口安全、镜像和快照安全、个人信息保护 13 个方面。

② 安全区域边界设计技术要求主要涉及结构安全、访问控制、入侵防范、安全审计 4 个方面。

③ 安全通信网络设计技术要求主要涉及数据传输保密性、数据传输完整性、可用性和安全审计 4 个方面。

④ 安全管理中心设计技术要求主要涉及系统管理、安全管理和审计管理 3 个方面。

(2) 第三级云计算安全保护环境设计

第三级云计算安全保护环境的设计目标是在第二级云计算安全保护环境的基础上，增加数据保密性、集中管控安全、可信接入等安全功能，使云计算环境具有更强的安全保护能力。设计策略是增加对云服务方和云租户各自管控范围内的集中监控、集中审计要求，数据传输和数据存储过程中的保密性保护要求，以及为第三方的安全产品、安全审计接入提供安全接口的要求，以增强对云计算环境的安全保护能力。

第三级云计算安全保护环境的设计通过第三级的安全计算环境、安全区域边界、安全通信网络及安全管理中心的设计加以实现。

① 安全计算环境对第二级的身份鉴别、访问控制、安全审计、数据完整性保护、数据备份与恢复、虚拟化安全、入侵防范、恶意代码防范、软件容错、客体安全重用、接口安全 11 个方面的设计技术要求进行增强，并增加了对数据保密性保护、网络可信连接保护和配置可信检查 3 个方面的设计要求。

② 安全区域边界对第二级的结构安全、访问控制、入侵防范、安全审计 4 个方面设计要求进行增强，并增加了对恶意代码防范的设计要求。

③ 安全通信网络对第二级的数据传输保密性、数据传输完整性、可用性和安全审计 4 个方面的设计要求进行了增强，并增加了可信接入保护的设计要求。

④ 安全管理中心对第二级的系统管理、安全管理和审计管理 3 个方面的设计要求进行了增强。

(3) 第四级云计算安全保护环境设计

第四级云计算安全保护环境的设计目标是在第三级云计算安全保护环境的基础上，增加专属服务器集群、异地灾备等安全功能，使云计算环境具有更强的安全保护能力。设计策略是增加为云计算平台承载的租户四级业务系统部署独立的服务集群，异地灾备、外部通信授权等保护要求，以增强对云计算环境的安全保护能力。

第四级云计算安全保护环境的设计通过第四级的安全计算环境、安全区域边界、安全通信网络及安全管理中心的设计加以实现。

① 安全计算环境对第三级的身份鉴别、访问控制、安全审计、数据备份与恢复、虚拟化安全5个方面的设计技术要求进行增强。

② 安全区域边界对第三级的结构安全、访问控制、入侵防范、安全审计4个方面的设计要求进行增强。

③ 安全通信网络对第三级的数据传输保密性、安全审计2个方面的设计要求进行增强。

④ 安全管理中心对第三级的安全管理设计要求进行增强。

4. 云计算定级系统互联设计要求

云计算定级系统互联的设计目标是对相同或不同等级的定级业务应用系统之间的互联、互通、互操作进行安全保护，确保用户身份的真实性、操作的安全性及抗抵赖性，并按安全策略对信息流向进行严格控制，确保进出安全计算环境、安全区域边界及安全通信网络的数据安全。定级系统互联既包括同一云计算平台上的不同定级业务系统之间的互联互通，也包括不同云计算平台定级系统之间的互联互通。同一云计算平台上可以承载不同等级的云租户信息系统，云计算平台的安全保护等级不应低于云租户信息系统的最高安全等级。

云计算定级系统互联的设计策略是：在各定级系统的安全计算环境、安全区域边界和安全通信网络的基础上，通过安全管理中心增加相应的安全互联策略，保持用户身份、主/客体标记、访问控制策略等安全要素的一致性，对互联系统之间的互操作和数据交换进行安全保护。

设计要求主要包括安全互联部件和跨定级系统安全管理中心。安全互联部件需按照互联互通的安全策略进行信息交换，且安全策略由跨定级系统安全管理中心实施；跨定级系统安全管理中心实施跨定级系统的系统管理、安全管理和审计管理。

9.2 物联网安全

9.2.1 物联网概述

物联网（Internet of Things，IoT，也称为 Web of Things）就是把所有物品通过射频识别等信息传感设备与互联网连接起来，形成的一个巨大网络，其目的是实现智能化识别、管理和控制。

实际上，物联网并没有一个统一的标准定义，但从物联网本质上看，物联网是现代信息技术发展到一定阶段后出现的一种聚合性应用与技术提升，将各种感知技术、现代网络技术和人工智能与自动化技术聚合与集成应用，使人与物智慧对话，创造一个智慧的世界，已成为全球新一轮科技革命与产业变革的核心驱动和经济社会绿色、智能、可持续发展的关键基础与重要引擎。

1. 物联网产生的背景

1990年，施乐公司的网络可乐贩售机（Networked Coke Machine）被认为是物联网的最早的实践。物联网这个概念的提出是1999年在美国召开的移动计算和网络国际会议上，在计算机互联网的基础上，利用RFID（射频识别）技术、无线数据通信技术等，构造一个实现全球物品信息实时共享的实物互联网。

2003年，美国《技术评论》提出传感网络技术将是未来改变人们生活的十大技术之首。

2005年11月17日，国际电信联盟（ITU）在突尼斯举行的信息社会世界峰会（WSIS）上发布了《ITU互联网报告2005：物联网》，引用了“物联网”的概念。此时，物联网的定义和范围已经发生了变化，覆盖范围有了较大拓展，不再只是指基于RFID技术的物联网。物联网概念的兴起，很大程度上得益于ITU的这个报告，但报告并没有对物联网给出一个清晰的定义。

2008年后，为了促进科技发展，寻找经济新的增长点，各国政府开始重视下一代的技术规划，将目光放在了物联网上。2009年，美国将新能源和物联网列为振兴经济的两大重点。这一年，IBM首次提出了“智慧地球”这一概念，具体地说，就是把感应器嵌入和装备到电网、铁路、桥梁、隧道、公路、建筑、供水系统、大坝、油气管道等各种物体中，并且被普遍连接，形成物联网。同年，中国将物联网正式列为国家五大新兴战略性产业之一，写入“政府工作报告”，物联网在中国受到了极大的关注。

2. 物联网的技术架构

从技术架构上来看，物联网可分为三层：感知层、网络层和应用层。

(1) 感知层

感知层由各种传感器及传感器网关构成，其主要功能是识别物体和采集信息，如各种物理量、标识、音/视频多媒体数据等，进行本地数据处理并传送给互联网，相当于人的眼、耳、鼻、喉和皮肤等神经末梢。数据采集需要利用各种传感器、RFID、多媒体信息采集、二维码和实时定位等技术。

(2) 网络层

网络层由各种私有网络、互联网、有线和无线通信网、网络管理系统和云计算平台等组成，相当于人的神经中枢和大脑，负责传递和处理感知层获取的信息。网络层主要关注来自于感知层的、经过初步处理的数据经由各类网络的传输问题，涉及智能路由器，不同网络传输协议的互通、自组织通信等多种网络技术。

(3) 应用层

应用层是物联网和用户（包括人、组织和其他系统）的接口，它与行业需求结合，实现物联网的智能应用。

3. 物联网基本特征

由物联网的概念和技术架构可以看出物联网与传统互联网相比具有明显的不同。

(1) 物联网是各种感知技术的广泛应用

物联网上部署了海量的多种类型传感器，每个传感器都是一个信息源，不同类别的传感器所捕获的信息内容和信息格式不同。传感器获得的数据具有实时性，按一定的频率周期性地采集环境信息，不断更新数据。

（2）物联网是一种建立在互联网上的泛在网络

物联网技术的重要基础和核心仍旧是互联网，通过各种有线和无线网络与互联网融合，将物体的信息实时准确地传递出去。在物联网上的传感器定时采集的信息需要通过网络传输，由于其数量极其庞大，形成了海量信息，在传输过程中，为了保障数据的正确性和及时性，必须适应各种异构网络和协议。

（3）物联网具有智能处理能力

物联网将传感器和智能处理相结合，利用云计算、模式识别等各种智能技术，扩充其应用领域。从传感器获得的海量信息中分析、加工和处理出有意义的数据，以适应不同用户的不同需求，发现新的应用领域和应用模式。

4. 物联网分类

根据服务对象和范围，物联网分为以下几种。

（1）私有物联网（Private IoT）

私有物联网一般面向单一机构内部提供服务。可能由机构或其委托的第三方实施和维护，主要存在于机构内部的内网中，也可存在于机构外部。

（2）公有物联网（Public IoT）

公有物联网基于互联网向公众或大型用户群体提供服务。一般由机构（或其委托的第三方，但这种情况较少）运维。

（3）社区物联网（Community IoT）

社区物联网向一个关联的“社区”或机构群体（如一个城市政府下属的各委办局：公安局、交通局、环保局、城管局等）提供服务。通常由两个或以上的机构协同运维，主要存在于内网和专网中。

（4）混合物联网（Hybrid IoT）

混合物联网是上述的两种或以上物联网的组合，但后台有统一运维实体。

5. 物联网关键技术

物联网是继互联网后又一次的技术革新，其关键技术包括传感网技术、射频识别技术、M2M 技术、云计算和大数据技术。

（1）传感网技术

在物联网中，首要的问题是准确、可靠地获取信息，而传感器是获取信息的主要途径与手段。传感器是一种用来感知环境参数的检测装置，如声、光、电、热等信息，并能将检测到的信息按一定规律变换成电信号或所需形式输出，以满足信息的传输、处理、存储和控制等要求。大量传感器节点构成的无线网络系统就是传感网，也称为无线传感网（Wireless Sensor Networks，WSN）。它能够实时检测、感知和采集各种信息，并对这些信息进行处理后通过无线网络发送出去。物联网正是通过各种传感器，以及由它们组成的无线传感网来感知整个物质世界的。

传感网处于物联网底层，是所有信息的来源，其安全性至关重要。除面临一般无线网络信息泄露、信息篡改等各种威胁外，传感网还面临节点容易被操纵的威胁，因此需要采取运行状态和信号传输安全监测、节点身份认证等措施进行保护。

（2）射频识别技术

射频识别（Radio Frequency Identification，RFID），俗称电子标签，是利用射频信号实现无接触信息传递和识别的技术，是物联网最关键的技术之一。RFID系统一般由三部分组成：标签、读写器和信息处理系统。标签负责发送数据给读写器，是一个内部保存数据的无线收发装置，每件物体有一个识别编码，也就是用于身份验证的ID，表明了该物体的唯一性；读写器负责捕捉和处理标签数据，提供接口给后台信息处理系统；信息处理系统则是在读写器与标签之间进行数据通信所必需的软件集合。

RFID技术在应用中具有很多优势。RFID识别过程是非接触式的，无须人工干预，可识别高速运动物体并可同时识别多个标签，可工作于各种恶劣环境。RFID对物体的唯一标识性，使其成为物联网的热点技术之一。

（3）M2M技术

M2M通过实现人与人（Man to Man）、人与机器（Man to Machine）、机器与机器（Machine to Machine）的通信，让机器、设备和应用与后台信息系统共享信息，对设备和资产实现有效地监控与管理。M2M系统主要由无线终端、传输通道和行业应用中心三部分构成。无线终端是特殊的行业应用终端，传输通道是从无线终端到用户端的行业应用中心之间的通道，行业应用中心是终端上传数据的集中点。

（4）云计算和大数据技术

随着物联网的发展，物联网终端数量急剧增长，而且每个物体都与该物体的唯一标识符相关联，在应用过程中数据流庞大，因此需要一个海量数据库收集、存储、处理与分析这些数据，为用户行动提供决策支撑。传统数据中心已难以满足这种计算需求，这就需要引入云计算和大数据技术，为物联网提供高效的计算、存储能力。

9.2.2 物联网安全风险

本节首先确定物联网系统中需要保护的对象，然后再分析这些保护对象可能面临的安全威胁，也就是风险源。

1. 物联网系统中需要保护的对象

物联网系统中需要保护的对象应视具体应用情境而定，本节给出的保护对象覆盖交通和物流、智慧家居、智慧城市、智能工厂、零售、电子医疗和能源等应用场景。

（1）人员

当物联网系统中的关键服务被转移或中断时，就可能出现影响人员的威胁。一个恶意服务可能返回错误信息或被故意修改的信息，这可能产生极度危险的后果。例如，在电子医疗应用中，这种情况可能危害病人的生命安全。这也正是在电子医疗应用中，大多数关键决定还是需要人工进行干预的原因所在。

（2）个人隐私

物联网系统中，个人隐私通常指用户不想公开的信息，或者是用户想限制访问范围的信息。

(3) 通信通道

通信通道面临两方面的安全威胁：一是通信通道本身可能受到攻击，如受到黑洞、蠕虫、资源消耗等攻击；二是通信通道中传输的数据完整性可能遭到破坏，如遭到篡改、重放攻击等。

(4) 末端设备

物联网系统中存在大量末端设备，如标签、读写器、传感器等。实际应用中，物联网系统应提供各种安全措施，保护这些设备，以及这些设备的关键信息的完整性、保密性。

(5) 中间设备

物联网系统中的中间设备（如网关，通常用来连接物联网系统中受限域和非受限域）为末端设备提供服务，破坏或篡改这些中间设备可能产生拒绝服务攻击。

(6) 后台服务

后台服务通常指物联网系统中服务器端的应用服务，如数据收集服务器为传感器节点提供的通信服务。攻击或破坏后台服务对物联网系统中某些应用通常是致命的威胁，必须采取安全防护措施防止此类威胁的发生。

(7) 基础设施服务

基础设施服务是指发现、查找和分析等服务，它们是物联网系统中的关键服务，也是物联网最基本的功能。同样的道理，安全服务（如授权、鉴别、身份管理、秘钥管理等）也是物联网基础设施服务之一，保护着系统中不同对象之间的安全交互。

(8) 全局系统/设施

全局系统/设施是指从全局角度出发，考虑物联网系统中需要保护的服务。例如，智能家居应用中，如果设备间底层通信受到攻击或破坏，就可能导致智能家居应用中所有服务完全中断。

2. 物联网面临的主要安全风险

本节从身份欺诈（Spoofing Identity）、数据篡改（Tampering with Data）、抵赖（Repudiation）、信息泄露（Information Disclosure）、拒绝服务（Denial of Service）和权限升级（Elevation of Privilege）等方面分析物联网应用面临的安全风险。

(1) 身份欺诈

物联网系统中，身份欺诈就是一个用户非法使用另一个用户的身份。这种攻击的实施通常需要利用系统中的各种标识符，包括人员、设备、通信流等。

(2) 数据篡改

数据篡改就是攻击者试图修改物联网系统中交互数据内容的行为。很多情况下，攻击者只对物联网系统中原始数据进行微小改动，就可触发数据接收者的某些特定行为，达到攻击效果。

(3) 抵赖

抵赖是指一个攻击者在物联网系统中实施了非法活动或攻击行为，但事后拒绝承认其实施了非法活动或攻击行为，而系统中没有安全防护措施证明该攻击者的恶意行为。

(4) 信息泄露

信息泄露是指物联网系统中信息泄露给了非授权用户。在一些物联网应用授权模型中，可能有一大批用户会被授权能够访问同一信息，这将导致在某些特定条件下信息泄露情况的发生。

(5) 拒绝服务

拒绝服务攻击是指导致物联网系统中合法用户不能继续使用某一服务的行为。某些情况下，攻击者可能细微调整拒绝服务攻击进而达到攻击效果，此时尽管用户还可以使用某一服务，但是用户无法得到所期望的服务结果。

(6) 权限升级

权限升级通常发生在定义了不同权限用户组的物联网系统中。攻击者通过各种手段和方法获得更高的权限（多数情况是获得整个系统的管理员权限），然后对访问对象实施任意行为。这可能破坏系统，甚至完全改变系统的行为。

9.2.3　物联网安全防护体系

本节描述物联网系统安全保护设计框架、物联网安全保护环境设计要求，以及物联网定级系统互联设计要求。

1. 物联网系统安全保护设计框架

物联网系统安全保护设计包括各级系统安全保护环境的设计及其安全互联的设计。各级系统安全保护环境由安全计算环境、安全区域边界、安全通信网络和（或）安全管理中心组成，其中安全计算环境、安全区域边界、安全通信网络是在计算环境、区域边界、通信网络中实施相应的安全策略。定级系统互联由安全互联部件和跨定级系统安全管理中心组成。

安全管理中心支持下的物联网系统安全保护设计框架如图 9-4 所示，物联网感知层和应用层都由完成计算任务的计算环境和连接网络通信域的区域边界组成。

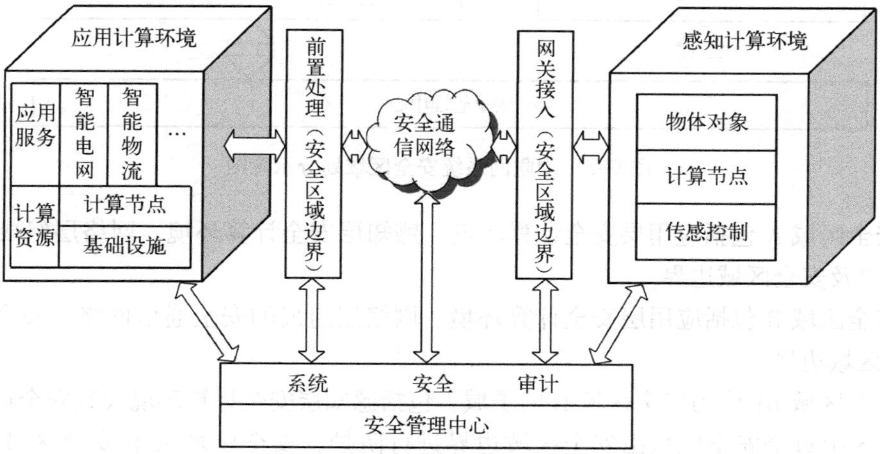

图 9-4　物联网系统安全保护设计框架

安全计算环境：包括物联网系统感知层和应用层中对定级系统的信息进行存储、处理及实施安全策略的相关部件，如感知设备、感知层网关、主机及主机应用等。

安全区域边界：包括物联网系统安全计算环境边界，以及安全计算环境与安全通信网络之间实现连接并实施安全策略的相关部件，如感知层和网络层之间的边界、网络层和应用层之间的边界等。

安全通信网络：包括物联网系统安全计算环境和安全区域之间进行信息传输及实施安全策略的相关部件，如网络层的通信网络，以及感知层和应用层内部安全计算环境之间的通信网络等。

安全管理中心：包括对定级物联网系统的安全策略及安全计算环境、安全区域边界和安全通信网络上的安全机制实施统一管理的平台，包括系统管理、安全管理和审计管理三部分，只有第二级及第二级以上的安全保护环境设计有安全管理中心。

物联网系统根据业务和数据的重要性可以划分不同的安全防护区域，所有系统都必须置于相应的安全区域内，并实施一致的安全策略。物联网系统安全区域划分如图 9-5 所示，该图指出了物联网系统的三层架构和三种主要的安全区域划分方式，以及安全计算环境、安全区域边界、安全通信网络、安全管理中心在物联网系统中的位置。

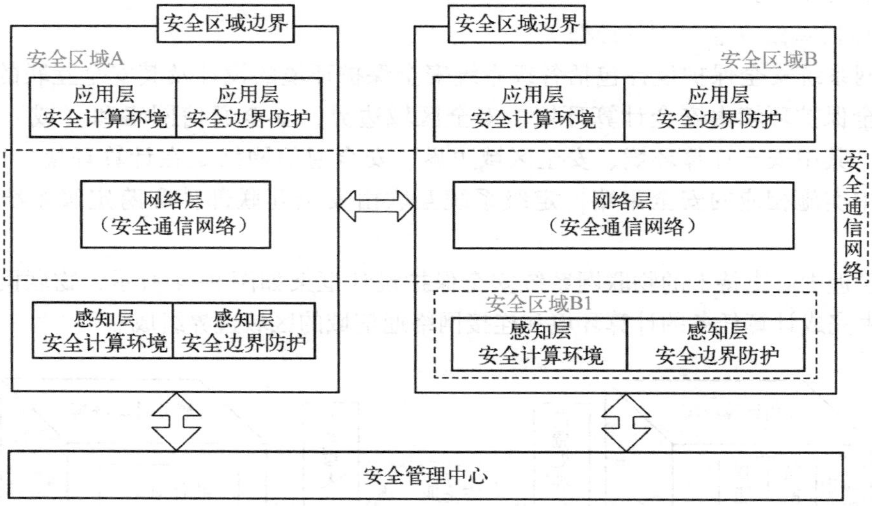

图 9-5　物联网系统安全区域划分示意图

① 安全区域 A 包括应用层安全计算环境、感知层安全计算环境、网络层组成的安全通信网络，以及安全区域边界。

② 安全区域 B 包括应用层安全计算环境、网络层组成的安全通信网络、安全区域 B1，以及安全区域边界。

③ 安全区域 B1 作为安全区域 B 的子域，包括感知层安全计算环境及其安全边界。

图 9-5 中每个安全区域由安全区域边界进行防护，安全区域 A 和安全区域 B 通过安全通信网络进行通信，安全区域内部的应用层和感知层通过网络层实现物联网数据信息和控制信息的双向传递。物联网系统的网络层可被视为安全通信网络的逻辑划分，将感知层采集的数据信息向上传输到应用层，并将应用层发出的控制指令信息向下传输到感知层。

2. 物联网系统安全保护环境设计要求

(1) 第一级物联网系统安全保护环境设计

第一级物联网系统安全保护环境的设计目标是实现定级系统的自主访问控制，使系统用户对其所属客体具有自我保护的能力。设计策略是以身份鉴别为基础，按照物联网对象进行访问控制。感知层以身份标识和身份鉴别为基础，提供数据源认证；以区域边界准入控制提供区域边界保护；以数据校验等手段提供数据的完整性保护。

第一级物联网系统安全保护环境的设计通过第一级的安全计算环境、安全区域边界及安全通信网络的设计加以实现。

① 安全计算环境设计技术要求主要涉及身份鉴别、访问控制、数据完整性保护和恶意代码防范4个方面。

② 安全区域边界设计技术要求主要涉及区域边界包过滤、恶意代码防范和准入控制3个方面。

③ 安全通信网络设计技术要求主要涉及通信网络数据传输完整性保护、感知层网络数据传输完整性保护、感知层网络数据传输新鲜性保护、异构网安全接入保护4个方面。

(2) 第二级物联网系统安全保护环境设计

第二级物联网系统安全保护环境的设计目标是在第一级系统安全保护环境的基础上，增加感知层访问控制、区域边界审计等安全功能，使系统具有更强的安全保护能力。设计策略是：感知层以身份鉴别为基础，提供对感知设备和感知层网关的访问控制；以区域边界协议过滤与控制和区域边界安全审计等手段提供区域边界防护，以增强系统的安全保护能力。

第二级物联网系统安全保护环境的设计通过第二级的安全计算环境、安全区域边界、安全通信网络及安全管理中心的设计加以实现。

① 安全计算环境对第一级的身份鉴别、访问控制、数据完整性保护3个方面的设计技术要求进行增强，并增加系统安全审计、数据保密性保护、客体重用安全3个方面的设计要求。

② 安全区域边界对第一级的恶意代码防范和准入控制进行增强，并增加区域边界安全审计、完整性保护、协议过滤与控制3个方面的设计要求。

③ 安全通信网络对第一级的通信网络数据传输完整性保护、感知层网络数据传输完整性保护、异构网安全接入保护进行增强，并增加通信网络安全审计、通信网络数据传输保密性保护、感知层网络敏感数据传输保密性保护3个方面的设计要求。

④ 安全管理中心相比于第一级的设计要求，增加了安全管理中心设计技术要求，主要涉及系统管理、安全管理和审计管理3个方面。

(3) 第三级物联网系统安全保护环境设计

第三级物联网系统安全保护环境的设计目标是在第二级系统安全保护环境的基础上，增加区域边界恶意代码防范、区域边界访问控制等安全功能，使系统具有更强的安全保护能力。设计策略是：感知层实现感知设备和感知层网关双向身份鉴别；以区域边界恶意代码防范、区域边界访问控制等手段提供区域边界防护；以密码技术等手段提供数据的完整性和保密性保护，以增强系统的安全保护能力。

第三级物联网系统安全保护环境的设计通过第三级的安全计算环境、安全区域边界、安全通信网络及安全管理中心的设计加以实现。

① 安全计算环境对第二级的身份鉴别、访问控制、数据完整性保护、系统安全审计、数据保密性保护 5 个方面的设计要求进行增强，把恶意代码防范升级为程序可信执行保护，并增加网络可信连接保护和配置可信检查 2 个方面的设计要求。

② 安全区域边界对第二级安全审计、完整性保护、准入控制、协议过滤与控制 4 个方面的要求进行增强，增加访问控制的设计要求。

③ 安全通信网络对第二级的通信网络安全审计、通信网络数据传输完整性保护、感知层网络数据传输完整性保护、异构网安全接入保护 4 个方面的要求进行增强，并增加通信网络可信接入保护的设计要求。

④ 安全管理中心对第二级的系统管理进行增强。

(4) 第四级物联网系统安全保护环境设计

第四级物联网系统安全保护环境的设计目标是在第三级系统安全保护环境的基础上，增加专用通信协议或安全通信协议、数据可用性保护等安全功能，使系统具有更强的安全保护能力。设计策略是：感知层以专用通信协议或安全通信协议服务等手段提供数据的完整性和保密性保护，通过关键感知设备和通信线路的冗余保证系统可用性，增强系统的安全保护能力。

第四级物联网系统安全保护环境的设计通过第四级的安全计算环境、安全区域边界、安全通信网络及安全管理中心的设计加以实现。

① 安全计算环境对第三级的身份鉴别、访问控制、系统安全审计、数据完整性保护、数据保密性保护、程序可信执行保护、网络可信连接保护、配置可信检查 8 个方面的设计要求进行增强，并增加数据可用性保护的设计要求。

② 安全区域边界对第三级区域边界访问控制、安全审计、完整性保护、协议过滤与控制、恶意代码防范 5 个方面的要求进行增强。

③ 安全通信网络对第三级的通信网络安全审计、通信网络数据传输完整性保护、通信网络可信接入保护、异构网安全接入保护 4 个方面的要求进行增强。

④ 安全管理中心对第三级的安全管理和审计管理进行增强。

3. 物联网定级系统互联设计要求

定级系统互联的设计目标是：对相同或不同等级的定级系统之间的互联、互通、互操作进行安全保护，确保用户身份的真实性、操作的安全性及抗抵赖性，并按安全策略对信息流向进行严格控制，确保进出安全计算环境、安全区域边界及安全通信网络的数据安全。

定级系统互联的设计策略是：在各定级系统的计算环境安全、区域边界安全和通信网络安全的基础上，通过安全管理中心增加相应的安全互联策略，保持用户身份、主/客体标记、访问控制策略等安全要素的一致性，对互联系统之间的互操作和数据交换进行安全保护。

物联网定级系统互联设计要求包括互联部件和跨定级系统安全管理中心两方面。安全互联部件需按互联、互通的安全策略进行信息交换，安全策略由跨定级系统安全管理中心实施；跨定级系统安全管理中心实施跨定级系统的系统管理、安全管理和审计管理。

9.3 工控系统安全

本节主要介绍工业控制系统的组成、面临的安全风险及安全防护措施。

9.3.1　工控系统概述

工业控制系统（Industrial Control Systems，ICS，简称工控系统）是几种类型控制系统的总称，包括监控和数据采集（Supervisory Control And Data Acquisition，SCADA）系统、分布式控制系统（Distributed Control Systems，DCS）、可编程逻辑控制器（Programmable Logic Controllers，PLC），以及确保各组件通信的接口技术等，目的是确保工业基础设施自动化运行、业务流程的监控和管理等。工控系统广泛运用于工业、能源、交通、水利、电力及市政等关键基础设施领域，通常这些系统可能相互关联和相互依存，是一个国家稳定发展的重要基础。

1. 工控系统的基本运行过程

一个典型工控系统的基本运行过程如图 9-6 所示，主要由控制回路、人机界面（HMI）、远程诊断和维护工具组成。有时，这些控制回路是嵌套和/或级联的。

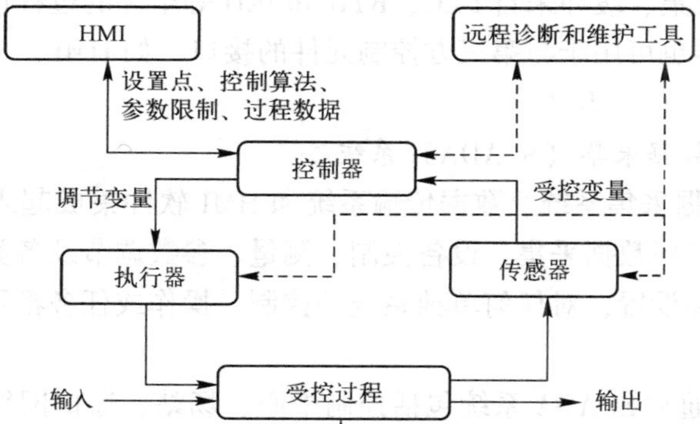

图 9-6　工控系统典型运行过程

(1) 控制回路

控制回路包括传感器、控制器硬件（如 PLC）、执行器（如控制阀）、断路器、开关和电机，以及变量间的通信。控制变量由传感器传送到控制器中，而控制器负责解释信号，并根据设置点生成相应的调节变量，然后将这个调节变量传送给执行器。控制回路在确定过程状态时，因干扰引起控制过程变化而产生的新传感器信号将被再次传送给控制器。

(2) 人机界面

人机界面（HMI）是一套软件和硬件，管理和控制 ICS 的界面，通过 HMI 人们可以监控和配置设置点、控制算法，并在控制器中调整和建立参数。HMI 还可以显示进程状态信息、历史信息、报告和其他信息。例如，HMI 可以是控制中心的专用平台、无线局域网上的笔记本电脑或连接到互联网的任何系统上的浏览器。

(3) 远程诊断和维护工具

远程诊断和维护工具用于预防、识别和恢复运行异常或故障的诊断和维护工具。

除上述组件之外，工控系统中还有很多其他组件。

(1) 主终端单元（MTU）

MTU 是 SCADA 系统的主设备，而远程终端装置（RTU）和 PLC 设备位于远程场站，通常作为从设备。

(2) 远程终端装置（RTU）

RTU 也称为遥测遥控装置，用于 SCADA 远程站点，提供特殊用途的数据采集和控制等功能。RTU 是现场设备，往往配备无线电接口，以支持有线通信不可用的远程站点。在实际工程实践过程中，PLC 有时被用于担任 RTU 的工作。

(3) 智能电子设备（IED）

IED 是一种"智能"传感器/执行器，可实现数据采集、与其他设备通信和执行本地过程和控制等功能。在 SCADA 和 DCS 系统中，IED 可用于实现本地级别的自动化控制功能。

(4) 输入/输出（I/O）服务器

I/O 服务器负责收集、缓冲来自 PLC、RTU 和 IED 等组件的过程信息，并提供对过程信息的访问。I/O 服务器也可用于与第三方控制元件的接口，如 HMI。

2. SCADA、PLC 和 DCS 简介

(1) 监测控制和数据采集（SCADA）系统

SCADA 系统将数据采集系统、数据传输系统和 HMI 软件集成起来，对现场的运行设备进行监视和控制，可实现数据采集、设备控制、测量、参数调节及各类信号报警等功能。根据实际系统的复杂性和设置，对任何单独系统的控制、操作或任务都可自动进行或遵照人工命令执行。

如图 9-7 所示，通常 SCADA 系统包括控制中心、场站、通信网络三部分。控制中心设有 MTU、通信路由器、HMI、工程师工作站、历史数据服务器等，都通过局域网进行连接，负责收集并记录场站信息，在 HMI 上显示信息，以及实现集中告警、趋势分析和报告等。场站负责控制本地执行器和传感器。场站往往具有远程访问能力，可使场站操作员执行远程诊断和维修。场站和控制中心使用标准或专有通信协议传输信息，如电话线、电缆、光纤、无线电频率（如广播）、微波和卫星等。

(2) 可编程逻辑控制器（PLC）

PLC 实质是一种专用于工业控制的计算机，与微型计算机具有类似的硬件结构。它采用一类可编程存储器，其内部可存储程序，执行各种用户指令，进而实现 I/O 控制、逻辑、定时、计数、通信、算术，以及数据和文件处理等功能。PLC 可用在 SCADA 和 DCS 系统中，

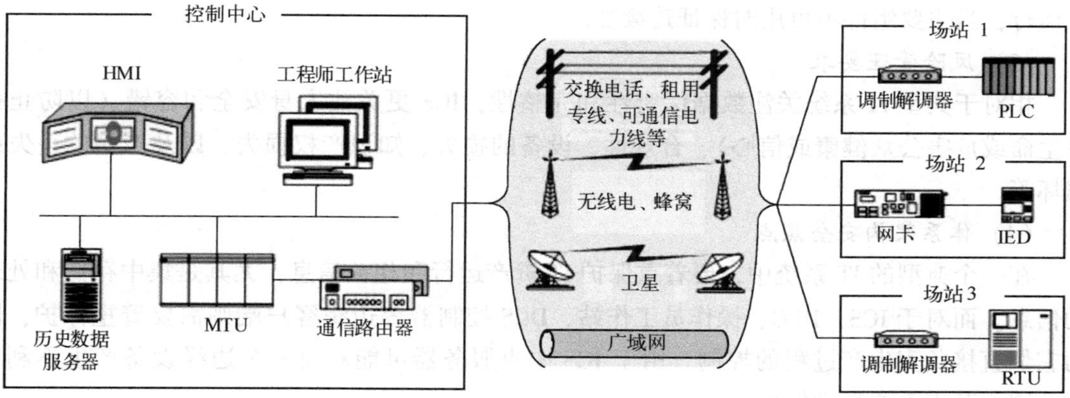

图 9-7　SCADA 系统总体结构

作为整个分级系统的控制部件，监控和管理本地过程。当用在 SCADA 系统中时，PLC 提供与 RTU 相同的功能，可通过工程师工作站上的一个编程接口访问，数据存储在一个历史数据库中。当用在 DCS 中时，PLC 通常被实现为本地控制器。

（3）分布式控制系统（DCS）

DCS 又称为集散控制系统，通常采用若干个控制器（过程站）对一个生产过程中的众多控制点进行控制，各控制器间通过网络连接，并可进行数据交换。DCS 一般由控制器、I/O设备、工程师工作站、通信网络、图形及编程软件等部分组成。其中，系统网络是 DCS 的基础和核心，决定了系统的实时性、可靠性和扩充性，因此不同厂家都在这方面进行了精心的设计。与 SCADA 相比，DCS 系统通常在位于一个更密闭的工厂或工厂为中心的区域使用局域网（LAN）技术通信，通常采用比 SCADA 系统更大程度的闭环控制，以适应监督控制更为复杂的工业控制过程。

3. 工控系统与 IT 系统的差异

最初，工控系统（ICS）与 IT 系统相比差异很大，ICS 是运行专有控制协议、使用专门硬件和软件的系统。现在，ICS 越来越多地使用互联网协议（IP）、行业标准的计算机和操作系统（OS），已经与普通 IT 系统很相似了。但是，这些工控系统与外界隔离大大减少后，也存在着网络安全漏洞和事故的风险，产生了更大的安全需求。与传统 IT 系统相比，ICS 面临的安全风险有其自身的特点，需要采取特殊的防护措施。下面简要描述 ICS 的特殊安全需求。

（1）性能要求

ICS 通常要求实时性，即无论在任何情况下，在确定的时间限度内必须完成信息的传送，相比之下，高吞吐量通常是没有必要的。而 IT 系统通常需要高吞吐量，使可以承受某种程度的延时和抖动。

（2）可用性要求

许多 ICS 过程在本质上是连续的，意外中断或停止是不可接受的。在某些情况下，正在生产的产品或正在使用的设备比传输的信息更重要。因此，由于高可用性、可靠性和可维护性要求，ICS 很少采用典型 IT 管理措施，如重新启动。一些 ICS 会采用冗余组件，且常常并行运行，当主要组件不可用时保证连续性。

(3) 风险管理要求

相对于典型 IT 系统关注数据保密性和完整性，ICS 更关注人身安全和容错（以防止损害生命或危害公众健康或信心）、合规性、设备的损失、知识产权损失，以及产品的丢失或损坏等。

(4) 体系架构安全焦点

在一个典型的 IT 系统中，要着重保护 IT 资产运行和相关信息，尤其是集中存储和处理的信息。而对于 ICS，PLC、操作员工作站、DCS 控制器等边缘客户端则需要着重保护，因为它们直接负责生产过程的控制。由于 ICS 中央服务器可能对每一个边缘设备产生不利影响，因此其也需要特别保护。

(5) 物理相互作用

在一个典型的 IT 系统中，不会与环境产生物理交互。ICS 可能与其域中的物理过程和后果产生非常复杂的相互作用，这可以体现在物理事件中。

(6) 时间要求紧迫的响应

在一个典型的 IT 系统中，不需要特别考虑数据流就可以实现访问控制。对于一些 ICS 而言，自动响应时间或对人机交互系统的响应是非常关键的。例如，在 HMI 上进行密码认证和授权不能妨碍或干扰 ICS 的紧急行动，不能中断或影响信息流。必须采取严格的物理安全控制措施保护对这些系统的访问。

(7) 系统操作

ICS 的操作系统和应用程序可能无法使用典型 IT 安全实践。ICS 控制网络往往比较复杂，需要不同层次的专业知识。例如，控制网络通常由控制工程师管理，而不是 IT 人员。ICS 中的软件和硬件都更难以在运行时进行升级，且许多系统可能不提供某些功能，如加密功能、错误日志、密码保护等。

(8) 资源的限制

因为 ICS 及其实时操作系统往往是资源受限的系统，没有计算资源用来加载流行的安全功能，所以 ICS 通常不提供典型的 IT 安全功能。在某些情况下，根据 ICS 供应商许可和服务协议，甚至不允许使用第三方安全解决方案。

(9) 通信

与通用的 IT 环境不同，ICS 通常使用专有通信协议进行现场设备控制和内部处理器通信。

(10) 变更管理

变更管理对维持 IT 系统和控制系统的完整性都是至关重要的。未打补丁的软件可能给系统带来致命的安全漏洞。IT 系统可根据适当的安全策略和程序实时、自动更新软件，包括安全补丁。ICS 往往无法及时更新软件，一是因为这些更新需要由应用程序的供应商和最终用户充分测试后才能实施，而且更新带来的 ICS 中断必须是在事先规划和预定好的时间段内；二是一些操作系统供应商已不再为旧版本提供支持，导致修补程序可能不适用。ICS 中硬件和固件变更管理也存在同样的问题。

(11) 管理支持

典型的IT系统允许多元化的管理支持模式，允许多个供应商提供服务，也允许一个供应商为不同产品提供管理支持。而ICS通常只能采用单一的供应商提供服务，很难从其他供应商处获得支持解决方案。

(12) 组件寿命

由于技术的快速发展，典型IT系统组件的寿命一般为3~5年。在许多情况下，ICS采用的技术和组件是定制化的，因此它们的生命周期通常在15~20年，甚至更长。

(13) 组件访问

典型的IT系统组件通常是本地的和容易访问的，而ICS组件可能是可以分离、远程部署的，访问它们需要付出较大的物理资源。

9.3.2 工控系统安全风险

随着工控系统网络化、系统化、自动化、集成化的不断发展，其面临的安全威胁日益增长，纵观以往发生的典型安全事件，工控系统面临着来自自然环境、人为错误或疏忽大意、设备故障、病毒等恶意软件，以及敌对威胁（如黑客、僵尸网络的操控者、犯罪组织、国外情报机构、恶意软件的作者、恐怖分子、工业间谍、内部攻击者等）等安全风险。

在工控安全事件中，目前最著名的事件是伊朗核设施遭受“震网”（Stuxnet）病毒攻击事件。该病毒于2010年6月首次被检测出来，是全球范围内第一个已知的网络武器，攻击者利用巧妙、精心设计的机制，对伊朗核设施进行了成功攻击，迫使伊朗核计划推迟。

震网病毒攻击目标明确、战术清晰。攻击对象是WinCC软件（主要用于工控系统的数据采集与监控，一般部署在与外界物理隔离的专用内部局域网中）的6.2和7.0两个版本。首先，震网病毒感染核电站建设人员使用的连接互联网的计算机或U盘；然后利用“零日”漏洞，通过U盘交叉使用，将攻击代码传播到计算机上，进而侵入到核电站物理隔离的内网；最后通过内网扩散技术找到攻击目标WinCC服务器，破坏系统的核心文件，接管系统中的控制代码，让离心机电流频率加快，最终导致离心机损坏，完成攻击。

震网病毒采取了多种手段进行渗透和传播，技术高超。震网病毒利用了6个漏洞发动攻击，其中有5个为“零日”攻击漏洞，3个为Windows全新漏洞，2个为WinCC软件未公开漏洞；整个攻击过程综合采用了Rootkit技术、内核驱动程序技术、用户态Hook AP技术对病毒进行了隐藏和保护；同时，震网病毒采用Realtek半导体公司在2010年1月25日刚刚被注销的软件签名来躲避杀毒软件（捕获病毒样本显示时间戳为2010年3月）。这体现了攻击者分工明确、配合默契，拥有的技术能力远超越了一般黑客，具有网络战的性质。

除网络战威胁外，当前还要防范恐怖分子对工控系统的威胁。恐怖分子的活动空间已经从网下转向网上，除使用爆炸物等传统暴力手段制造恐怖袭击外，越来越多的恐怖组织正在试图通过互联网对关键基础设施发动攻击，而大多数关键基础设施运行所依赖的系统就是工控系统。

9.3.3 工控系统安全防护体系

本节描述工控系统的安全防护技术框架和安全保护环境设计要求。

1. 工控系统安全防护技术框架

(1) 保护对象

从功能角度出发，工控系统从下到上分为5层架构：

① 第0层，现场设备层；

② 第1层，现场控制层；

③ 第2层，过程监控层；

④ 第3层，生产管理层；

⑤ 第4层，企业资源层，即其他的信息系统（本节不讨论）。

根据对工业控制系统架构及安全的分析，第0~3层防护对象包含用户、软/硬件和数据三类，包括但不限于如图9-8所示的对象。

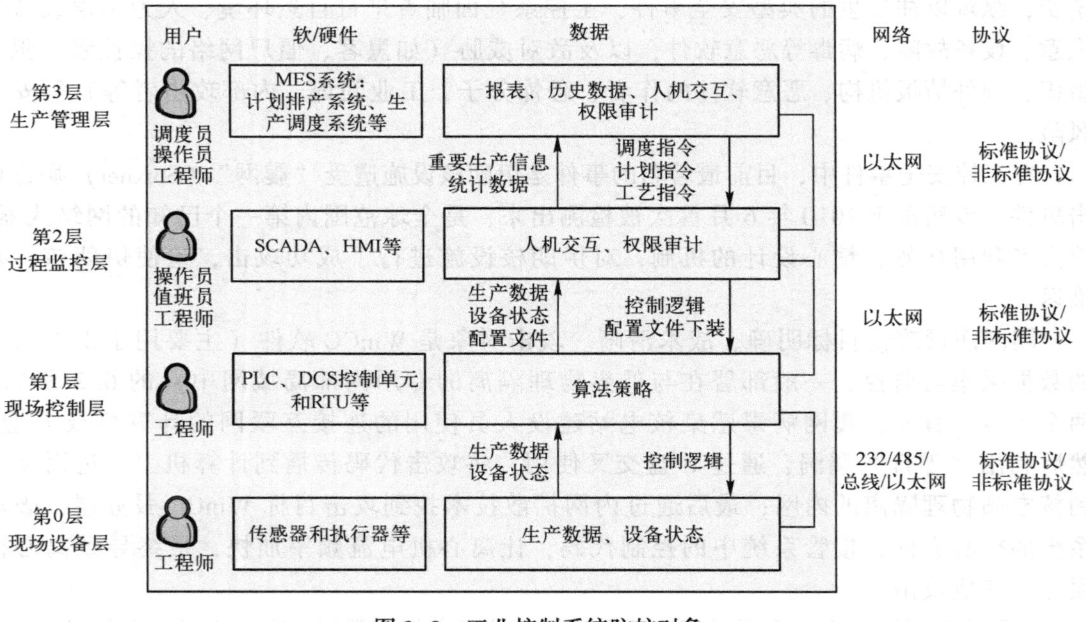

图9-8 工业控制系统防护对象

(2) 工控系统安全防护技术框架

工控系统安全防护采用安全管理中心支持下的安全计算环境、安全区域边界、安全通信网络三重防御体系（见图9-9），以及分层、分区的架构，结合工控系统总线协议复杂多样、实时性要求强、节点计算资源有限、设备可靠性要求高、故障恢复时间短、安全机制不能影响实时性等特点进行设计，以实现可信、可控、可管的系统安全互联、区域边界安全防护和计算环境安全。

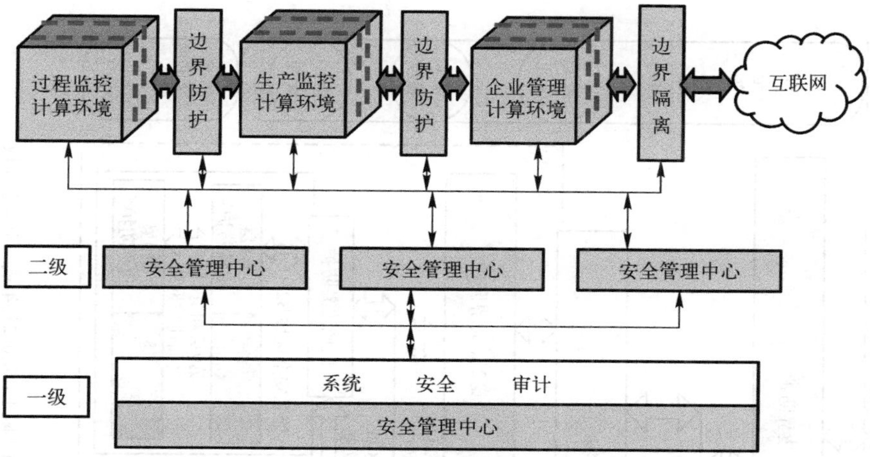

图9-9　工控系统安全防护技术框架

(3) 工控系统的安全区域

依据图9-10工控系统分为4层，即第0~3层为工控系统等级保护的范畴，即为本防护方案覆盖的区域；横向上对工控系统进行安全区域的划分，根据工控系统中业务的重要性、实时性、业务的关联性、对现场受控设备的影响程度，以及功能范围、资产属性等，形成不同的安全防护区域，所有系统都必须置于相应的安全区域内，具体分区以工业现场实际情况为准（本防护方案的分区为示例性分区，分区方式包括但不限于：第0~2层组成一个安全区域、第0~1层组成一个安全区域、同层中有不同的安全区域等）。

分区原则根据业务系统或其功能模块的实时性、使用者、主要功能、设备使用场所、各业务系统间的相互关系、广域网通信方式及对工控系统的影响程度等。对于额外的安全性和可靠性要求，在主要的安全区还可以根据操作功能进一步划分成子区，将设备划分成不同的区域可以帮助企业有效地建立"纵深防御"策略。将具备相同功能和安全要求的各系统的控制功能划分成不同的安全区域，并按照方便管理和控制为原则为各安全功能区域分配网段地址。

工控系统等级保护等级分为四级，防护方案设计逐级增强，但防护方案设计中的防护类别相同，只是安全保护设计的强度不同。防护类别包括：安全计算环境，包括将工控系统0~3层中的信息进行存储、处理及实施安全策略的相关部件；安全区域边界，包括安全计算环境边界，以及安全计算环境与安全通信网络之间实现连接并实施安全策略的相关部件；安全通信网络，包括安全计算环境和信息安全区域之间进行信息传输及实施安全策略的相关部件；安全管理中心，包括对定级系统的安全策略及安全计算环境、安全区域边界和安全通信网络上的安全机制实施统一管理的平台，包括系统管理、安全管理和审计管理三部分。

2. 工控系统安全保护环境设计要求

(1) 第一级工控系统信息安全保护环境设计

第一级工控系统信息安全保护环境的设计目标是对第一级工控系统的信息安全保护系统实现定级系统的自主访问控制，使系统用户对其所属客体具有自我保护的能力。设计策略是以身份鉴别为基础，按照工控系统对象进行访问控制。监控层、控制层提供按照用户和（或）

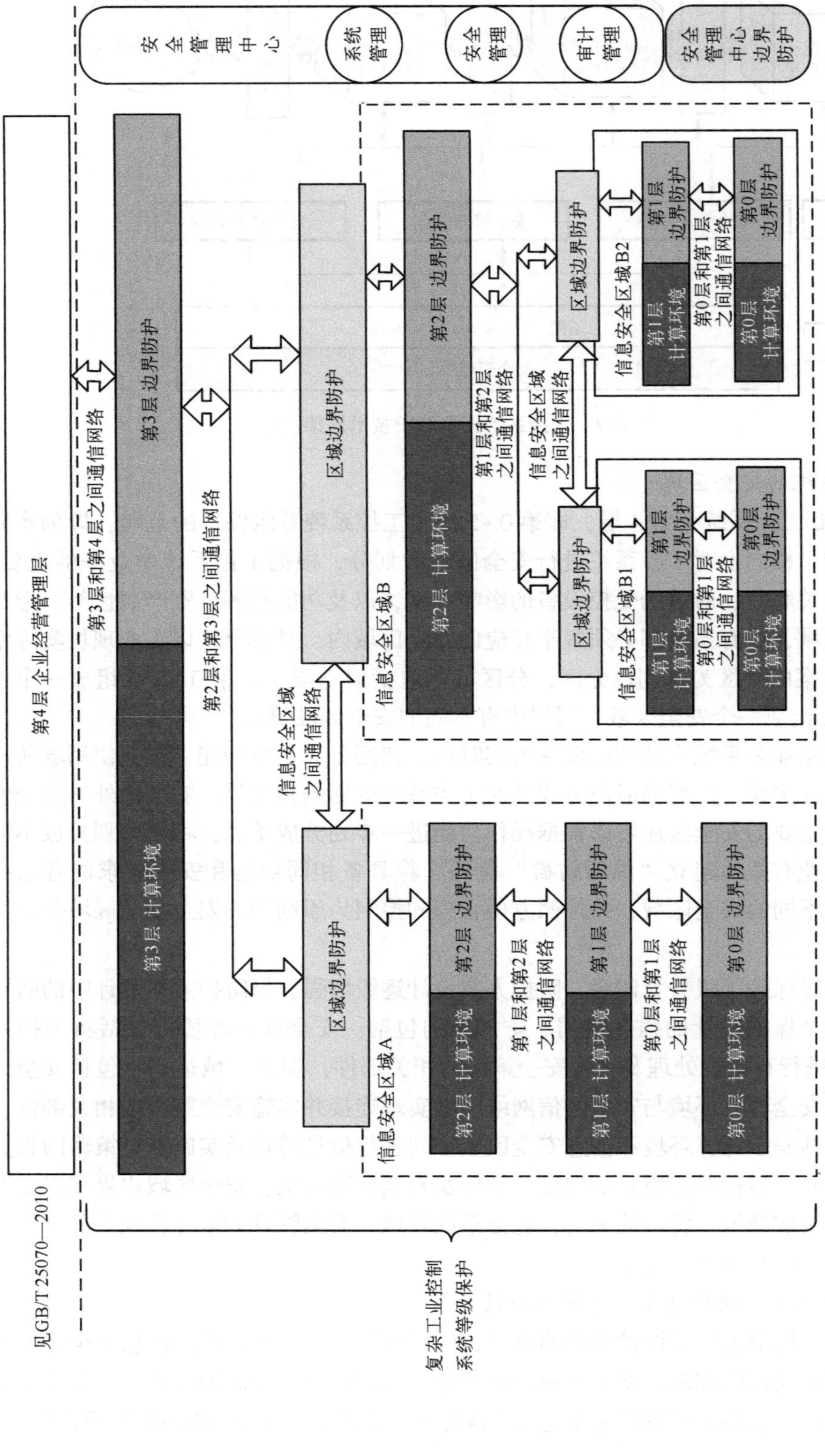

注：①一个信息安全区域可以包括多个不同等级的子区域；
②纵向上分区以工业现场实际情况为准（本防护方案的分区为示例性分区），分区方式包括但不限于：第0~2层组成一个安全区域、第0~1层组成一个安全区域等。

图9-10　工控系统安全分区结构示意图

用户组对操作员站和工程师站的文件及数据库表的自主访问控制，以实现用户与数据的隔离，设备层按照用户和（或）用户组对安全和保护系统、基本控制系统的组态数据、配置文件等的自主访问控制，使用户具备自主安全保护的能力；以包过滤和状态检测的手段提供区域边界保护；以数据校验和恶意代码防范等手段提供数据和系统的完整性保护。

第一级工控系统信息安全保护环境的设计通过第一级的安全计算环境、安全区域边界及安全通信网络的设计加以实现。

① 安全计算环境设计技术要求涉及身份鉴别、访问控制、数据完整性保护、恶意代码4个方面。

② 安全区域边界设计技术要求涉及区域边界包过滤、恶意代码防范两个方面。

③ 安全通信网络设计技术要求涉及通信网络数据传输完整性保护、通信网络异常监测两个方面。

(2) 第二级工控系统信息安全保护环境设计

第二级工控系统信息安全保护环境的设计目标是在第一级工控系统信息安全保护环境的基础上，增加系统安全审计等安全功能，并实施以用户为基本粒度的自主访问控制，使系统具有更强的自主安全保护能力。设计策略是以身份鉴别为基础，提供单个用户和（或）用户组对共享文件、数据库表、组态数据等的自主访问控制；以包过滤手段、状态检测提供区域边界保护；以数据校验和恶意代码防范等手段，同时通过增加系统安全审计等功能，使用户对自己的行为负责，提供用户数据保密性和完整性保护，以增强系统的安全保护能力。

第二级工控系统信息安全保护环境的设计通过第二级的安全计算环境、安全区域边界、安全通信网络的设计加以实现。

① 安全计算环境对第一级的设计技术要求进行增强，并增加安全审计、数据保密性保护、客体安全重用、控制过程完整性保护4个方面的设计要求。

② 安全区域边界对第一级的设计技术要求进行增强，并增加区域边界安全审计、完整性保护方面的设计要求。

③ 安全通信网络对第一级的设计技术要求进行增强，并增加通信网络安全审计、数据传输保密性保护、网络数据传输的鉴别保护、对通过无线网络攻击的防护等方面的设计要求。

④ 安全管理中心设计技术要求涉及系统管理和设计管理。

(3) 第三级工控系统信息安全保护环境设计

第三级工控系统信息安全保护环境的设计目标是在第二级工控系统信息安全保护环境的基础上，增强身份鉴别、审计等功能，同时增加区域边界之间的安全通信管道。设计策略是在第二级工控系统信息安全保护环境的基础上，相应增强身份鉴别、审计等功能；增加边界之间的安全通信管道，保障边界安全性。

第三级工控系统信息安全保护环境的设计通过第三级的安全计算环境、安全区域边界、安全通信网络及安全管理中心的设计加以实现。

① 安全计算环境对第二级的设计技术要求进行增强。

② 安全区域边界对第二级的设计技术要求进行增强，并增加区域边界访问控制的设计要求。

③ 安全通信网络对第二级的设计技术要求进行增强。

④ 安全管理中心对第二级的设计技术要求进行增强，并增加安全管理方面的设计要求。

(4) 第四级工控系统信息安全保护环境设计

第四级工控系统信息安全保护环境的设计目标是在第三级工控系统信息安全保护环境的基础上，对于关键的控制回路的相关信息安全保护设计要求做了阐述，要求设计者在有安全风险的场合提供适合工控应用特点的保护方法和安全策略，通过实现基于角色的访问控制及增强系统的审计机制等一系列措施，使系统具有在统一安全策略管控下，提供高强度的保护敏感资源的能力。

设计策略是在第三级工控系统信息安全保护环境设计的基础上，构造基于角色的访问控制模型，表明主、客体的级别分类和非级别分类的组合，以此为基础，按照基于角色的访问控制规则实现对主体及其客体的访问控制。

第四级工控系统信息安全保护环境的设计通过第四级的安全计算环境、安全区域边界、安全通信网络及安全管理中心的设计加以实现。

在对关键的控制回路的安全保护设计中，针对安全威胁及控制系统的脆弱性提出信息安全保护要求，考虑到功能安全和信息安全都是在为保障同一个运行安全共同目标的基础上，尽可能地在可用性、完整性、机密性、实时性诸因素间妥善平衡，为了安全考虑，尽量采用国产化控制器及控制系统。

① 安全计算环境对第三级的设计技术要求进行增强，并增加程序安全执行保护、可信路径和资源控制方面的设计要求。

② 安全区域边界对第三级的设计技术要求进行增强。

③ 安全通信网络对第三级的设计技术要求进行增强，并增加通信网络可信接入保护方面的设计要求。

④ 安全管理中心对第三级的设计技术要求进行增强。

⑤ 工控系统安全保护环境结构化设计技术要求包括安全保护部件结构化、安全保护部件互联结构化和重要参数结构化 3 个方面。

3. 安全管理中心设计要求

(1) 设计目标

对工控系统中各个分离的安全体系进行统一管理、统一审计、统一运营，形成一个完整的安全保障体系，从而实现了高效、全面的网络安全防护、检测和响应，使得工控系统避免了安全孤岛的出现，实现了安全一体化管理，能够发现更多潜在安全风险，还减少了运维人员，节省了 IT 成本。

对于相同或不同等级的定级系统之间的互联、互通、互操作的安全防护，需要确保用户身份的真实性、操作的安全性及抗抵赖性，并按安全策略对信息流向进行严格控制，确保进出安全计算环境、安全区域边界及安全通信网络的数据安全。

(2) 设计思路

安全管理中心能够以 Syslog、SNMP、ODBC/JDBC、文件/文件夹、WMI、FTP、NetBIOS、OPSEC、网络探针等多种方式收集 PLC/DCS 控制器/RTU 等工业控制现场控制设备、信息安全设备、网络设备、服务器、操作站等设备的安全相关日志及报警信息，可以统一管理和配置工业控制信息安全设备，能够呈现工业控制相关设备的网络流量、性能及操作命令级的安全隐患，并可以通过系统细粒度的权限控制，实现不同操作人员呈现不同的系统界面，满足各级人员对工控安全整体分析和控制的需要。

对于相同或不同等级的定级系统之间，在各定级系统的计算环境安全、区域边界安全和通信网络安全的基础上，通过安全管理中心增加相应的安全互联策略，保持用户身份、主/客体标记、访问控制策略等安全要素的一致性，对互联系统之间的互操作和数据交换进行安全保护。

(3) 设计技术要求

包括系统管理、安全管理、审计管理、安全互联部件设计、跨定级系统安全管理中心设计、安全管理中心部署、安全管理中心自身安全、安全管理中心配置等方面的技术要求。

本章小结

本章介绍了新技术带来的安全威胁及其安全防护措施，主要包括云计算安全、物联网安全和工控系统安全，具体内容如下。

(1) 云计算安全

云计算是通过网络访问可扩展的、灵活的物理或虚拟共享资源池，并按需自助获取和管理资源的模式，简洁地说就是一种基于互联网提供信息技术服务的模式。一般而言，云计算有基础设施即服务（IaaS）、平台即服务（PaaS）、软件即服务（SaaS）三种服务模式，具有按需服务、虚拟化、资源池化、快速方便、服务可计量的特点，已在很多领域广泛应用。传统信息系统的安全问题在云计算环境中大多依然存在，与此同时还出现了一些新的网络安全问题和风险，包括客户对数据和业务系统的控制能力减弱、客户与云计算服务提供商之间的网络安全责任难以界定、可能产生司法管辖权错位问题、客户对数据所有权很难保障、客户的数据安全保护更加困难、客户数据残留风险、容易产生对云服务商的过度依赖等。因此，云计算安全问题是一个涵盖技术、管理，甚至法律、法规的综合体，是云计算推广和应用的最大挑战之一。本章根据网络安全等级保护安全设计通用技术要求，描述了云计算安全防护技术框架、安全保护环境设计要求，以及定级系统互联设计要求。

(2) 物联网安全

物联网是把所有物品通过射频识别等信息传感设备与互联网连接起来形成的一个巨大网络，其目的是实现智能化识别、管理和控制。物联网可分为感知层、网络层和应用层三个层次，其关键技术包括传感网技术、RFID、M2M 技术、云计算和大数据技术等。根据物联网系统应用场景，本章首先确定了物联网系统中需要保护的对象，随后从身份欺诈、数据篡改、抵赖、信息泄露、拒绝服务和权限升级等方面分析了物联网系统面临的安全风险，最终描述了物联网系统安全保护设计框架、安全保护环境设计要求，以及定级系统互联设计要求。

(3) 工控系统安全

工控系统是监控和数据采集（SCADA）系统、分布式控制系统（DCS）、可编程逻辑控制器（PLC）等几种类型控制系统的总称，在工业、能源、交通、水利、电力等关键基础设施领域的自动化运行、业务流程的监控和管理方面发挥着巨大作用。与普通 IT 系统相比，工控系统运行专有控制协议、使用专门硬件和软件，随着互联网应用需求的增加，工控系统与外界的隔离越来越弱，增加了网络安全漏洞和事故的风险。本章从工控系统面临威胁的来源出发，分析了工控系统面临的主要安全威胁，定义了工控系统安全防护技术框架，描述了工控系统安全保护环境和安全管理中心的设计要求。

习题

1. 云计算的三种服务模式是什么？
2. 简要描述云计算的安全风险。
3. 简要描述云计算安全防护技术框架。
4. 物联网的技术架构是什么？有哪些关键技术？
5. 物联网系统面临哪些安全风险？如何进行安全防护？
6. 工控系统与普通 IT 系统的差异是什么？
7. 工控系统面临哪些安全威胁？
8. 简要描述工控系统安全防护技术框架。

第 10 章　网络安全法规和标准

本章要点

- 我国的法律层次
- 我国网络安全立法存在的问题
- 我国网络安全立法进展
- 我国网络安全标准化工作概况
- 主要的国外网络安全标准化组织
- 网络安全评估国际标准的发展

10.1 法律基础

在介绍网络安全法律、法规之前，本节首先介绍法律方面的基础知识。法是由一定社会物质生活条件所决定的，由国家制定和认可的，并由国家强制力保证实施的具有普遍约束力的行为规范的总和。法的目的在于维护、巩固和发展一定的社会关系和社会秩序。德国学者耶林将法律目的比喻为在茫茫大海上指引航船方向的“导引之星”（北极星）。因此，维护网络安全，就需要充分发挥法律的强制性规范作用。参与网络安全工作，就需要了解法的意义和作用，掌握网络安全法律体系的构成。

10.1.1 法律的意义与作用

1. 意义

具体来说，法律的意义有如下几点。

（1）法律的秩序意义。法律在构建社会秩序中起着主要作用，法律的形成保证着人类的生存，保证着社会的发展。

（2）法律的自由意义。法律提供给个人选择的机会，法律明确行为模式，让行为人选择有利于自己的模式。另外，法律将个人自由赋予法律的形式，成为法律权利，使自由得到国家强制力的保护。最后，法律通过划定自由的界限，为普遍自由的实现提供前提。法律即使限制自由也是为了每个人更好地实现自由。

（3）法律的正义意义。正义是法律的理想或价值目标，法律通过分配权利义务，惩罚违法犯罪以保障正义，补偿受害者以恢复正义。

（4）法律的效率意义。在当代，法律对生活的渗透无所不在，这使得法律的效率意义更加重要。在提倡兼顾平等与效率的同时，法律最大限度地保障了效率的实现。

（5）法律的利益意义。法律确认利益，通过平衡冲突进行社会控制，解决社会纠纷，平息社会矛盾，恢复社会常态，促进社会发展。

2. 作用

唯物史观认为，法的作用体现在法与社会的交互影响中，在社会发展的过程中，法作为上层建筑的组成部分，其产生、存在与发展变化都是由社会的生产方式决定的。法在由社会所决定的同时，也具有相对的独立性。法的作用直接表现为国家权力的行使。法律的作用与国家的地位和作用互为表里。法的作用本质上是社会自身力量的体现。法能否对社会发生作用，法对社会作用的程度，法对社会所发生作用的效果，不是法律自身能够决定的。

法的作用可以分为规范作用与社会作用。

法的规范作用如下。

（1）指引作用：指法对本人的行为具有引导作用。对人的行为的指引有两种形式：① 个别性指引，即通过一个具体的指示形成对具体的人的具体情况的指引；② 规范性指引，是通过一般的规则对同类的人或行为的指引。从立法技术上看，法律对人的行为的指引通常采用两种方式：① 确定的指引，即通过设置法律义务，要求人们做出或抑制一定行为，使社会成员明确自己必须从事或不得从事的行为界限；② 不确定的指引，又称选择的指引，是指通过宣告法律权利，给人们一定的选择范围。

（2）评价作用：法律作为一种行为标准，具有判断、衡量他人行为合法与否的评判作用。

（3）教育作用：指通过法的实施使法律对一般人的行为产生影响。这种作用又具体表现为示警作用和示范作用。

（4）预测作用：凭借法律的存在，可以预先估计到人们相互之间会如何行为。

（5）强制作用：指法可以通过制裁违法犯罪行为来强制人们遵守法律。

法的社会作用主要体现在社会经济生活、政治生活、思想文化三个领域，具有政治职能（阶级统治的职能）和社会职能（执行社会公共事务的职能）。法律在执行社会公共事务上的作用具体表现在这样一些方面：① 维护人类社会的基本生活条件；② 维护生产和交换条件；③ 促进公共设施建设，组织社会化大生产；④ 确认和执行技术规范；⑤ 促进教育、科学和文化事业的发展。

尽管法在社会生活中具有重要作用，但是法律不是万能的。法律是以社会为基础的，因此，法律不可能超出社会发展需要“创造”社会。法律作为社会规范之一，必然受到其他社会规范及社会条件和环境的制约。法律还有着自身条件的制约，如语言表达力的局限。因此，认识法律的作用必须注意“两点论”：对法律的作用既不能夸大，也不能忽视；既认识到法律不是无用的，又要认识到法律不是万能的；既要反对“法律无用论”，又要防止“法律万能论”。

10.1.2　法律层次

《中华人民共和国立法法》在 2000 年 3 月由九届全国人大第三次会议审议通过，并于 2015 年 3 月修订。一切立法活动都必须以《中华人民共和国立法法》为依据，遵循立法法的有关规定。在此之前，我国规范立法活动的规范主要是宪法、有关法律和行政性法规。由于这些规范不统一、不完善和过分原则化，不仅造成了操作上的困难，而且导致了大量无权立法、越权立法、借法扩权、立法侵权等立法异常现象。《中华人民共和国立法法》确立了法律优先原则，即在多层次立法的情况下，除宪法外，由国家立法机关所制定的法律处于最高位阶、最优地位，其他任何形式的法规都必须与之保持一致，不得抵触。我国是统一的、单一制的国家，各地方经济、社会发展又很不平衡。与这一国情相适应，在最高国家权力机关集中行使立法权的前提下，为了使我们的法律既能通行全国，又能适应各地方千差万别的不同情况的需要，在实践中能行得通，宪法和立法法根据宪法确定的“在中央的统一领导下，充分发挥地方的主动性、积极性”的原则，确立了我国的统一而又分层次的立法体制。

（1）全国人大及其常委会行使国家立法权。全国人大制定和修改刑事、民事、国家机构的和其他的基本法律。全国人大常委会制定和修改除应当由全国人大制定的法律以外的其他法律；在全国人大闭会期间，对全国人大制定的法律进行部分补充和修改，但不得同该法律的基本原则相抵触。下列事项要制定法律：国家主权的事项；各级人民代表大会、人民政府、人民法院和人民检察院的产生、组织和职权；民族区域自治制度、特别行政区制度、基层群众自治制度；犯罪和刑罚；对公民政治权利的剥夺、限制人身自由的强制措施和处罚；

税种的设立、税率的确定和税收征收管理等税收基本制度；对非国有财产的征收、征用；民事基本制度；基本经济制度及财政、海关、金融和外贸的基本制度；诉讼和仲裁制度；必须由全国人民代表大会及其常务委员会制定法律的其他事项。

（2）国务院即中央人民政府根据宪法和法律，制定行政法规。行政法规可以就下列事项作出规定：为执行法律的规定需要制定行政法规的事项；宪法规定的国务院行政管理职权的事项。但是，应当由全国人民代表大会及其常务委员会制定法律的事项，国务院根据全国人民代表大会及其常务委员会的授权决定先制定的行政法规，经过实践检验，制定法律的条件成熟时，国务院应当及时提请全国人民代表大会及其常务委员会制定法律。

（3）省、自治区、直辖市的人民代表大会及其常务委员会根据本行政区域的具体情况和实际需要，在不同宪法、法律、行政法规相抵触的前提下，可以制定地方性法规。设区的市的人民代表大会及其常务委员会根据本市的具体情况和实际需要，在不同宪法、法律、行政法规和本省、自治区的地方性法规相抵触的前提下，可以对城乡建设与管理、环境保护、历史文化保护等方面的事项制定地方性法规，法律对设区的市制定地方性法规的事项另有规定的，从其规定。但设区的市的地方性法规须报省、自治区的人民代表大会常务委员会批准后施行。地方性法规可以就下列事项作出规定：为执行法律、行政法规的规定，需要根据本行政区域的实际情况作具体规定的事项；属于地方性事务需要制定地方性法规的事项。此外，其他事项国家尚未制定法律或者行政法规的，省、自治区、直辖市和设区的市、自治州根据本地方的具体情况和实际需要，可以先制定地方性法规。在国家制定的法律或者行政法规生效后，地方性法规同法律或者行政法规相抵触的规定无效，制定机关应当及时予以修改或者废止。

（4）经济特区所在地的省、市的人民代表大会及其常务委员会根据全国人民代表大会的授权决定，制定法规，在经济特区范围内实施。

（5）民族自治地方的人民代表大会有权依照当地民族的政治、经济和文化的特点，制定自治条例和单行条例。自治区的自治条例和单行条例，报全国人民代表大会常务委员会批准后生效。自治州、自治县的自治条例和单行条例，报省、自治区、直辖市的人民代表大会常务委员会批准后生效。自治条例和单行条例可以依照当地民族的特点，对法律和行政法规的规定作出变通规定，但不得违背法律或者行政法规的基本原则，不得对宪法和民族区域自治法的规定，以及其他有关法律、行政法规专门就民族自治地方所作的规定作出变通规定。

（6）国务院各部、委员会、中国人民银行、审计署和具有行政管理职能的直属机构，可以根据法律和国务院的行政法规、决定、命令，在本部门的权限范围内，制定规章。部门规章规定的事项应当属于执行法律或者国务院的行政法规、决定、命令的事项。没有法律或者国务院的行政法规、决定、命令的依据，部门规章不得设定减损公民、法人和其他组织权利或者增加其义务的规范，不得增加本部门的权力或者减少本部门的法定职责。涉及两个以上国务院部门职权范围的事项，应当提请国务院制定行政法规或者由国务院有关部门联合制定规章。

（7）省、自治区、直辖市和设区的市、自治州的人民政府，可以根据法律、行政法规和本省、自治区、直辖市的地方性法规，制定规章。地方政府规章可以就下列事项作出规定：为执行法律、行政法规、地方性法规的规定需要制定规章的事项；属于本行政区域的具体行政管理事项。设区的市、自治州的人民政府制定地方政府规章，限于城乡建设与管理、环境保护、历史文化保护等方面的事项。应当制定地方性法规但条件尚不成熟的，因行政管理迫切需要，可以先制定地方政府规章。规章实施满两年需要继续实施规章所规定的行政措施的，应当提请本级人民代表大会或者其常务委员会制定地方性法规。没有法律、行政法规、地方性法规的依据，地方政府规章不得设定减损公民、法人和其他组织权利或者增加其义务的规范。

宪法和有关法律的这些规定表明，我国的立法体制既是统一的，又是分层次的，是由国家立法权和行政法规制定权、地方性法规制定权、自治条例和单行条例制定权，以及授权立法权所构成的，同时下位阶的法的规范不能和上位阶的法的规范相抵触。宪法具有最高的法律效力，一切法律、法规都不得同宪法相抵触。法律的效力高于行政法规，行政法规不得同法律相抵触。法律、行政法规的效力高于地方性法规和规章，地方性法规和规章不得同法律、行政法规相抵触。地方性法规的效力高于地方政府规章，地方政府规章不得同地方性法规相抵触。这样一个立法体制，说明地方立法，从性质上讲，应当是对中央立法（制定法律、行政法规）的补充，行政法规也是对国家法律的补充，都是国家法律体系的组成部分。

这样一个立法体制，也可以说主要体现了以下两个精神：一是在中央与地方关系上，既坚持中央必要的集中统一，又注意充分发挥地方的主动性、积极性。二是在权力机关与行政机关的关系上，既坚持了人民代表大会制度，保证立法权掌握在由人民选举产生的、更有利于直接反映群众意愿和要求的国家权力机关手里，以保证立法的民主性；同时，又注意提高国家的管理效率，保证国家行政机关有足够的权力对社会进行有效管理。

10.2 我国网络安全法律体系

我国目前的信息化立法，尤其是网络安全立法，尚处于起步阶段，我国政府和法律界都清醒地意识到这一问题的重要性，正在积极推进这一方面的工作。我国政府现有的网络安全法律体系可以分为两个层次：一是法律层次，从国家宪法和其他部门法的高度对个人、法人和其他组织的涉及国家安全的信息活动的权利和义务进行规范，如 1997 年新《刑法》首次界定了计算机犯罪；二是行政法规和部门规章层次，直接约束计算机安全和互联网安全。此外，我国很多地方也出台了直接针对网络安全的地方性法规和地方政府规章，丰富了我国网络安全法律体系的内容。

10.2.1　主要网络安全法律

这一层面是指由全国人民代表大会及其常务委员会通过的法律规范，我国法律中涉及网络安全的有：

（1）中华人民共和国宪法；

（2）中华人民共和国网络安全法；

（3）中华人民共和国保守国家秘密法；

（4）中华人民共和国国家安全法；

（5）中华人民共和国刑法；

（6）中华人民共和国治安管理处罚法；

（7）中华人民共和国电子签名法；

（8）全国人民代表大会常务委员会关于维护互联网安全的决定；

（9）全国人民代表大会关于加强网络信息保护的决定。

10.2.2 主要网络安全行政法规

我国行政法规中涉及网络安全的有：

（1）中华人民共和国计算机信息系统安全保护条例；

（2）中华人民共和国计算机信息网络国际联网管理暂行规定；

（3）商用密码管理条例；

（4）中华人民共和国电信条例；

（5）互联网信息服务管理办法；

（6）互联网上网服务营业场所管理条例；

（7）信息网络传播权保护条例。

10.2.3 我国网络安全立法存在的问题

从以上情况看，我国的网络安全立法工作已经具有了一定的基础，初步形成了网络安全法律体系，为我国网络安全保障工作创造了良好的法律环境，为依法规范和保护我国信息化建设健康有序发展提供了有利的法律依据。但是，我国的网络安全立法也存在诸多问题，主要表现如下。

（1）结构不合理。大多为行政规章、规范和制度，长时间缺少一部针对国家网络安全的专门法律。直到 2016 年 11 月，全国人大常委会才审议通过《中华人民共和国网络安全法》，于 2017 年 6 月 1 日起实施。

（2）已有的规章制度出自多个部门，相互之间缺乏统筹规划，法规的协调性和相通性不够，甚至同一行为有多个行政处罚主体、不同部门发布的规章有明显的相互矛盾之处。即使在《中华人民共和国网络安全法》发布后，不同法律之间的协调问题仍没有解决。

（3）有些法规制度的制定实施，过于原则或笼统，没有来得及做深入细致的调查研究、充分论证和广泛征求意见，针对性和操作性不够强。

（4）有些法规制度明显滞后。尤其是现行网络安全法律规范滞后于技术的发展，不能适应信息网络犯罪手段不断翻新、技术对抗日趋明显的严峻形势。此外，目前的网络安全法律体系对网络犯罪处罚过轻，威慑力不够。

（5）公民个人权益缺乏法律保护，较为突出的是《个人信息保护法》迟迟不能制定，全社会反映强烈，两会代表、委员多次提交与此相关的建议和提案。

10.2.4 我国网络安全立法工作重要进展

1.《刑法》相关修订情况

我国在 1997 年全面修订《刑法》时，明确规定了计算机犯罪的罪名，即：第 285 条的非法侵入计算机信息系统罪，第286条的破坏计算机信息系统罪和第287条的利用计算机进行传统犯罪。但是，《刑法》第285条“非法侵入计算机信息系统罪”规定的犯罪对象过于狭窄，只限于“国家事务、国防建设、尖端科学技术领域”，而第286条“破坏计算机信息系统罪”只有在“造成计算机信息系统不能正常运行”等严重后果的情况下，才对犯罪分子予以追究，这导致人民法院对很多侵犯网络安全的案件束手无策。

为了改变《刑法》严重滞后的局面，全国人大常委会在2009年2月发布《刑法修正案（七）》，将入侵国家事务、国防建设、尖端科学技术领域之外的信息系统的行为纳入了打击范围。此外，第285条还规定，提供专门用于侵入、非法控制计算机信息系统的程序、工具，或者明知他人实施侵入、非法控制计算机信息系统的违法犯罪行为而为其提供程序、工具，情节严重的，同样按照“非法侵入计算机信息系统罪”的规定处罚。

2015年8月，《刑法修正案（九）》在全国人大常委会表决通过，进一步加强了对网络违法犯罪行为的打击力度。

一是，为进一步加强对公民个人信息的保护，修改出售、非法提供因履行职责或者提供服务而获得的公民个人信息犯罪的规定，扩大犯罪主体的范围，同时，增加规定出售或者非法提供公民个人信息情节严重的犯罪。

二是，针对一些网络服务提供者不履行安全管理义务，造成严重后果的情况，增加规定：网络服务提供者不履行法律、行政法规规定的安全管理义务，经监管部门责令采取改正措施而拒不改正，致使违法信息大量传播的，或者致使用户信息泄露，造成严重后果的，或者致使刑事案件证据灭失，情节严重的，以及有其他严重情节的，追究刑事责任。

三是，对设立用于实施诈骗、传授犯罪方法、制作或者销售违禁物品、管制物品等违法犯罪活动的网站、通讯群组的；发布有关制作或者销售毒品、枪支、淫秽物品等违禁物品、管制物品或者其他违法犯罪信息的；为实施诈骗等违法犯罪活动发布信息的，明确规定为犯罪。

四是，针对在网络空间传授犯罪方法、帮助他人犯罪的行为多发的情况，增加规定：明知他人利用信息网络实施犯罪，为其犯罪提供互联网接入、服务器托管、网络存储、通讯传输等技术支持，或者提供广告推广、支付结算等帮助，情节严重的，追究刑事责任。

五是，针对开设“伪基站”等严重扰乱无线电秩序，侵犯公民权益的情况，修改扰乱无线电通讯管理秩序罪，降低构成犯罪门槛，增强可操作性。

六是，增加规定：编造虚假的险情、疫情、灾情、警情，在信息网络或者其他媒体上传播，或者明知是上述虚假信息，故意在信息网络或者其他媒体上传播，严重扰乱社会秩序的，为犯罪行为。

2.《中华人民共和国保守国家秘密法》修订情况

我国在1989年5月1日起施行了《中华人民共和国保守国家秘密法》，对于保守国家秘密、维护国家安全和利益，发挥了重要作用。然而，随着我国经济社会的快速发展，特别是信息化的发展和电子政务的建设与应用，保密工作中出现了一些新情况和新问题，亟待通过修改法律来解决。例如，国家秘密存在的形态和运行的方式发生了变化，国家秘密载体由纸介质形式为主发展到声、光、电、磁等多种形式，同时保密工作的对象、领域和环境也发生了深刻变化，一些经济和社会组织进入涉密领域。现行保密法关于保密法律责任的规定已经不能适应新形势下保密工作的需要。现代通信和计算机网络条件下存储、处理和传输国家秘密的制度，以及涉密机关、单位和涉密人员的保密管理制度和法律责任都需要补充完善。

为此，全国人大常委会于 2010 年 4 月表决通过了《中华人民共和国保守国家秘密法》修订案，新的保密法主要有以下方面的重要变化。

一是，增加规定了国家秘密受法律保护的原则。在总则部分明确宣示国家秘密受法律保护。一方面明确了一切公民和组织应当承担保密的义务，任何危害国家秘密安全的行为必须受到法律的追究，另一方面明确了保守国家秘密的国家责任，有利于增强机关、单位和公民的保密意识，有利于强化机关、单位及相关人员特别是涉密人员的保密责任。

二是，在保密工作方针中明确了保密与公开的关系。明确提出了保密工作既要确保国家秘密安全，又要便利信息资源合理利用。同时规定了两者有机衔接的实现路径，即法律、行政法规规定公开的事项，应当依法公开。

三是，增加了确定国家秘密事项的标准。即涉及国家安全和利益的事项，泄露后可能损害国家在政治、经济、国防等领域的安全和利益的，应当确定为国家秘密。那些与“国家安全和利益”无关或者有着间接关联的一般事项，不能被确定为国家秘密，从而大大缩小了国家秘密事项的范围。这样规定，有利于在定密工作中准确理解和把握国家秘密的本质特征，防止把不该定密的事项确定为国家秘密。

四是，增加了定密责任人制度。定密责任人制度的确立，不仅仅是要明确定密的责任，更重要的是它有利于防止人人可以定密现象的发生，有利于提高定密的准确性。

五是，增加了定密层级和定密权限的规定。修订后的保密法增加规定了设区的市、自治州一级以上的国家机关及其授权的机关、单位，依法享有定密权，并明确了定密权限。根据国家保密工作方针，科学地设置定密权限，有利于减少国家秘密产生的数量，这样有利于促进有关政府部门主动公开政府信息，与实施政府信息公开制度相衔接。

六是，增加规定了保密期限与及时解密条件。修订后的保密法增加了国家秘密的保密期限，确定国家秘密的保密期限应当遵循的原则，以及工作过程中的保密与解密的规定。明确了国家秘密的保密期限已满的，自行解密。机关、单位应当定期对所确定的国家秘密进行审核。对在保密期限内保密事项范围变化后不再作为国家秘密事项，或者公开后不会危害国家安全和利益，不需要继续保密的，应当及时解密。这样规定，既有利于有效维护国家安全和利益，又有利于节约保密成本，促进及时解密，防止“一密定终身”现象的发生。

七是，明确了定密争议的主管机关。对是否属于国家秘密或者属于何种密级不明确的事项，或者有争议的事项，其确定机关是保密行政管理部门，有利于解决机关、单位对有关事项是否定密在理解上产生歧义，避免定密不准现象的发生。

八是，完善了涉密人员管理制度。管理好涉密人员，是做好保密工作的核心，应对涉密人员的管理作出明确而具体的规定。为此，修订后的保密法对涉密人员的分类、任职资格、任用审查、上岗教育培训、涉密人员在脱密期内应当遵守的保密义务，以及对机关、单位建立健全涉密人员管理制度等方面作出明确规定。

九是，增加了保密行政管理部门的监督管理规定。明确了保密行政管理部门的职能，科学合理地规范了保密行政管理部门与其他职能部门之间的关系，有利于提高保密行政管理部门依法行政水平和对保密工作的监督管理力度。

十是，进一步完善了法律责任制度。明确了承担法律责任的 12 种行为，完善了承担法律责任的责任主体，丰富了承担法律责任形式的种类，细化了不同情形下的执法主体，有利于有关机关依法行政和严格执法。

3.《中华人民共和国网络安全法》立法情况

《中华人民共和国网络安全法》是我国网络安全领域的基本法，已于 2016 年 11 月审议通过，2017 年 6 月 1 日起实施。该法共 7 章 79 条，分为总则、网络安全支持与促进、网络运行安全（含一般规定与关键信息基础设施的运行安全）、网络信息安全、监测预警与应急处置、法律责任、附则。

该法的起草把握了以下几点。

第一，坚持从国情出发。根据我国网络安全面临的严峻形势和网络立法的现状，充分总结近年来网络安全工作经验，确立保障网络安全的基本制度框架。重点对网络自身的安全作出制度性安排，同时在信息内容方面也作出相应的规范性规定，从网络设备设施安全、网络运行安全、网络数据安全、网络信息安全等方面建立和完善相关制度，体现中国特色；并注意借鉴有关国家的经验，主要制度与国外通行做法是一致的，并对内外资企业同等对待，不实行差别待遇。

第二，坚持问题导向。本法是网络安全管理方面的基础性法律，主要针对实践中存在的突出问题，将近年来一些成熟的好做法作为制度确定下来，为网络安全工作提供切实法律保障。对一些确有必要，但尚缺乏实践经验的制度安排作出原则性规定，同时注重与已有的相关法律、法规相衔接，并为需要制定的配套法规预留接口。

第三，坚持安全与发展并重。维护网络安全，必须坚持积极利用、科学发展、依法管理、确保安全的方针，处理好与信息化发展的关系，做到协调一致、齐头并进。通过保障安全为发展提供良好环境，本法注重对网络安全制度作出规范的同时，注意保护各类网络主体的合法权利，保障网络信息依法有序自由流动，促进网络技术创新和信息化持续健康发展。

10.3 标准基础

标准是对重复性事物和概念所作的统一规定，它以科学、技术和实践经验的综合成果为基础，经有关方面协商一致，由主管机构批准，以特定形式发布，作为共同遵守的准则和依据。本节介绍标准的基础知识，包括基本概念、标准的意义与作用、标准的层次与类别。

10.3.1　基本概念

下面首先介绍与标准相关的一些重要概念。

（1）标准化是指在经济、技术、科学及管理等社会实践中，对重复性事物和概念通过制定、发布和实施标准，达到统一，以获得最佳秩序和社会效益的活动。

（2）强制性标准是国家通过法律的形式明确要求对于一些标准所规定的技术内容和要求必须执行，不允许以任何理由或方式加以违反、变更，这样的标准称为强制性标准，包括强制性的国家标准、行业标准和地方标准。对违反强制性标准的，国家将依法追究当事人法律责任。

（3）推荐性标准是指国家鼓励自愿采用的具有指导作用而又不宜强制执行的标准，即标准所规定的技术内容和要求具有普遍的指导作用，允许使用单位结合自己的实际情况，灵活加以选用。

（4）国际标准是指国际标准化组织（ISO）和国际电工委员会（IEC）所制定的标准，以及国际标准化组织已列入《国际标准题内关键词索引》中的27个国际组织制定的标准和公认具有国际先进水平的其他国际组织制定的某些标准。

（5）国外先进标准是指国际上有影响力的区域标准，世界主要经济发达国家制定的国家标准和其他国家某些具有世界先进水平的国家标准，国际上通行的团体标准，以及先进的企业标准。

（6）采用国际标准包括采用国外先进标准，是指把国际标准和国外先进标准的内容，通过分析研究，不同程度地纳入我国的各级标准中，并贯彻实施以取得最佳效果的活动。

（7）制定标准是指标准制定部门对需要制定标准的项目，编制计划，组织草拟、审批、编号、发布的活动。它是标准化工作任务之一，也是标准化活动的起点。

（8）标准备案是指一项标准在其发布后，负责制定标准的部门或单位，将该项标准文本及有关材料，送标准化行政主管部门及有关行政主管部门存案以备查考的活动。

（9）标准复审是指对使用一定时期后的标准，由其制定部门根据我国科学技术的发展和经济建设的需要，对标准的技术内容和指标水平所进行的重新审核，以确认标准有效性的活动。

（10）标准的实施是指有组织、有计划、有措施地贯彻执行标准的活动，是标准制定部门、使用部门或企业，将标准规定的内容贯彻到生产、流通、使用等领域中的过程。它是标准化工作的任务之一，也是标准化工作的目的。

（11）等同采用国际标准是采用国际标准的基本方法之一。它是指我国标准在技术内容与文本结构上均与国际标准完全相同，或者我国标准在技术内容上与国际标准相同，但可以包含小的编辑性修改，其缩写字母代号为IDT。

（12）修改采用国际标准也是采用国际标准的基本方法之一。它是指允许我国标准与国际标准存在技术性差异，并对这些技术性差异进行了清楚的标识和解释。在结构上，我国标准应与相应国际标准相同，但如果不影响对两个标准内容进行比较，则允许改变文本结构。“修改”的标准还可包括“等同”采用下的编辑性修改的内容，其缩写字母代号为MOD。

10.3.2 标准的意义与作用

标准化的意义和作用主要表现在以下10个方面。

（1）标准化为科学管理奠定了基础。所谓科学管理，就是依据生产技术的发展规律和客观经济规律对企业进行管理，而各种科学管理制度的形成，都是以标准化为基础的。

（2）促进经济全面发展，提高经济效益。标准化应用于科学研究，可以避免在研究上的重复劳动；应用于产品设计，可以缩短设计周期；应用于生产，可使生产在科学的和有序的基础上进行；应用于管理，可促进统一、协调、高效率等。

（3）标准化是科研、生产、使用三者之间的桥梁。一项科研成果，一旦纳入相应标准，就能迅速得到推广和应用。因此，标准化可使新技术和新科研成果得到推广应用，从而促进技术进步。

(4) 随着科学技术的发展，生产的社会化程度越来越高，生产规模越来越大，技术要求越来越复杂，分工越来越细，生产协作越来越广泛，这就必须通过制定和使用标准，来保证各生产部门的活动，在技术上保持高度的统一和协调，以使生产正常进行。所以，我们说标准化为组织现代化生产创造了前提条件。

(5) 促进对自然资源的合理利用，保持生态平衡，维护人类社会当前和长远的利益。

(6) 合理发展产品品种，提高企业应变能力，以更好地满足社会需求。

(7) 保证产品质量，维护消费者利益。

(8) 在社会生产组成部分之间进行协调，确立共同遵循的准则，建立稳定的秩序。

(9) 在消除贸易障碍、促进国际技术交流和贸易发展、提高产品在国际市场上的竞争能力方面具有重大作用。

(10) 保障身体健康和生命安全。大量的环保标准、卫生标准和安全标准制定发布后，用法律形式强制执行，对保障人民的身体健康和生命财产安全具有重大作用。

10.3.3 标准的层次与类别

“标准”实质上就是“规则”，是大家做事必须遵循的准则和依据。按适用范围分有国家标准、行业标准、地方标准和企业标准；按法律的约束性分有强制性标准、推荐性标准和标准化指导性技术文件；按标准的性质分有技术标准、管理标准和工作标准；按标准化的对象和作用分有基础标准、产品标准、方法标准、安全标准、卫生标准和环境保护标准。

2017 年 11 月，全国人大常委会审议通过新修订的《中华人民共和国标准化法》，2018 年 1 月 1 日起实施。该法将标准划分为 5 个层次，即国家标准、行业标准、地方标准、团体标准、企业标准。各层次之间有一定的依从关系和内在联系，形成一个覆盖全国、层次分明的标准体系。

(1) 国家标准。对需要在全国范围内统一的技术要求，应当制定国家标准。国家标准由国家标准化管理委员会编制计划、审批、编号、发布。国家标准代号为 GB 和 GB/T，其含义分别为强制性国家标准和推荐性国家标准。国家标准在全国范围内适用，其他各级标准不得与之相抵触。国家标准是四级标准体系中的主体。

(2) 行业标准。对没有国家标准又需要在全国某个行业范围内统一的技术要求，可以制定行业标准，是专业性、技术性较强的标准。作为国家标准的补充，当相应的国家标准实施后，该行业标准应自行废止。行业标准由行业标准归口部门编制计划、审批、编号、发布、管理。行业标准的归口部门及其所管理的行业标准范围，由国务院行政主管部门审定。部分行业的行业标准代号如下：汽车——QC、石油化工——SH、化工——HG、石油天然气——SY、有色金属——YS、电子——SJ、机械——JB、轻工——QB、船舶——CB、核工业——EJ、电力——DL、商检——SN、包装——BB。推荐性行业标准在行业代号后加“/T”，如“JB/T”即为机械行业推荐性标准，不加“T”为强制性标准。

(3) 地方标准。对没有国家标准和行业标准而又需要在省、自治区、直辖市范围内统一要求的，可以制定地方标准。地方标准的制定范围有：工业产品的安全、卫生要求；药品、兽药、食品卫生、环境保护、节约能源、种子等法律、法规的要求；其他法律、法规规定的要求。地方标准由省、自治区、直辖市标准化行政主管部门统一编制计划、组织制定、审批、编号、发布。地方标准在本行政区域内适用，不得与国家标准和行业标准相抵触。国家标准、行业标准公布实施后，相应的地方标准即行废止。地方标准也分强制性与推荐性。

（4）团体标准。依法成立的社会团体可以制定团体标准，供社会自愿采用。这是新增的一类标准。在标准制定主体上，鼓励具备相应能力的学会、协会、商会、联合会等社会组织和产业技术联盟协调相关市场主体，共同制定满足市场和创新需要的标准，供市场自愿选用，增加标准的有效供给。在标准管理上，对团体标准不设行政许可，由社会组织和产业技术联盟自主制定发布，通过市场竞争优胜劣汰。

（5）企业标准。是对企业范围内需要协调、统一的技术要求、管理要求和工作要求所制定的标准。企业产品标准要求不得低于相应的国家标准或行业标准的要求。企业标准由企业制定，企业标准是企业组织生产、经营活动的依据，由企业法人代表或法人代表授权的主管领导批准、发布。企业产品标准应在发布后30日内向政府备案。

10.4 我国网络安全标准化工作

网络安全标准化是国家网络安全保障体系建设的重要组成部分，在构建安全的网络空间、推动网络治理体系变革方面发挥着基础性、规范性、引领性作用。我国政府高度重视网络安全标准化工作，对推进网络安全标准化工作做出了明确部署，专门成立了网络安全标准化工作组织机构，专门发布了推进网络安全标准化工作的文件，标准化工作取得了明显成果。

10.4.1 组织结构

1. 成立

我国网络安全标准化工作可以追溯到20世纪80年代，可以简单分为两个阶段。一是2002年以前，网络安全标准都是由各部门和行业根据业务需求分别制定，没有统一规划和统筹管理，各部门之间缺少沟通和交流。2002年，我国成立了“全国信息安全标准化技术委员会”，简称信安标委（TC260），由国家标准委直接领导，对口ISO/IEC JTC1 SC27。其英文名称是“China Information Security Standardization Technical Committee”（英文缩写是“CISTC”）。国标委高新函〔2004〕1号文决定，自2004年1月起，各有关部门在申报网络安全国家标准计划项目时，必须经信安标委提出工作意见，协调一致后由信安标委组织申报。在国家标准制定过程中，标准工作组或主要起草单位要与信安标委积极合作，并由信安标委完成国家标准送审、报批工作。信安标委的成立表明我国网络安全标准化工作进入了“统筹规划、协调发展”的新时期。

信安标委以专家为主体组成，设委员若干名，其中主任委员一人，副主任委员若干人，秘书长一人，副秘书长若干人。

秘书处是委员会的常设机构，负责处理日常工作，设在中国电子技术标准化研究院。

2. 职责

信安标委是在网络安全专业领域内，从事全国标准化工作的技术工作组织，负责全国网络安全标准化的技术归口工作。主要工作范围包括网络安全技术、机制、服务、管理、评估等领域的标准化技术工作。信安标委由国家标准化管理委员会领导，业务上受中央网络安全和信息化委员会办公室指导。

其工作职责如下。

（1）遵循国家有关方针政策，提出网络安全标准化工作的方针、政策和技术措施的建议。

（2）按照国家标准制修订的原则，以及采用国际标准和国外先进标准的方针，组织制定和持续完善国家网络安全标准体系，研究提出网络安全领域制修订国家标准的规划、年度计划和采用国际标准的建议，并提出与标准有关的科研、实施工作的建议。

（3）根据国家标准化管理委员会批准的计划，组织网络安全国家标准的制定、修订和复审工作。

（4）组织网络安全国家标准送审稿的审查工作，对标准中的技术内容、采用国际标准情况等提出审查结论意见。

（5）根据国家标准化管理委员会的有关规定，做好网络安全国家标准的通报和咨询工作。

（6）组织网络安全专业的国家标准的宣讲、解释和培训，与高校、研究机构、企事业单位等联合开展网络安全标准化人才培养。

（7）协助相关主管部门推动标准的实施，开展网络安全领域标准的实施效果评估，建立相应的信息反馈机制。

（8）组织开展网络安全领域标准成果评价，向相关主管部门提出奖励建议。

（9）受国家标准化管理委员会的委托，承担 ISO/IEC JTC1/SC27 等网络安全相关国际标准化组织的对口业务工作，包括建立我国国际标准化专家库和考核评价机制，对国际标准文件进行表态，审查我国提案，研究国际标准，组织采标工作，组织参加国际标准化组织工作会议和对外交流活动等。

（10）受国家标准化管理委员会的委托，承担国家标准的外文译稿和承担国际标准的起草工作，积极推荐我国标准成为国际标准。

（11）适应网络安全技术和产业发展及应用需要，研究和发布网络安全标准化指南等技术文档。

（12）受国家标准化管理委员会及有关主管部门的委托，办理与网络安全标准化工作有关的其他事宜。

3. 工作组

目前，信安标委已启动了 7 个工作组和 1 个特别工作组，如图 10-1 所示。

WG1 是信息安全标准体系与协调工作组，主要工作任务有：研究信息安全标准体系；跟踪国际信息安全标准发展动态；研究、分析国内信息安全标准的应用需求；研究并提出新工作项目及工作建议。

WG2 是涉密信息系统安全保密标准工作组，主要工作任务有：研究提出涉密信息系统安全保密标准体系；制定和修订涉密信息系统安全保密标准，以保证我国涉密信息系统的安全。

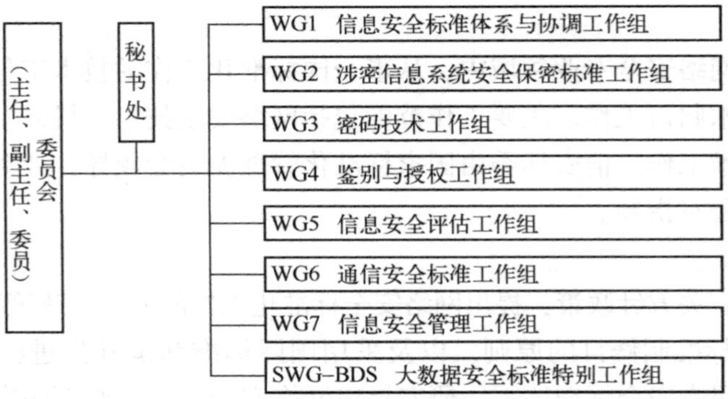

图 10-1 信安标委工作组组成

WG3 是密码技术工作组，主要工作任务有：密码算法、密码模块、密钥管理标准的研究与制定。

WG4 是鉴别与授权工作组，主要工作任务有：国内外 PKI/PMI 标准的分析、研究和制定。

WG5 是信息安全评估工作组，主要工作任务有：调研国内外测评标准现状与发展趋势；研究提出测评标准项目和制定计划。

WG6 是通信安全标准工作组，主要工作任务有：调研通信安全标准现状与发展趋势；研究提出通信安全标准体系，制定和修订通信安全标准。

WG7 是信息安全管理工作组，主要工作任务有：信息安全管理标准体系的研究；信息安全管理标准的制定工作。

SWG-BDS 是大数据安全标准特别工作组，主要工作任务有：负责大数据和云计算相关的安全标准化研制工作。具体职责包括调研急需标准化需求，研究提出标准研制路线图，明确年度标准研制方向，及时组织开展关键标准研制工作。

10.4.2 其他网络安全标准化工作机构

除全国信息安全标准化技术委员会负责网络安全国家标准的技术管理外，我国国家保密局负责管理、发布，并强制执行国家保密标准。国家保密标准适用于指导全国各行各业、各个单位国家秘密的保护工作，具有全国性指导作用，是国家网络安全标准的重要组成部分。国家保密标准与国家保密法规共同构成我国保密管理的重要基础，是保密防范和保密检查的依据，为保护国家秘密的安全发挥了非常重要的作用。

此外，我国还有一些行业标准化组织负责组织制定涉及网络安全的行业标准。主要的行业标准化组织如下。

（1）公安部计算机信息系统安全标准化技术委员会

公安部计算机信息系统安全标准化技术委员会于 1999 年 3 月 31 日经公安部科技局批准正式成立。主要任务是在公安部的领导下，负责规划和制定我国公共安全行业网络安全标准和技术规范，监督技术标准的实施。

(2) 中国通信标准化协会网络与信息安全技术工作委员会

中国通信标准化协会于2003年12月成立了网络与信息安全技术工作委员会（TC8），其主要职责是专门组织、研究和制定通信行业网络与信息安全相关的技术标准和技术规范。

(3) 密码行业标准化技术委员会

密码行业标准化技术委员会于2011年10月19日正式成立，主要负责密码技术、产品、系统和管理等方面的标准化工作。密码行业标准化技术委员会的成立标志着密码标准化工作正式纳入到国家标准管理体系，对于国家密码管理局更好地履行密码管理职能，提升密码管理工作的科学化、规范化水平，增强我国密码产业竞争力具有十分重要的意义。

10.4.3 国家网络安全标准制定流程

信安标委制定标准的工作流程主要包括如图10-2所示的阶段。

(1) 根据国家标准制定、修订规划和产业需求，提出年度国家标准制定、修订项目的建议，报国家标准化管理委员会。

(2) 根据国家标准制定、修订计划，协助组织计划的实施，指导和督促各工作组进行标准的制定、修订工作。

(3) 负责工作组在调查研究和试验验证的基础上，提出标准草案征求意见稿（包括附件），分送委员会有关委员和有关单位征求意见，征求意见时间一般为两个月。负责起草单位或工作组对所提意见进行综合分析后，对标准草案进行修改，提出标准送审稿，报送委员会秘书处。

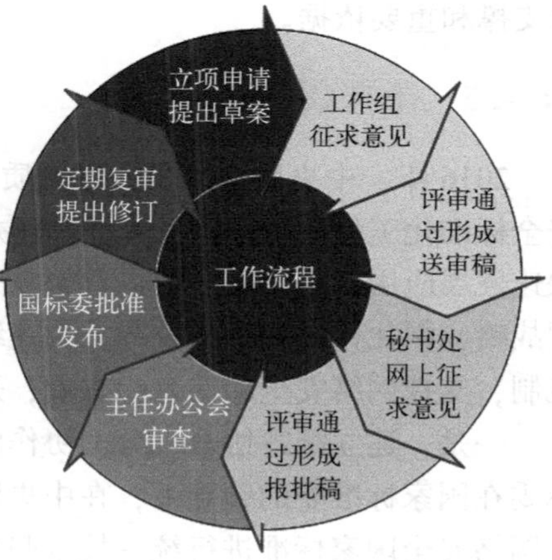

图10-2 标准制定流程

(4) 秘书处将标准送审稿送主任委员（或授权的副主任委员）初审后，提交全体委员进行审查（可采用会议形式或函审形式进行）。

(5) 标准送审稿的审查，原则上应协商一致，如需表决必须有四分之三以上委员同意。

(6) 对有分歧意见的标准或条款须有不同观点的论证材料。审查标准的投票情况应以书面材料记录在案。如表决通过后，对不同意见的处理还需进行多次投票（具体要看所提意见是否为实质性的意见）。

(7) 信安标委通过的标准送审稿，由负责起草单位或工作组根据审查意见进行修改，按有关要求提出标准报批稿及其附件，负责起草单位或工作组应对标准报批稿的技术内容和编写质量负责。

(8) 由信安标委秘书处复核并经秘书长签署意见，送主任委员（或授权的副主任委员）审核签字后，送标准起草单位的主管部门，按行政渠道上报国家标准化管理委员会批准发布。

10.4.4 国家网络安全标准化工作成果

信安标委成立以来，坚持以制定国家网络安全保障体系建设急需的、关键的标准为重点，采用国际标准与自主研制并重的工作思路，有计划、有步骤地开展国家网络安全标准研究和制修订工作，截至2018年4月，正式发布的网络安全国家标准已达到215项。

为了加强网络安全标准化工作的管理和为行业单位提供全方位服务，信安标委建设了国家网络安全标准管理与服务平台，实现对网络安全标准制定全生命周期过程的公开、透明化管理，创建了国内外网络安全标准资源库。同时，信安标委还高度重视网络安全标准化顶层设计与战略规划研究，并配合国家网络安全政策及各部门工作急需，及时研制了网络安全配套标准。在国际标准制定活动中，信安标委积极开展国际网络安全标准化交流工作，坚持跟踪研究国际动态，实质性参与国际标准化活动，提出多项国际标准提案及多份国际标准贡献物。我国网络安全标准体系的建立，为我国各项网络安全保障工作，如云计算服务网络安全管理、政府信息系统安全检查、信息系统安全等级保护、网络安全产品检测与认证及市场准入、网络安全风险评估、涉密信息系统安全分级保护和保密安全检查等，提供了强有力的技术支撑和重要依据。

10.4.5 重要政策

2016年，中央网信办联合国家质检总局、国家标准委联合发布了《关于加强国家网络安全标准化工作的若干意见》（中网办发文〔2016〕5号）。文件提出，随着网络信息技术快速发展应用，网络安全形势日趋复杂严峻，对标准化工作提出了更高要求。为落实网络强国战略，深化标准化工作改革，构建统一权威、科学高效的网络安全标准体系和标准化工作机制，支撑网络安全和信息化发展，采取以下重要措施。

一是，建立统筹协调、分工协作的工作机制。建立统一权威的国家标准工作机制，信安标委在国家标准委的领导下，在中央网信办的统筹协调和有关网络安全主管部门的支持下，对网络安全国家标准进行统一技术归口，统一组织申报、送审和报批。其他涉及网络安全内容的国家标准，应征求中央网信办和有关网络安全主管部门的意见，确保相关国家标准与网络安全标准体系的协调一致。探索建立网络安全行业标准联络员机制和会商机制，确保行业标准与国家标准的协调和衔接配套，避免行业标准间的交叉矛盾。建立重大工程、重大科技项目标准信息共享机制，建立重大工程、重大科技项目标准信息共享机制。推动军民标准兼容，加强军民标准化主管部门的密切协作。

二是，加强标准体系建设。科学构建标准体系，促进网络安全标准与信息化应用标准同步规划、同步制定。优化完善各级标准，整合精简强制性标准，优化完善推荐性标准，视情在行业特殊需求的领域制定推荐性行业标准，原则上不制定网络安全地方标准。推进急需重点标准制定，坚持急用先行，围绕“互联网+”行动计划、“中国制造2025”和“大数据发展行动纲要”等国家战略需求，加快开展关键信息基础设施保护、网络安全审查、网络空间可信身份、关键信息技术产品、网络空间保密防护监管、工业控制系统安全、大数据安全、个人信息保护、智慧城市安全、物联网安全、新一代通信网络安全、互联网电视终端产品安全、网络安全信息共享等领域的标准研究和制定工作。

三是，提升标准质量和基础能力。提高标准适用性，提高标准制定的参与度和广泛性，保证标准充分满足网络安全管理、产业发展、用户使用等各方需求，确保标准管用、好用。提高标准先进性，缩短标准制修订周期，确保标准及时满足网络安全保障、新兴技术与产业发展的需求。提高标准制定的规范性，以规范严谨的工作程序保证标准质量。加强标准化基础能力建设，加强网络安全标准化战略与基础理论研究。

四是，强化标准宣传实施。加强标准的宣传解读，将标准宣传实施与网络安全管理工作相结合。加大标准实施力度，在政策文件制定、相关工作部署时积极采用国家标准。

五是，加强国际标准化工作。实质性参与国际标准化活动，提升话语权和影响力。推动国际标准化工作常态化、持续化，打造一支专业精、外语强的复合型国际标准化专家队伍。

六是，抓好标准化人才队伍建设。积极开展教育培训，培养标准化专业人才队伍。引进和培育高端人才，加大网络安全标准化引智力度，建立网络安全标准化专家库。

七是，做好资金保障。各部门、各地方要高度重视网络安全标准化工作，并鼓励企业加大对标准研制和应用的资金投入。

10.5 国外网络安全标准化组织及其工作进展

国际上的网络安全标准化工作兴起于 20 世纪 70 年代中期，80 年代有了较快的发展，90 年代引起了世界各国的普遍关注。目前，与网络安全标准化有关的主要国际组织有：国际标准化组织（ISO）、国际电工委员会（IEC）、国际电信联盟（ITU）、Internet 工程任务组（IETF）等。

10.5.1 网络安全标准化组织

国际标准化组织（ISO）于 1947 年 2 月 23 日正式开始工作。

国际电工委员会（IEC）正式成立于 1906 年 10 月，是世界上成立最早的专门国际标准化机构。此后，ISO 与 IEC 联合成立了第一技术委员会（JTC1），负责信息技术标准化，其下属第 27 分委会（SC27）是安全技术分委员会，前身是 SC20（数据加密分技术委员会），主要从事信息技术安全的一般方法和技术的标准化工作。

国际电信联盟（ITU）成立于 1865 年 5 月 17 日，所属的 SG17 组，主要负责研究通信系统安全标准。SG17 组主要研究的有：通信安全项目、安全架构和框架、计算安全、安全管理、用于安全的生物测定、安全通信服务。此外，SG16 和下一代网络核心组也在通信安全、H323 网络安全、下一代网络安全等标准方面进行了研究。

Internet 工程任务组（IETF）始创于 1986 年，其主要任务是负责互联网相关技术规范的研发和制定。目前，IETF 已成为全球互联网界最具权威的大型技术研究组织。IETF 标准制定的具体工作由各个工作组承担，工作组分成 8 个领域，为 Internet 路由、传输、应用领域等，著名的 IKE 和 IPSec 都在 RFC 系列之中。此外还包括电子邮件、网络认证和密码标准等，也包括了 TLS 标准和其他的安全协议标准。

电气和电子工程师学会（IEEE）是一个由电气和电子工程师组成的世界上最大的专业性学会，划分成许多部门。1980 年 2 月，IEEE 计算机学会建立了一个委员会，负责制定有关网络的协议标准（802.1~9），包括高层接口、逻辑链路控制、CSMA/CD 网、令牌总线网、令牌环网、城域网、宽带技术咨询组、光纤技术咨询组、数据和话音综合网络等标准。

欧洲计算机制造商协会（ECMA）致力于适用于计算机技术的各种标准的制定和颁布（包括美国在欧洲供应计算机的厂商），在 ISO 中是一个没有表决权的成员。

美国国家标准局（NBS）属于美国商业部的一个机构，现在的工作由美国商业部国家标准与技术研究院（NIST）进行，制定美国联邦信息处理标准。NIST 还与 NSA 紧密合作，在 NSA 的指导监督下，制定计算机信息系统的技术安全标准。它的工作一般以 NIST 出版物（FIPS PUB）和 NIST 特别出版物（SP）等形式发布。它制定的网络安全规范和标准很多，主要涉及访问控制和认证技术、评价和保障、密码、电子商务、一般计算机安全、网络安全、风险管理、电讯和联邦信息处理标准等。该机构比较有影响力的工作是制定、公布了美国国家数据加密标准（DES），参加了美国、加拿大、英国、法国、德国、荷兰等国制定的网络安全的通用评价准则（CC），在 1993 年制定了密钥托管加密标准（EES）。

美国国家标准协会（ANSI）是由制定标准和使用标准的组织联合组成的非营利的、非政府的民间机构，由全美 1000 多家制造商、专业性协会、贸易协会、政府和管理团体、公司和用户协会组成，是美国自发的制定与计算机工业有关的各种标准的统筹交流组织。

10.5.2 ISO/IEC JTC1 SC27 主要活动

经过多年发展，目前 ISO/IEC JTC1 SC27 已经成为网络安全领域最权威和得到国际最广泛认可的标准化组织，为网络安全领域的标准化工作做出了巨大贡献。

SC27 内现有 5 个工作组和 2 个特别工作组。分别为网络安全管理体系工作组（WG1）、安全技术与机制工作组（WG2）、安全评估工作组（WG3）、安全控制与服务工作组（WG4）、身份管理与隐私保护技术工作组（WG5），以及管理特别工作组（SWG-M）和横向项目特别工作组（SWG-T）。

截至 2018 年 4 月，SC27 正式颁布的标准有 164 项，在研标准 85 项。

WG1 是所有有关网络安全管理体系（ISMS）标准化问题的国际专业知识中心，其范围涵盖 ISMS 标准和指南的制定，包括：制定和维护 ISO/IEC 2700X 系列标准族；识别未来 ISMS 标准和指南的需求；与 SC27 内其他工作组合作，特别是与 WG4 和 WG5 在有关实现 ISO/IEC 27001 和 27002 定义的控制目标和具体安全控制措施方面的合作；持续维护 WG1 常设文件，包括 SD1（WG1 路线图）、SD2（关于定义的规则和原则）和 SD5（ISMS 文件结构）；与从事 ISMS 特定要求的组织和委员会进行联络与合作。

WG2 是 JTC1 中 IT 安全技术和机制标准化的专业知识中心，范围包括：识别 IT 系统和应用中对这些技术和机制的需求与要求；编制用于安全服务技术和机制的术语、一般模型和标准；持续维护 WG2 的常设文件 SD1（WG2 路线图）。

WG3 范围涵盖安全工程有关方面，着重但不限于 IT 系统、组件和产品的 IT 安全规范、评价、测试和认证方面的标准。涉及计算机网络、分布式系统、相关联的应用服务、生物特征识别技术。具体包括：安全评价准则；准则应用方法学；IT 系统、组件和产品的安全功能规范和保障规范；确定安全功能和保障符合性的测试方法；测试、评价、认证和认可计划的管理规程；持续维护 WG3 常设文件 SD1（WG3 路线图）。

WG4 范围涵盖服务和应用方面标准与指南的制定和维护，这些服务和应用为 ISO/IEC

27001中定义的控制目标和控制措施的实现提供支持。具体包括：IT网络安全；应用安全；网络空间安全；网络安全事件管理；灾难恢复服务；入侵检测和防御系统（IDPS）；可信第三方服务；业务连续性的ICT就绪；外包安全性；持续维护WG4常设文件SD1（WG4路线图）；与SC27的其他工作组合作，尤其是致力于ISMS标准和指南的WG1；与服务和应用专门要求及指南的那些组织和委员会进行联络与合作。

WG5范围涵盖身份管理、生物特征识别技术和个人信息保护的安全性方面的标准与指南的制定和维护。具体包括：识别这些领域中对未来标准和指南的需求并制定标准；持续维护WG5常设文件SD1（WG5路线图）和SD2（隐私保护参考文献列表）；与SC27其他工作组合作；与服务和应用专门要求及指南的那些组织和委员会进行联络与合作。

SWG-M和SWG-T研究SC27的工作做法与机制改进相关问题，主要从改进SC27的效率、协调推进跨工作组标准研究与制定、宣传并促进SC27标准的认知度等方面开展相关工作，其主要目的是评审、监视和改进内部运行和管理机制。

10.5.3 CC（通用准则）的发展

1. CC的历史

在网络安全国际标准中，影响最大的是ISO/IEC 2700X标准和CC标准。后者是很多技术标准的基础，其历史可以追溯到20世纪80年代。

从20世纪80年代开始，世界各国相继制定了多个信息技术安全评价标准。美国国防部1985年发布的《可信计算机系统评估准则》（TCSEC）为最早的。TCSEC标准发布以后，各国在TCSEC标准的基础上结合本国国情相继发布了自己的网络安全技术标准。这些标准吸取了TCSEC的经验和教训，从技术上说都有一定的进步。如20世纪90年代初由欧盟四国（法国、德国、芬兰、英国）联合开发发布的信息技术安全评价标准（ITSEC）。ITSEC定义了7个安全级别，分别为：不能充分满足保证（E0）、功能测试（E1）、数字化测试（E2）、数字化测试分析（E3）、半形式化分析（E4）、形式化分析（E5）、形式化验证（E6）。

1993年，加拿大发布了《加拿大可信计算机产品评价标准》（CTCPEC）。同年，美国对可信计算机系统评估准则（TCSEC）作了补充和修改。国家标准局和国家安全局合作制定了信息技术安全联邦标准（FC），明确了由用户提供其系统安全保护需求的详细框架。产品厂商定义产品的安全功能、安全目标等，但其有很多缺陷，只是一个过渡准则。这些标准基本上都采用了TCSEC的安全框架和模式，将信息系统的安全（可信）性分成不同的等级，并规定了不同的等级应实现的安全功能或安全措施。

随着贸易全球化和经济一体化的发展，更加统一的网络安全评估准则呼之欲出。早在20世纪90年代初，为了能将世界各国安全评估准则的优点，集合成单一的、能被广泛接受的信息技术评估准则，国际标准化组织就已着手编写国际性的网络安全评估准则，但由于任务过于庞大及协调困难，该工作一度进展缓慢。

直到1993年6月，在六国七方（英国、加拿大、法国、德国、荷兰、美国的国家安全局及国家标准与技术研究院）的合作下，前述的几个评估标准终于走到了一起，形成了《信息技术安全通用评估准则》，简称CC（Common Criteria）。CC的1.0版于1996年发布，2.0版于1998年发布，1999年，CC2.1版问世，并于1999年12月被ISO批准为国际标准，编号 ISO/IEC 15408：1999《信息技术 安全技术 信息技术安全评估准则》。我国在 2001 年将 CC 等同采用为国家标准，以编号 GB/T 18336—2001 发布。2005 年，ISO/IEC 15408：2005 取代了 ISO/IEC 15408：1999，其最新版本是 ISO/IEC 15408：2009。相应地，我国在 2008 年完成了 GB/T 18336—2001 的更新工作，发布了 GB/T 18336—2008，最新版本是 GB/T 18336—2015。

图 10-3 是对国际上网络安全评估标准发展的概括。

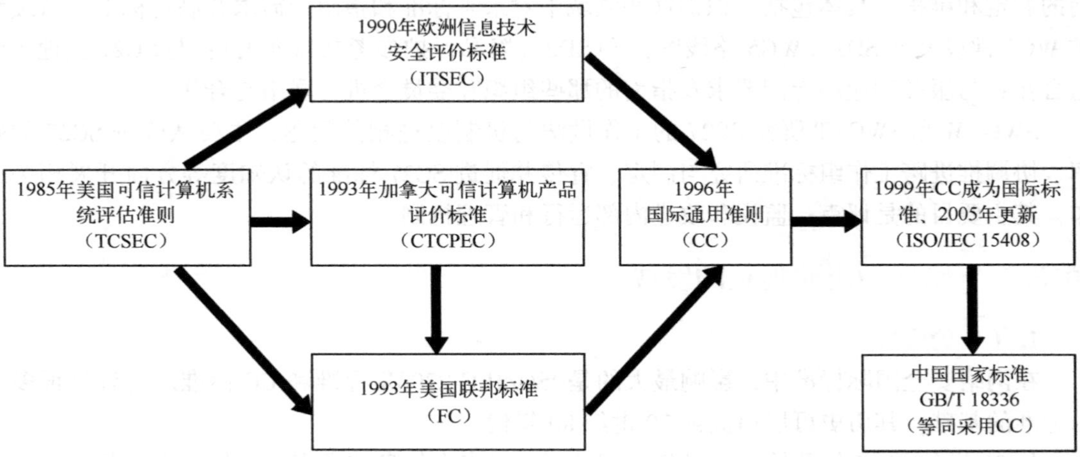

图 10-3　网络安全评估标准的发展

2. CC 的结构

CC 吸收了各先进国家对现代信息系统安全的经验和知识，对网络安全的发展与应用带来了深刻影响。它分为 3 部分，其中第 1 部分是介绍 CC 的基本概念和基本原理，第 2 部分提出了安全功能组件，第 3 部分提出了安全保障组件。后两部分构成了 CC 安全要求的全部：安全功能要求和安全保障要求，其中安全保障的目的是确保安全功能的正确性和有效性，这是从 ITSEC 和 CTCPEC 中吸收的。同时 CC 还从 FC 中吸收了保护轮廓（PP）的概念，从而为 CC 的应用和发展提供了最大可能的空间和自由度。

CC 的功能要求和保障要求均以类—族—组件（Class-Family-Component）的结构表述。“类”用于安全要求的最高层次归类。一个类中所有成员关注同一个安全焦点，但覆盖的安全目的范围不同，类的成员被称为族。族是若干组安全要求的组合，这些要求共享同样的安全目的，但在侧重点和严格性上有所区别，族的成员被称为组件。一个组件描述一组特定的安全要求，它是 CC 结构中安全要求的最小可选集合。一个族中的组件集合，可以按安全要求强度或能力递增的顺序进行描述，这些安全要求具有相同用途；在部分族也可以不区分层次的方式来描述。CC 发展很快，各个版本之间有的差异较大。以最新的 ISO/IEC15408：2009 为例，前者包括 12 个功能类（安全审计、通信、密码支持、用户数据保护、残余信息保护、标识和鉴别、安全管理、隐私、TSF 保护、资源利用、TOE 访问、可信路径/信道），后者包括 6 个保障类（开发、指导性文档、生命周期支持、测试、脆弱性评定、组合）。

3. CC 的安全级别

CC 通过对安全保障（而非安全功能）的评估划分安全等级，每一等级对保障功能的要求各不相同。安全等级增强时，对保障组件的数目或者同一保障的强度的要求会增加。CC 的理念是，所谓安全，是用户对安全信心的一种度量。一个产品的安全功能强，用户未必就认为该产品是一定安全的。因此，只有安全保障条件得到满足，用户才能对其安全性有信心。正因为如此，CC 的安全级别不是基于安全功能，而是根据安全保障划分的，其名字也称为评估保障级（EAL），共分 7 级。安全等级由 EAL1 到 EAL7 级逐渐提高。

- EAL7：形式化验证的设计和测试；
- EAL6：半形式化验证的设计和测试；
- EAL5：半形式化设计和测试；
- EAL4：系统地设计、测试和复查；
- EAL3：系统地测试和检查；
- EAL2：结构测试；
- EAL1：功能测试。

CC 的配套文件是 CEM，即通用评估方法。其定义了评估者利用 CC 标准进行 CC 评估时需要完成的最小活动集合，是在采用 CC 进行安全评估过程中必须采用和遵循的标准。一般来讲，CEM 和 CC 同时发布，并具有相同的版本号。

各项网络安全评估标准和 GB 17859—1999 之间，存在着一个大致的安全级别对照关系，如表 10-1 所示。之所以称其为“大致的”，是因为 ITSEC 和 CC 等标准的关注对象已经超出了 TCSEC 的范围，而且这些标准的安全等级不再是简单针对安全功能的评估，这种情况使得这几部标准的比较缺乏参照系。因此，表 10-1 中反映的对照关系不是很精确，只能作为一种定性参考。

表 10-1　各网络安全评估标准间的级别对照

国际 CC 标准	美国 TCSEC	欧洲 ITSEC	加拿大 CTCPEC	中国 GB 17859—1999
—	D：低级保护	E0	T0	—
EAL1：功能测试	—	—	T1	—
EAL2：结构测试	C1：自主安全保护	E1	T2	1：用户自主保护级
EAL3：系统地测试和检查	C2：受控访问保护	E2	T3	2：系统审计保护级
EAL4：系统地设计、测试和复查	B1：标记安全保护	E3	T4	3：安全标记保护级
EAL5：半形式化设计和测试	B2：结构化保护	E4	T5	4：结构化保护级
EAL6：半形式化验证的设计和测试	B3：安全区域	E5	T6	5：访问验证保护级
EAL7：形式化验证的设计和测试	A1：验证设计	E6	T7	—

虽然 CC 有很多优点，越来越多的国家建立了基于 CC 的国家网络安全认证体制，但 CC 也有一些固有的局限性。从 CC 的应用来说，基于 CC 的评估需要耗费大量的时间和资金，如 EAL4 级评估所需的时间一般为 10~25 个月，这样长的时间是很多产品生产商所无法忍受的。而即使经过了漫长的评估，所获得的评估报告也可能对用户的采购缺少实际意义。近几年来，围绕 CC 的不足，已经有了很多的讨论，CC 本身也处在不断自我革新中。

CC 所提出的安全要求缺少严格的数学模型的支持，这一点尤其应该引起注意。虽然美国早已宣布其在产品评估中用 CC 取代了 TCSEC，但后者有 Bell-LaPadula 模型的支持，其安全功能可以得到完善的解释，对于描述高安全等级的信息系统更加有优势。因此，对 CC 和 TCSEC 的优劣问题，不能简单一概而论。在信息系统安全等级保护建设中，应努力运用 TCSEC 的设计思想，科学构建网络环境下的“可信计算基”（TCB），在高安全等级信息系统内实现强制访问控制和结构化保护功能。

4. CC 互认协定

CCRA 是 CC 互认协定，其主要目的是推动 CC 证书可在成员国之间互认，避免再次评估。

参加 CCRA 的成员必须是国家或者国家的授权机构，成员有两类：一类是证书发行国（Certificate Authorizing Members），另一类是证书消费国（Certificate Consuming Members，只能接受其他证书发行国认证的产品和保护轮廓）。一般来讲，在所有成员国一致同意的前提下，任何国家都可以申请成为成员国，但是，必须是先成为证书消费国，然后才有资格申请成为证书发行国。

目前，CCRA 已有 25 个成员，其中包括美国、澳大利亚、加拿大、法国、德国、印度、意大利、日本、马来西亚、荷兰、新西兰、挪威、韩国、西班牙、瑞典、土耳其、英国 17 个证书发行国，奥地利、捷克、丹麦、芬兰、希腊、以色列、巴基斯坦、匈牙利 8 个证书消费国。

但是，并非所有的 CC 证书都可互认。EAL4 及其以上级别的证书往往用在军事、情报等高安全级领域，证书不互认，即目前只有商用领域使用的 CC 证书是互认的。从 CCRA 发展趋势看，各国间互认的范围越来越窄。

本章小结

网络安全立法和标准化相关知识是网络安全领域内的一个重要的知识单元。本章介绍了法律和标准化的基础知识，概述了我国网络安全法律体系的现状和有关工作进展，提供了国内外网络安全标准化工作的概况。

本章主要内容如下。

（1）法律基础

法是由一定社会物质生活条件所决定的，由国家制定和认可的，并由国家强制力保证实施的具有普遍约束力的行为规范的总和。法的目的在于维护、巩固和发展一定的社会关系和社会秩序。根据《中华人民共和国立法法》，我国的统一而又分层次的立法体制包括以下几个层面：宪法和法律、行政法规、地方性法规、部门规章、地方政府规章。

下位阶的法的规范不能和上位阶的法的规范相抵触。宪法具有最高的法律效力，一切法律、法规都不得同宪法相抵触。法律的效力高于行政法规，行政法规不得同法律相抵触。法律、行政法规的效力高于地方性法规和规章，地方性法规和规章不得同法律、行政法规相抵触。地方性法规的效力高于地方政府规章，地方政府规章不得同地方性法规相抵触。

(2) 我国网络安全法律体系

我国目前的信息化立法，尤其是网络安全立法，尚处于起步阶段，政府已清醒地意识到这一问题的重要性，正在积极推进这一方面的工作。我国政府现有的网络安全法律体系可以分为两个层次：一是法律层次，从国家宪法和其他部门法的高度对个人、法人和其他组织的涉及国家安全的信息活动的权利和义务进行规范；二是行政法规和部门规章层次。此外，我国很多地方也出台了直接针对网络安全的地方性法规和地方政府规章，丰富了我国网络安全法律体系的内容。2016 年 11 月，全国人大常委会通过了《中华人民共和国网络安全法》，表明我国网络安全立法工作有了重大进步。

(3) 标准基础

本章从以下方面介绍了标准的基础知识：基本概念、标准的意义与作用、标准的层次与类别。重要的知识点有：强制性标准、自愿性标准、等同采用国际标准、国家标准、行业标准、地方标准、团体标准、企业标准。

(4) 我国网络安全标准化工作

我国政府高度重视网络安全标准化工作，在国家政策中对推进网络安全标准化工作作出了明确部署，专门成立了网络安全标准化工作组织机构，制定了推进网络安全标准化工作的政策文件，标准化工作取得了明显成果，标准的基础性、规范性作用进一步加强。

2002 年，我国成立了全国网络安全标准化技术委员会，目前共制定网络安全国家标准 215 项。

(5) 国外网络安全标准化组织及其工作进展

本章介绍了在网络安全标准领域有重要影响的一些国际和国外组织，重点是 ISO/IEC JTC1 SC27。该分委会主要从事信息技术安全的一般方法和技术的标准化工作。在 ISO 制定的网络安全国际标准中，评估标准具有基础性的地位。因此，本章还介绍了网络安全评估国际标准的发展情况，重点是 CC（通用准则）标准。

习题

1. 我国法律分几个层次？
2. 分析我国网络安全立法工作的现状。
3. 概述强制性标准与自愿性标准的区别。
4. 什么叫等同采用国际标准和等效采用国际标准？
5. 我国的标准分几个层次？
6. 我国有哪些涉及网络安全的标志化机构？
7. 我国的网络安全国家标准制定流程是什么？
8. 列举至少三个国际或国外网络安全标准化组织。
9. 概述国际网络安全评估标准的发展过程。
10. 为什么 CC 依据安全保障进行评级？

参考文献

[1] Information Assurance Technical Framework (IATF) V3.1. NSA. September, 2003.

[2] National Information Systems Security (INFOSEC) Glossary, NSTISSI No. 4009. August, 1997.

[3] Defending America's Cyberspace National Plan for Information Systems Protection Version 1.0. the White House. January, 2000.

[4] Department of Defense Global Information Grid Information Assurance, Department of Defense Chief Information Officer Guidance and Policy Memorandum No. 6-8510. June 16, 2000.

[5] US International Strategy for Cyberspace. May 16, 2011.

[6] US National Security Strategy. February, 2015.

[7] US Cyberspace Policy Review: Assuring a Trusted and Resilient Information and Communications Infrastructure. 2009.

[8] US Department of Defense Strategy for Operating in Cyberspace. July, 2011.

[9] US Draft Strategy for Improving Critical Infrastructure Cybersecurity. 2014.

[10] US President's Executive Order on Drawing up a Strategy for Improving Critical Infrastructure Cybersecurity. February, 2013.

[11] US Department of Defence Cyber Strategy. September, 2015.

[12] Report on Cyber Deterrence Policy. December, 2015.

[13] ISO/IEC TR 13335—1: 2000, Information Technology - Security Techniques. Guidelines for the Management of IT Security (GMITS). Part 1: Concepts and Models for IT Security. 1996.

[14] ISO/IEC 15408: Common Criteria for Information Technology Security Evaluation. August, 2009.

[15] NIST Special Publication 800-30. Risk Management Guide for Information Technology Systems. National Institute of Standards and Technology. July, 2002.

[16] ISO/IEC 7498—1: 1994, Information technology-Open Systems Interconnection-Basic reference model. November, 1994.

[17] RFC 793: Transmission Control Protocol. Internet Engineering Task Force. September, 1981.

[18] RFC 791: Internet Protocol. Internet Engineering Task Force. October 15, 1992.

[19] ISO 7498—2: 1989. Information processing systems - Open Systems Interconnection - Basic Reference Model-Part 2: Security Architecture. January, 1989.

[20] US Government, The Federal Information Security Management Act of 2002. October, 2002.

[21] NIST Special Publication 800-41. Guidelines on Firewalls and Firewall Policy. National Institute of Standards and Technology. January, 2002.

[22] NIST Special Publication 800 - 31. Intrusion Detection Systems (IDS) . National Institute of Standards and Technology. November, 2001.

[23] NIST Special Publication 800 - 28. Guidelines on Active Content and Mobile Code. National Institute of Standards and Technology. October, 2001.

[24] Douglas R. Stinson. Cryptography-Theory and Practice, 3rd Edition. Chapman&Hall/CRC, 2005.

[25] A Menezes, P Oorshcot, S Vanstone. Handbook of Applied Crpytography. CRC Press, 1997.

[26] Wenbo Mao. Modern Cryptography: Theory & Practice. Prentice Hall PTR, 2004.

[27] N Koblitz. A Course in Number Theory and Cryptography, 2nd Edition. Springer, 1994.

[28] ITU - T Recommendation X.509 (2005 | ISO/IEC 9594—8: 2005, Information Technology Open Systems Interconnection - The Directory: Public - key and Attribute Certificate Frameworks.

[29] US Federal Register. Vol. 72, No. 212. November 2, 2007.

[30] http://csrc.nist.gov/groups/ST/hash/sha-3/index.html.

[31] Xiaoyun Wang. Collisions for Hash Functions MD4, MD5, HAVAL-128 and RIPEMD, Crypto' 04.

[32] D E Bell, L J Lapadula. Secure Computer Systems: A Mathematical Model, MTR2547-II, AD 771543, The MITRE Corporation, Bedford, Massachusetts. May, 1973.

[33] D E Bell. Concerning "modeling" of computer security, in IEEE Symposium on Security and Privacy. 1988.

[34] Biba K J Integrity Considerations for Secure Computer Systems, MTR-3153, The Mitre Corporation, April, 1977.

[35] Stephen Tse. Steve Zdancewic: Run-time Principals in Information-flow Type Systems. IEEE Symposium on Security and Privacy 2004: 179-193.

[36] Clark David D, Wilson David R. A Comparison of Commercial and Military Computer Security Policies. in Proceedings of the 1987 IEEE Symposium on Research in Security and Privacy (SP 87), Oakland, CA. IEEE Press, May, 1987.

[37] David F C Brewer, Michael J Nash. The Chinese Wall Security Policy. 1989.

[38] Ferraiolo D F, Kuhn D R. Role - Based Access Control. 15th National Computer Security Conference. October, 1992.

[39] Sandhu R, Coyne E J, Feinstein H L, et al. Role-Based Access Control Models. IEEE Computer (IEEE Press) 29 (2): 38-47. August, 1996.

[40] National Computer Security Center, Trusted Computer System Evaluation Criteria, 5200.28-STD. 1985.

[41] National Computer Security Center, Trusted Network Interpretation of the TCSEC, NCSC-TG-005. July, 1987.

[42] National Computer Security Center, Trusted Database Interpretation of the TCSEC, NCSC-TG-021. April, 1991.

[43] Avizienis A, Laprie J C, Randell B, et al. Basic concepts and taxonomy of dependable and secure computing. IEEE TransDependable Secur Comput, 2004, 1 (1): 11-33.

[44] Trusted Computing Group. TCG Specification Architecture Overview. https: //www. trustedcomputinggroup. org/groups/TCG_1_4_Architecture_Overview. pdf.

[45] Pearson S. Trusted Computing Platform, the Next Security Solution [R]. Bristol UK: HP Laboratories, 2002.

[46] Smith S W, Palmer E R, et al. Using a High-performance, Programmable Secure Coprocessor. In Proceedings of the 2nd International Conference on Financial Cryptography, Anguilla, British West Indies, LNCS 1465, Springer-Verlag, 1998: 73-89.

[47] Smith S W, Austel V. Trusting Trusted Hardware: Towards a Formal Model for Programmable Secure Coprocessors. In Proceedings of the 3rd USENIX Workshop on Electronic Commerce, 1998.

[48] Smith S W. Outbound Authentication for Programmable Secure Coprocessors. 7th European Symposium on Research in Computer Security, Zurich Switzerland, LNCS 2502, Springer-Verlag, 2002: 72-89.

[49] Arbaugh W, Farber D J, et al. A Secure and Reliable Bootstrap Architecture. In Proceedings of the 1997 IEEE Symposium on Security and Privacy, Oakland, CA, USA, IEEE Computer Society, 1997: 65-71.

[50] Trusted Computing Group TCG. http://www. Trustedcomputinggroup. org/.

[51] Intel Corporation. LaGrande Technology ArchitecturalOverview. http://www. intel. com/technology/security.

[52] Microsoft. Trusted Platform Module Services in Windows Longhorn. http://www. microsof. com/resources/ngscb/.

[53] The Open Trusted Computing (OpenTC) consortium. General activities of OpenTC. http://www. opentc. net.

[54] Trusted Computing Group. TCG TPM Specification Version 1. 2 Revision 94, Design Principles. https://www. trustedcomputinggroup. org/specs/TPM/.

[55] Trusted Computing Group. TCG TPM Specification Version 1. 2 Revision 94, Structures of the TPM. https://www. trustedcomputinggroup. org/specs/TPM/.

[56] Trusted Computing Group. TCG TPM Specification Version 1. 2 Revision 94, Commands. https: //www. trustedcomputinggroup. org/specs/TPM/.

[57] Trusted Computing Group. TCG Software Stack Specification Version 1. 2 Level1 ErrataA. July, 2007.

[58] Systems Security Engineering Capability Maturity Model, Model Description Document,

Version 2. 0. April 1, 1999.

[59] Systems Security Engineering Capability Maturity Model, Model Description Document, Version 3. 0. June 3, 1999.

[60] SSE-CMM Project, SSE-CMM Appraisal Method, Version 2. 0, April 16, 1999.

[61] IAEC3186. Introduction to Information Systems Security Engineering (ISSE), Session 02-01. September, 2001.

[62] IEEE Standard for Application and Management of the Systems Engineering Process (IEEE Std 1220 1998).

[63] ND186. Introduction to Information Systems Security Engineering (ISSE). May, 1999.

[64] Information Systems Security Engineering Handbook. February, 1994.

[65] John P. Hopkinson, EWA-Canada Ltd. The Relationship Betwen the SSE-CMM and IT Security Guidance Documentation. 1999.

[66] Security Engineering: A Guide to Building Dependable Distributed Systems. 2001.

[67] ISO/IEC 27001: 2005. Information technology - Security techniques - Information security management systems.

[68] ISO/IEC 27002: 2005. Information technology-Security techniques-Code of practice for information security management.

[69] NIST Special Publication 1500-4. DRAFT NIST Big Data Interoperability Framework: Volume 4, Security and Privacy. National Institute of Standards and Technology. April 6, 2015.

[70] NIST Special Publication 800-82. Guide to Industrial Control Systems (ICS) Security. National Institute of Standards and Technology. June, 2011.

[71] IoT-A (257521). D1. 5-Final architectural reference model for the IoT v3. 0. Internet of Things-Architecture. July, 2013.

[72] Top Ten Big Data Security and Privacy Challenges. Cloud Security Alliance. November, 2012.

[73] 沈昌祥，左晓栋．非传统安全与现实中国丛书——信息安全．杭州：浙江大学出版社，2007.

[74] 程通．中美在网络空间的博弈分析．2016.

[75] 习近平在网络安全和信息化工作座谈会上的讲话．http://news. xinhuanet. com/zgjx/2016-04/26/c_135312437. htm.

[76] 唐岚，张力．莫言网事风初起 萧萧暗雨打窗声——各国网络安全年战略综述．系统科学通讯，2014.

[77] 总体国家安全观干部读本．北京：人民出版社，2016.

[78] 中共中央办公厅，国务院办公厅．国家信息化发展战略纲要．2016.

[79] 国家计算机网络应急技术处理协调中心．http://www. cert. org. cn.

[80] 沈昌祥，可信计算构筑主动防御的安全体系．信息安全与通信保密，2016.

[81] Schneier B. 应用密码学——协议、算法与 C 源程序．吴世忠，祝世雄，张文正，译．北京：机械工业出版社，2001.

[82] Mark Stamp. 信息安全原理与实践．杜瑞颖，译．北京：电子工业出版社，2007.

[83] 蔡谊，郑志蓉，沈昌祥．基于多级安全策略的二维标识模型．计算机学报，2004.

[84] GB 17859—1999，计算机信息系统安全保护等级划分准则．

[85] David Challener，Kent Yoder，Ryan Catherman，et al. A pratical Guide to Trusted Computing. 赵波，严飞，于发江，译．北京：机械工业出版社，2008.

[86] 国家密码管理局．可信计算密码支撑平台功能与接口规范．http://www. oscca. gov. cn/-UpFile.

[87] GB/T 25070—2010，信息安全技术 信息系统等级保护安全设计技术要求．

[88] 沈昌祥．信息安全工程导论．北京：电子工业出版社，2003.

[89] GB/T 20984—2007，信息安全技术 信息安全风险评估规范．

[90] GB/T 22080—2016，信息技术安全技术 信息安全管理体系要求．

[91] GB/T 22081—2016，信息技术 安全技术 信息安全管理实用规则．

[92] 中国信息安全认证中心．http://www. isccc. gov. cn.

[93] GB/Z 20986—2007，信息安全技术 信息安全事件分类分级指南．

[94] YD/T 1799—2008，网络与信息安全应急处理服务资质评估方法．

[95] GB/T 20988—2007，信息安全技术 信息系统灾难恢复规范．

[96] GB/T 31167—2014，信息安全技术 云计算服务安全指南．

[97] GB/T 31168—2014，信息安全技术 云计算服务安全能力要求．

[98] GB/T 32919—2016，信息安全技术 工业控制系统安全控制应用指南．

[99] 中国国家标准化管理委员会．http://www. sac. gov. cn.

[100] 全国信息安全标准化技术委员会．http://www. tc260. org. cn.

[101] 陈兴蜀，罗永刚，罗锋盈．《信息安全技术 云计算服务安全指南》解读与实施．北京：科学出版社．2014.

[102] 信息安全技术 信息系统等级保护安全设计技术要求 第 2 部分：对采用云计算技术的信息系统的扩展设计要求（征求意见稿）．

[103] 信息安全技术 信息系统等级保护安全设计技术要求 第 4 部分：对物联网系统的扩展设计要求（征求意见稿）．

[104] 信息安全技术 信息系统等级保护安全设计技术要求 第 5 部分：对工业控制系统的扩展设计要求（征求意见稿）．

[105] 中央网信办，国家质检总局，国家标准委．关于加强国家网络安全标准化工作的若干意见中网办发文〔2016〕5 号．

[106] 上官晓丽，王娇．国际网络安全标准化研究．信息安全研究，2016.

反侵权盗版声明

电子工业出版社依法对本作品享有专有出版权。任何未经权利人书面许可，复制、销售或通过信息网络传播本作品的行为；歪曲、篡改、剽窃本作品的行为，均违反《中华人民共和国著作权法》，其行为人应承担相应的民事责任和行政责任，构成犯罪的，将被依法追究刑事责任。

为了维护市场秩序，保护权利人的合法权益，本社将依法查处和打击侵权盗版的单位和个人。欢迎社会各界人士积极举报侵权盗版行为，本社将奖励举报有功人员，并保证举报人的信息不被泄露。

举报电话：（010）88254396；（010）88258888

传　　真：（010）88254397

E-mail：dbqq@ phei. com. cn

通信地址：北京市海淀区万寿路 173 信箱

电子工业出版社总编办公室

邮　　编：100036